园林绿化精品培训教材

U0266162

图文精解 苗木生产技术

‹‹‹‹‹ 韩玉林　赵九洲　黄苏珍　主编

化学工业出版社

·北京·

《图文精解苗木生产技术》系统介绍了当前国内常用的各类园林苗木的生产技术，包括园林苗圃的建立、园林树木的种子生产技术、播种育苗技术、营养繁殖育苗技术、大苗培育技术、现代化育苗技术、园林植物的容器栽培技术、园林树木的整形修剪技术与科学管理、园林植物种质资源及开发利用研究、园林苗圃的病虫害防治与杂草防治以及苗木出圃。

本书适合从事风景园林、园林规划设计、环境艺术、园林绿化和花卉等工作的人员参考使用，也可以作为种植专业的专业课教材和中初级种苗工的考级用书、农村实用技术培训教材等。

图书在版编目（CIP）数据

图文精解苗木生产技术/韩玉林，赵九洲，黄苏珍
主编 . —北京：化学工业出版社，2015.5
（园林绿化精品培训教材）
ISBN 978-7-122-23346-2

Ⅰ．①图…　Ⅱ．①韩…②赵…③黄…　Ⅲ．①苗木-
栽培技术-图解　Ⅳ．①S723-64

中国版本图书馆CIP数据核字（2015）第053727号

责任编辑：袁海燕　　　　　　　　　　　　文字编辑：荣世芳
责任校对：宋　夏　　　　　　　　　　　　装帧设计：刘丽华

出版发行：化学工业出版社（北京市东城区青年湖南街13号　邮政编码100011）
印　　刷：北京永鑫印刷有限责任公司
装　　订：三河市宇新装订厂
787mm×1092mm　1/16　印张13　字数313千字　2015年6月北京第1版第1次印刷

购书咨询：010-64518888（传真：010-64519686）　　售后服务：010-64518899
网　　址：http://www.cip.com.cn
凡购买本书，如有缺损质量问题，本社销售中心负责调换。

定　　价：45.00元

《图文精解苗木生产技术》
编写人员

主　编　韩玉林　赵九洲　黄苏珍

参　编　王　林　白雅君　刘宝山　杨梦乔

　　　　姜　琳　贺　楠　赵海涛　钟　琦

　　　　徐绍雪　袁　震

前言 <<<——

园林苗圃是指种植园林景观绿化用植物的生产企业，英文为"Nursery"。广义的苗圃包括所有与园林景观绿化和室内装饰有关的绿色植物的种植企业，如种植绿化苗木、多年生草本花卉、草坪、温室（室内）花卉以及鲜切花的种植企业。随着社会的发展，苗圃业已成为世界经济的一个重要组成部分。园林苗圃业以独特的景观价值成为美化人们生活、绿化环境的重要组成部分。苗圃业是随着人类生产和科学技术的发展、精神文明程度的提高、生活质量不断改善而迅速崛起的新兴产业。据世界经济贸易行家预测，在21世纪最有发展前途的10大行业中，苗圃业被列为第2位。在北美，苗圃业被列为第六大产业，对国民经济和环境的改善起到了重要的作用。近年来，我国苗圃业的发展也非常迅速，苗圃业已成为一些地区的支柱产业，如江苏的沭阳、如皋、南京汤泉，浙江的萧山，山东的菏泽，安徽的六安和湖南的浏阳等地，都以园林花卉苗木作为当地的支柱企业而加以扶持。随着我国国民经济的发展，社会需求的迅速增加，人们生活水平和生活质量的不断提高，人们对花卉苗木的需求将成为不可低估的消费市场，而且这种市场还将不断扩大。苗圃业也将在国民经济中发挥越来越重要的作用。

因此，加快城市绿化建设、改善城市生态环境、美化居民生活环境日益显得重要。苗木作为城市绿化建设的物质基础，得到了人们的关注与重视。但是就目前整体状况来看，苗木生产规格不一、品种单调，生产方式落后，大苗移栽成活率低等因素已经成为苗木产业发展的障碍。改变现有的艰难处境，我们组织相关人员编写了本书。

《图文精解苗木生产技术》以通俗易懂的语言介绍园林苗木的生产与施工的基础理论和关键技术，包括园林苗圃的建立、园林树木的种子生产技术、播种育苗技术、营养繁殖育苗技术、大苗培育技术、现代化育苗技术、园林植物的容器栽培技术、园林树木的整形修剪技术与科学管理、园林植物种质资源及开发利用研究、园林苗圃的病虫害防治与杂草防治以及苗木出圃，读者可结合生产实际，灵活应用。

本书适合从事风景园林、园林规划设计、环境艺术、园林绿化和花卉等工作的人员参考使用，也可以作为种植专业的专业课教材和中初级种苗工的考级用书、农村实用技术培训用书等。

本书由江西财经大学艺术学院韩玉林教授、赵九洲教授和江苏省中国科学院植物研究所黄苏珍研究员主编。由于编者时间和水平有限，疏漏之处在所难免，敬请有关专家、学者和广大读者批评指正。本书在编写的过程中参考了大量的有关著作书籍，已统一列入参考文献中，在此向有关作者深表感谢。

编者
2015年1月

5

大苗培育技术

7

园林植物的容器栽培技术

8

园林树木的整形修剪技术与科学管理

园林苗圃的建立

园林苗圃是为城市绿化和生态建设提供苗木的基地，也是城市绿化体系中不可缺少的组成部分。在城市绿化、美化、改善环境的过程中，建设一定数量、一定规模并适合城市建设和发展需要的园林苗圃是十分必要的。对一个城市的园林苗圃的数量、地理位置、规模等进行科学、合理地布局与选择是十分必要的。

1.1 园林苗圃种类及其特点 <<<

（1）按园林苗圃面积划分

① 大型苗圃　大型苗圃面积在20hm²以上，一般投资多，产量大，生产的苗木种类齐全，如乔木和花灌木大苗、露地草本花卉、地被植物和草坪，拥有先进设施和大型机械设备，技术力量强，常承担一定的科研和开发任务，生产技术和管理水平高，生产经营期限长，可作为主导苗圃。

② 中型苗圃　中型苗圃面积为3～20hm²，生产苗木种类多，设施先进，生产技术和管理水平较高，生产经营期限长。

③ 小型苗圃　小型苗圃面积为3hm²以下，生产苗木种类较少，规格单一，经营期限不固定，往往随市场需求变化而更换生产苗木种类。

（2）按园林苗圃所在位置划分

① 城市苗圃　城市苗圃位于市区或郊区，能够就近供应所在城市的绿化用苗，运输方便。且苗木适应性强，成活率高，适宜生产珍贵的和不耐移植的苗木，以及露地花卉和节日摆放用盆花。

② 乡村苗圃（苗木基地）　乡村苗圃（苗木基地）是随着城市土地资源紧缺和城市绿化建设迅速发展而形成的新类型，现已成为城市绿化建设用苗的重要来源，由于土地成本和劳动力成本低，适宜生产城市绿化用量较大的苗木，如绿篱苗木、花灌木大苗（图1-1）、行道树大苗等。

（3）按园林苗圃育苗种类划分

① 专类苗圃　专类苗圃面积较小、生产苗木种类单一。有的只有一种或少数几种要求

图1-1　花灌木大苗

特殊培育措施的苗木，如专门生产果树嫁接苗、月季嫁接苗等；有的专门从事某一类苗木生产，如针叶树苗木、棕榈苗木等；有的专门利用组织培养技术生产组培苗等。

②综合苗圃　综合苗圃多为大、中型苗圃；生产的苗木种类齐全；规格多样化；设施先进；生产技术和管理水平较高；经营期限长；技术力量强；常常将引种试验与开发工作纳入其生产经营范围。

（4）按苗木的种植方式

①田间栽培生产苗圃　田间种植苗圃也包括一些小的容器苗和裸根苗的生产。

②容器栽培生产苗圃　容器栽培生产苗圃其苗木主要种植在塑料或其他类型的容器中。容器栽培的优点是种植的苗木生长一致，四季都可用于园林绿化，不影响树木的生长，避免了田间栽培起苗对苗木生长的影响和对树形的伤害，因此，容器绿化苗木其售价相对较高；其缺点是主要依靠人工灌溉，根系生长受到容器的限制，随着苗木的生长更换大的容器增加了劳动成本，有的地区冬天需要防寒。

1.2　园林苗圃建设的可行性分析与合理布局　

1.2.1　园林苗圃建设的可行性分析

对于新筹建的苗圃，苗圃场地的选择非常重要。若圃地选址不当会给以后育苗、经营等工作带来不可弥补的损失，不但达不到壮苗丰产的目的，还会浪费大量的人力物力，提高育苗成本。在进行圃地选址时，应主要考虑园林苗圃的经营条件和自然条件。

1.2.1.1　园林苗圃的经营条件

园林苗圃所处位置的经营条件直接关系到苗圃的经营管理水平及经济效益。经营条件主要包括以下几个方面。

（1）交通条件

最好距中心城市较近或位于多个城市之间，同时要位于主要公路附近，进入苗圃的道路一定要好，能承受装载大树的载重汽车，有利于苗木的运输和销售以及生产资料和苗木产品的运输。

（2）电力条件

要选择输电有保障的苗圃地址，这样才能保证苗圃的正常生产经营。

（3）劳动力和技术指导条件

为了解决苗圃地在工作繁忙季节的劳动力短缺问题，在选择苗圃地的时候尽量选择靠近乡村的地方，这样可以补充劳动力。在选址的时候尽可能靠近科研单位、大学等，这样就有丰富的理论支持和技术指导，有利于采用先进技术，提高苗木质量。

（4）远离污染源

远离污染源主要是指远离空气污染、土壤污染和水污染，进行苗圃选址时，要远离工厂或其他对环境产生污染的企业等。

（5）销售条件

在园林苗圃选址时，应做好市场调查，确定苗木需求的最大地区以保证苗木的顺利供应。

1.2.1.2 园林苗圃的自然条件

（1）地形、地势及坡向

圃地宜选择地势较高的开阔平坦地带，便于机械耕作和灌溉，也有利于排水防涝。圃地坡度一般以1°～3°为宜，在南方多雨地区，选择3°～5°的缓坡地对排水有利，坡度大小可根据不同地区的具体条件和育苗要求确定。在质地较为黏重的土壤上，坡度可适当大些，在沙性土壤上，坡度可适当小些。若坡度超过5°，容易造成水土流失，降低土壤肥力。另外，地势低洼、重盐碱地、多冰雹地、寒流汇集地，如峡谷、风口、林中空地等日温差变化较大的地方，苗木易受冻害、风害、日灼等灾害，严重影响苗木的生产管理，这些位置都不宜选作苗圃地。

在山地建立园林苗圃时，必须选择国家和地方法规政策允许的宜耕坡地，修筑水平梯田，进行园林苗木生产。在山地育苗，由于坡向不同，气象条件、土壤条件差别较大，会对苗木生长产生不同的影响。南坡背风向阳，光照时间长，光照强度大，温度高，昼夜温差大，湿度小，土层较薄；北坡与南坡情况相反；东、西坡向的情况介于南坡与北坡之间，但东坡在日出前到中午的较短时间内会形成较大的温度变化，而下午不再接受日光照射，因此对苗木生长不利；西坡由于冬季常受到寒冷的西北风侵袭，易造成苗木冻害。我国地域辽阔，气候差别很大，栽培的苗木种类也不尽相同，可依据不同地区的自然条件和育苗要求选择适宜的坡向。北方地区冬季寒冷，且多西北风，最好选择背风向阳的东南坡中下部作为苗圃地，对苗木顺利越冬有益。南方地区温暖湿润，常以东南坡和东北坡作为苗圃地，而南坡和西南坡光照强烈，夏季高温持续时间长，对幼苗生长影响较大。山地苗圃包括不同坡向的育苗地时，可根据所育苗木生态习性的不同进行合理安排。如在北坡培育耐寒、喜阴的苗木种类，而在南坡培育耐旱、喜光的苗木种类，既能够减轻不利因素对苗木的危害，又有利于苗木正常生长发育。

（2）土壤条件

选择适宜苗木生长的土壤是培育优良苗木的必备条件之一。土壤提供苗木生长所需的大部分水分和养分，以及根系生长所需的氧气、温度。因此在进行圃地选址时要对土壤进行仔细的化验、分析。适宜苗木生长的土壤应是壤土，因为壤土保水、保肥和透气性、孔隙状况良好，而且要求土层深厚；有团粒结构的土壤通气性好，有利于土壤微生物的活动和有机质分解，利于苗木生长。沙质土保水保肥差，结构疏松，夏季易因土表温度过高而灼伤幼苗，起大土球苗时，土球易松散，苗木移栽后成活率会受影响。黏质土壤透气性、排水性差，结构紧密，雨后泥泞，土壤易板结，过于干旱易龟裂，不仅耕作困难，而且冬季苗木冻拔现象严重，不利于苗木根系生长。若土壤质地不理想可以通过黏中掺沙或沙中掺黏及其他农业技术措施加以改进。

对大多数苗木的生长情况而言，适宜苗木生长的土层厚度应在50cm以上，含盐量小于0.2%，土壤有机质含量应不低于2.5%。如果土壤条件差，在经济情况允许的条件下，可使用土壤改良剂、采取合理的耕作措施。

土壤的酸碱性也是影响苗木正常生长发育的重要因素之一，通常适合苗木生长的土壤pH值为6.0～7.5，在种植苗木的时候要根据苗木种类对土壤进行选择改良。

（3）水源及地下水位条件

水源可分为天然水源（地表水）和地下水源。江、河、湖、水库、池塘等都属于天然水源，苗圃地应设在这些天然水源附近，要求其周围没有污染源，并且要经常监测水源污染程度。

如果天然水源不足，则要选择地下水源为苗圃供水。地下水位对苗木生长也有影响，如果地下水位过高，土壤孔隙被水分占据，导致土壤通透性差，使得苗木根系生长不良。适宜的地下水位为2m左右。但不同的土壤质地，有不同的地下水临界深度。沙质土为1～1.5m，沙壤土至中壤土为2.5m左右，重壤土至黏土为2.5～4.5m。另外，灌溉用水的水质要求为淡水，水中盐含量不超过0.1%，最高不得超过0.15%。

（4）气象条件

在进行圃地选址时应向当地的气象台或气象站了解有关的气象资料，包括早霜期、晚霜期、晚霜终止期、绝对最高和最低气温、土表最高温度、冻土层深度、年降雨量在各月分布情况、最大一次降雨量及降雨历时数、相对湿度、主风方向、风力等。此外还应了解当地小气候情况。总之，园林苗圃应选择气象条件比较稳定、灾害性天气很少发生的地区。

（5）病虫害和植被状况

在选择苗圃时，一般都应做专门的病、虫、草害调查，了解当地病、虫、草害情况和感染程度，主要调查圃地内的土壤地下害虫，如金龟子、地老虎等。一般采用抽样法，每公顷挖样方土坑10个，每个面积0.25m²，深40cm，统计害虫的数目、种类。病虫草害过分严重的土地和附近大树病虫害感染严重的地方不宜作苗圃。例如，金龟子、象鼻虫、立枯病、多年生深根性杂草等严重的地方不宜作苗圃，如果必须在此地建立苗圃时，应对病、虫、草害彻底根除后再建苗圃，如果不能有效控制苗圃杂草，对育苗工作将产生不利影响。

除以上因素外，苗圃的选址还要考虑到不同的地区条件，并根据地区的特定条件选择合适的苗圃类型和选择种植的园林植物。我国地区的发展是不平衡的，苗圃主要分布在较发达地区，如东部沿海发达地区，这些地区对城市园林景观建设要求高，苗木的用量大，对苗木的质量要求也相对较高。所以，大型苗圃多建在这一地区或其周边地区，如浙江的萧山、南京江浦的汤泉、苏北的沭阳等都是苗圃较为集中的地区。在苗圃集中的地区建苗圃的好处是可以形成一定的苗圃生产和营销环境，对苗圃的发展有利。否则，即使所拥有的苗圃生产的苗木再好，由于远离了苗圃集中地区，在销售上可能会受到一定的影响。除非苗圃大到一定的程度，苗圃内有多品种苗木且有足够的苗木数量和规格；或者苗圃同时经营园林工程，或者离城市较近且紧靠公路。"酒香不怕巷子深"这句成语虽然依然有用，但如果苗圃过于偏僻，对苗木的销售还是有一定的影响，间接增加了营销成本。

1.2.2 园林苗圃的规模

苗圃的类型也决定了苗圃的大小，如以零售为主的生产苗圃所需用地较少，一般

2～4ha就可以了。而以批量销售为主的生产苗圃用地较多，一般几十公顷到几百公顷不等。在苗圃筹建初期，苗圃规模的大小有两种方式可供选择。一种是苗圃的规模一次到位，即一次租地几十公顷到几百公顷，开始时种植一部分，以后不断扩大，直至整个苗圃地栽种满，这种方式适合资金充足的投资者；另一种是先租一小块地，在地种满或是苗木长大需移苗时再租地扩大苗圃的面积，这样可以节省资金，适合资金较少的投资者，但在需要土地时可能因周围土地的限制而使后期发展受到影响。以上两种方式各有利弊，因此，要根据所投资金和苗圃的发展方向确定苗圃的规模。在苗圃建设初期，不能盲目求大，还是要针对市场需求和根据苗圃的发展计划进行投资，避免苗圃后续资金不足，制约苗圃的稳步发展。

1.3 | 园林苗圃的规划设计

1.3.1 苗圃面积的确定

为了合理使用土地，保证育苗计划的完成，对苗圃面积必须进行正确的计算，以便于征收土地、苗圃区划和建设等具体工作的进行。园林苗圃的建设一经确定下来，总面积就已固定。苗圃的总面积包括生产用地面积和辅助用地面积两部分。

（1）生产用地面积计算

生产用地是指直接用来生产苗木的土地，通常包括播种区、营养繁殖区、移植区、大苗区、母树区、针叶树区、阔叶树区、花卉区、果苗区、珍贵树种区、试验区以及轮作休闲地等。

计算生产用地面积，主要依据计划培育苗木的种类、数量、规格、要求，结合出圃年限、育苗方式以及轮作等因素。如果确定了单位面积的产量，即可按下面公式进行计算：

$$X = \frac{U \times A}{N} \times \frac{B}{C}$$

式中 X——该种园林植物育苗所需面积；

      U——该种园林植物计划年产量；

      A——该种园林植物的培育年限；

      N——该种园林植物单位面积产苗量；

      B——轮作区的总数；

      C——该树种每年育苗所占的轮作区数。

依上述公式计算出的结果是理论数字，实际生产上，在抚育、起苗、贮藏等工序中，苗木都将受到一定损失，故每年的产苗量应适当增加。一般比理论增加3%～5%的土地面积，即在计算面积时应留有余地。

某树种在各育苗区所占面积之和，即为各该园林植物所需的用地面积，各种园林植物所需用地面积总和加休闲地面积就是全苗圃的生产用地的总面积。

对于一个苗圃而言，每年都有新繁殖的苗木和出圃的苗木，一般来说每年出圃留下的空地和新繁殖或新移植苗木的面积应相等，这样不至于造成培育出的苗木没有地方移栽。育苗过多要提前采取处理措施，以防在大树或小苗行间加行种植，复种指数过大，苗木生长相互影响，造成苗木质量降低，出售困难。

（2）辅助用地面积计算

辅助用地，是指非直接用于育苗生产的防护林、道路系统、排灌系统、堆料场、苗木假植以及管理区建筑等的用地。苗圃辅助用地面积不超过苗圃总面积的20%～25%，一般大型苗圃的辅助用地为总面积的15%～20%，中、小型苗圃占18%～25%。

1.3.2　园林苗圃区规划设计的准备工作

（1）踏勘

由设计人员与施工和经营人员到已确定的苗圃地范围内进行实地踏勘和调查访问工作，了解圃地的现状、历史、地势、土壤、植被、水源、交通、病虫害以及周围自然人文环境等基本情况，提出设计的初步意见。

（2）测绘地形图

在踏勘基础上，测绘地形图。平面地形图是进行苗圃区划设计的依据，也是苗圃区划与最后成图的底图。比例尺一般为（1∶500）～（1∶2000），等高距为20～50cm。

（3）土壤调查

根据圃地的地形、地势及指示植物的分布选择样点，挖土壤剖面，分别观察和记载土层厚度、地下水位、机械组成，测定土壤酸碱度、含氮量、有效磷含量等理化性质。调查圃地内土壤的种类、分布、肥力状况和土壤改良的基本情况。土壤调查结束后，把有关信息标注在苗圃区划图上，以便生产上合理使用土地。

（4）病虫害调查

主要调查圃地内地下害虫，如金龟子、地老虎和蝼蛄等。可采用抽样方法，每公顷挖样方土坑10个，每个面积0.25m²，深10cm，统计害虫种类、数量、分布等基本情况。并通过前茬作物和周围植物的情况，了解害虫感染程度，提出防治措施。

（5）气象资料的收集

气候条件是影响苗木生长的重要因素之一，也是合理安排苗木生产的重要依据。通过当地的气象台或气象站了解有关的气象情况，特别要重视极端气候条件资料。

苗圃建成后，将上述调查的基本材料整理、装订成册，有条件的可以绘制成直观的图表或直接标注在专用图上，以便于生产管理使用。

1.3.3　园林苗圃区规划设计的主要内容

1.3.3.1　耕作区设置

① 耕作区是苗圃中进行育苗的基本单位，长度依机械化程度而异，完全机械化的以200～300m为宜，畜耕的以50～100m为好。耕作区的宽度依圃地的土壤质地和地形是否有利于排水而定，排水良好时为宽，排水不良时要窄，一般宽40～100m。

② 耕作区的方向应根据圃地的地形、地势、坡向、主风方向和圃地形状等因素综合考虑。坡度较大时，耕作区长边应与等高线平行。一般情况下，耕作区长边最好采用南北向，可使苗木受光均匀，利于生长。

1.3.3.2　各育苗区的配置

（1）播种区

培育播种苗的地区是苗木繁殖任务的关键部位。应选择全圃自然条件和经营条件最有利的地段作为播种区。幼苗对不良环境的抵抗力弱，要求精细管理，人力、物力、土壤状况、生产设施均应优先满足。具体要求其地势较高且平坦，坡度小；接近水源，灌溉方便；土壤深厚肥沃，理化性质适宜；背风向阳，靠近管理区。

（2）营养繁殖区

营养繁殖区是培育嫁接苗、扦插苗、压条苗和分株苗等无性繁殖苗木的地区，自然条件及经营条件与播种区要求基本相似。应设在土层深厚和地下水位较高、灌溉方便的地方，但不像播种区那样要求严格。嫁接苗区，往往主要为砧木苗的播种区，宜土质良好，便于接后覆土，地下害虫要少，以免危害接穗而造成嫁接失败；扦插苗区则应着重考虑灌溉和遮阳条件；压条、分株育苗采用较少，育苗量较小，可利用零星地块育苗。同时也应考虑苗木的习性来安排，如杨、柳类的营养繁殖区（主要是扦插区），可适当用较低洼的地方，而一些珍贵的或成活困难的苗木，则应靠近管理区，在便于设置温床、阴棚等特殊设备的地区进行。

（3）移植区

移植区是培育各种移植苗的地区。由播种区、营养繁殖区中繁殖出来的苗木，需要进一步培养成较大的苗木时，为了增加单位苗木的营养面积，促进根系生长，则应移入移植区中进行培育。移植区占地面积较大，一般可设在土壤条件中等、地块大而整齐的地方。同时也要依苗木的不同习性进行合理安排。如红豆杉在南方应安排在光照稍弱的区域，比如阴坡；杨、柳可设在低湿的地方；松柏类等常绿树则应设在较高燥而土壤深厚的地方，以利带土球出圃。

（4）大苗或大树区

指培育植株的体型、苗龄均较大并经过整形的各类大苗或大树的耕作区。在本育苗区继续培育的苗木，通常在移植区内进行过一次或多次的移植或直接来自自然环境，在大苗区培育的苗木出圃前不再进行移植，且培育年限较长。大苗区的特点是株行距大，占地面积大，培育的苗木大，规格高，根系发达，可以直接用于园林绿化建设，满足绿化建设的特殊需要，利于增强城市绿化效果和保证重点绿化工程提早完成。一般选用土层较厚，地下水位较低，而且地块整齐的地区。目前，从农村房前屋后或自然环境中挖掘到苗圃继续培育的大树比较普遍，要选择地势较高，无积水现象，通风透气的区域。考虑到大苗或大树出圃时作业和运输的方便，应尽量选择在苗圃的主干道或苗圃的外围运输方便处。

（5）母树区

经营周期比较长的苗圃，可以设立母树区，主要是为了获得优良的种子、插条、接穗等繁殖材料。一般母树区占地面积小，可利用圃地的零散地块，但土壤要深厚、肥沃，地下水位要较低。对一些乡土植物种可结合防护林带和沟边、渠旁、路边进行栽植。

（6）引种驯化区

用于种植新植物种或新品种的区域，要选择小气候环境、土壤条件、水分状况及管理条件等相对较好的地块，使引进的新植物种或新品种逐渐适应当地的环境条件，为引种驯化成功创造良好的外部环境条件。

（7）其他

规模较大的苗圃，一般还建有温室区、大棚区、温床等现代化育苗设施。温室、大棚等设施投资大，技术及管理水平要求高，故一般要选择靠近管理区、地势高、土质好、排水畅的地块。

1.3.3.3　辅助用地的设置

苗圃的辅助用地也叫非生产用地，主要包括道路系统、停车场、排灌系统、防护林带和管理区的房屋建筑物等，这些用地是直接为苗木生产服务的。辅助用地的确定以能满足生产的需要为原则，尽可能减少用地。

（1）道路系统的设置

苗圃中的道路是连接外部交通和各耕作区与开展育苗工作有关的各类设施的交通网络。一般设有一、二、三级道路和环路。各苗圃依自身特点而定。道路系统总面积通常不超过苗圃面积的7%～10%。

①一级路（主干道）。一级路是苗圃内部和对外运输的主要道路，以苗圃管理区为中心（一般在圃地的中央附近）。向外连接外部交通，向内连接圃内二级道路。通常路宽为6～8m，其标高应高于耕作区20cm。

②二级路。二级路与各耕作区相连接。一般宽4～5m，其标高应高于耕作区10cm。

③三级路。三级路是沟通各耕作区的作业路，一般宽2～3m。

④环路。在大型苗圃中，为了车辆、机具等机械回转方便，可依需要设置环路。环路要与一级路以及二级路相通。

（2）灌溉系统的设置

苗圃必须有完善的灌溉系统（图1-2），灌溉系统由水源、提水设备和引水设施三部分组成。

图1-2　苗木喷灌

①水源。一类是地面水，主要指河流、湖泊、池塘、水库等，地面水以无污染又能自流灌溉最为理想。一般地面水温度较高，与耕作区土壤温度相近，水质较好，且含有一定养分，适宜苗木生长。在有些山地苗圃，可以根据地形地势的特点，选择适宜的地点，人工筑塘蓄水。另一类是地下水，主要指泉水、井水等，水温较低，宜设蓄水池以便缩短引水和送水的距离。

②提水设备。一般使用抽水机（水泵）作为主要提水设备。根据苗圃育苗的需要，选用不同功率的抽水机。

③引水设施。包括地面渠道引水和暗管引水两种。

a.明渠。土筑明渠，优点是修筑简便，投资少，建造容易。缺点是流速较慢，蒸发量、渗透量较大，占地多，需经常维修。可以通过在水渠的沟底及两侧加设水泥板或做成水泥槽，有的使用瓦管、竹管、木槽等措施加以改进，以提高流速，减少渗漏。引水渠道一般分为三级：一级渠道（主渠）是永久性的大渠道，由水源直接把水引出，一般主渠顶宽1.5～2.5m；二级渠道（支渠）通常也是永久性的，把水由主渠引向各耕作区，一般支渠顶宽1～1.5m；三级渠道（毛渠）是临时性的小水渠，一般宽度为1m左右。主渠和支渠是用来引水和送水的，水槽底应高出地面。毛渠则直接向圃地灌溉，其水槽底应平或略低于地面，以免把泥沙冲入畦中，埋没幼苗。圃地渠道的设置应与道路的设置相结合，使苗圃的整体区划整齐。渠道的方向与耕作区方向应一致，各级渠道常呈垂直，支渠与主渠垂直，毛渠与支渠垂直，同时毛渠还应与苗木的种植行垂直，以便灌溉。灌溉的渠道还应有一定的坡降，以保证一定的水流速率。一般坡降应在1‰～4‰之间，土质黏重的可大些，水渠边坡以45°为宜。在地形变化较大、落差过大的地方应设跌水构筑物，通过排水沟或道路时可设渡槽或虹吸管。

　　b.管道灌溉。用金属、塑料等材质的管材替代水渠，减少水分的损失量，同时也可节约用地。管道分为主管和支管，均埋入地下，其深度在土壤冻结层以下，以不影响机械化耕作为宜。

　　c.喷灌和滴灌。是使用管道进行灌溉的方法。喷灌是利用机械把水喷射到空中形成细小雾状，进行灌溉；滴灌是使水通过细小的滴头逐渐渗入土壤中进行灌溉。这两种方法基本上不产生深层渗漏和地表径流，一般可省水20%～40%。

　　（3）排水系统的设置

　　排水系统是苗圃不可缺少的系统。它对地势低、地下水位高及降水量多而集中的地区更为重要。排水系统由大小不同的排水沟组成，排水沟分明沟和暗沟两种。沟的宽度、深度和设置，根据苗圃的地形、地势、土质、雨量和出水口的位置等因素确定，应以保证雨后能很快排除积水而又少占土地为原则。排水系统的设置恰好与灌溉系统网络相反，即由三级流向二级，经二级流向一级，再经一级排向苗圃出水口。排水沟的边坡与灌水渠相同，但坡降应大一些，一般为3‰～6‰。苗圃出水口应设在苗圃最低处，直接通入河、湖或市区排水系统；中小排水沟通常设在路旁；耕作区的小排水沟与小区步道相结合。在地形、坡向一致时，排水沟和灌溉渠往往各居道路一侧，形成沟、路、渠并列，这是比较合理的设置，既利于排灌，又区划整齐。排水沟与路、渠相交处应设涵洞或桥梁。在苗圃的四周最好设置较深而宽的截水沟，防外水入侵，排除内水和防止小动物及害虫侵入。一般大排水沟宽1m以上，深0.5～1m；耕作区内小排水沟宽0.3～1m，深0.3～0.6m。

　　（4）防护林带的设置

　　在环境条件比较差的地区，苗圃地周围应设置防护林带，以避免苗木遭受风沙危害。防护林带的设置规格依苗圃的大小和具体灾害情况而定。一般小型苗圃与主风方向垂直设一条林带；中型苗圃在四周设置林带；大型苗圃除设置周围环圃林带外，并在圃内结合道路等设置与主风方向垂直的辅助林带。一般防护林带防护范围是树高的15～17倍。

　　林带的结构以乔、灌木混交，半透风式为宜，既可减低风速又不因过分紧密而形成回流。林带宽度和密度依苗圃面积、气候条件、植物种特性等而定，一般主林带宽8～10m，株距1.0～1.5m，行距1.5～2.0m；辅助林带多为1～4行乔木即可。

　　林带的植物种选择，应尽量选用适应性强，生长迅速，树冠高大的本地植物种；同时也要注意到速生和慢长、常绿和落叶、乔木和灌木、寿命长和寿命短的植物种相结合，亦可结合采种、采穗母树和有一定经济价值的植物种。避免使用苗木病虫害的中间寄生的植物种和病虫害严重的植物种，如海棠苗木培育区不宜选用柏木类，以防止锈病侵染循环。为了加强圃地的防护，防止人们穿行和畜类窜入，可在林带外围种植带刺的或萌芽力强的灌木，减少对苗木的危害。

　　（5）管理区建筑物的设置

　　管理区建筑物包括房屋建筑和场院等基本设施。房屋主要指办公室、宿舍、食堂、仓库、种子贮藏室和工具房等，场院主要包括劳动集散地、苗木集散地、停车场、运动场以及晒场、肥场等。苗圃建筑管理区应设在交通方便，地势高，接近水源、电源的地方或不适宜育苗的地方。大型苗圃的建筑最好设在苗圃中央，以便于苗圃经营管理。畜舍、积肥场等应设在较隐蔽和便于运输的地方。

1.3.4　园林苗圃设计图的编制和设计说明的编写

1.3.4.1　设计图绘制前的准备工作

　　在绘制设计图前首先要明确苗圃的具体位置、圃界、面积、育苗任务及苗木供应范围；要了解育苗的种类、培育的数量和出圃的规格；确定苗圃的生产和灌溉方式，必要的建筑和设备等设施以及育苗工作人员的编制等。同时应有建圃任务书，各种有关的图面材料如地形图、平面图、土壤图、植被图等，搜集自然条件、经营条件以及气象资料和其他有关资料等。

1.3.4.2　园林苗圃设计图的绘制

　　在各有关资料搜集完整后应对具体条件全面综合，确定大的区划设计方案，在地形图上绘出主要路、渠、沟、林带和建筑区等位置，再依其自然条件和机械化条件，确定最适宜的耕作区的大小和方向，然后根据各育苗的要求和占地面积，安排出适当的育苗场地，绘出苗圃设计草图，草图经多方征求意见，最后进行修改，确定正式的设计方案，即可绘制正式图。正式设计图的绘制，应依地形图的比例尺将道路、沟渠、林带、耕作区、建筑区和育苗区等按比例绘制，排灌方向要用箭头表示，在图外应列有图例、比例尺、指北方向等，同时各区应加以编号，以便说明位置等。设计图的比例一般为1∶500～1∶2000。

1.3.4.3　园林苗圃设计说明书的编写

　　苗圃设计包括设计图与设计说明书两部分。设计说明书是与园林苗圃区划设计相配套的文字材料。图纸上表达不出的内容，均必须在说明书中加以阐述与补充，一般分为总论和设计两部分进行编写。

　　（1）总论

　　概述该地区的经营条件和自然条件，分析其对育苗工作的有利和不利因素，提出相应的改造措施。

　　① 经营条件。圃地位置及当地居民的经济、生产及劳动力情况，苗圃的交通条件，机械化条件，周围的环境条件（如有无天然屏障、天然水源等）。

　　② 自然条件。气候条件、土壤条件、病虫害及植被情况和地形条件等。

　　③ 意见与建议。

　　（2）设计部分

　　① 苗圃的面积计算。

　　② 苗圃的区划说明。耕作区的大小，各育苗区的配置，道路系统的设计，排、灌系统的设计，防护林带及篱垣的设计。

　　③ 育苗技术设计。

　　④ 建圃的投资和苗木成本计算。

1.4 园林苗圃的施工与建立

园林苗圃的施工与建立，主要指开建苗圃的一些基本建设工作，其主要项目是各类房屋建设和路、沟、渠的修建，防护林带营建和土地平整等工作。

（1）房屋建设和水电、通信的引入

为了节约土地，办公用房、仓库、车库、机械库、种子库等应尽量建成楼房式，少占平地多占空间，最好集中一地兴建。水电、通信是搞好基建的先行条件，应最先安装引入。

（2）圃路的施工

圃路施工前，先在设计图上选择两个明显的地物或已知点，定出主干道路的实际位置，再以主干道的中心线为基线，进行其他圃路的定点放线工作，然后方可进行修建。圃路种类主要有土路、石子路、灰渣路、水泥路或柏油路等，可根据具体情况进行修建。一般苗圃的道路主要为土路，施工时由路两侧取土填于路中，形成中间高、两侧低的抛物线形路面，路面应用机械压实，两侧取土处应修成整齐的排水沟。其他种类的路也应修成中间高的抛物线形路面。

（3）灌水系统修筑

圃内渠道修建时，先打机井安装水泵，或泵引河水。引水渠道的修建最重要的是使渠道落差均匀，符合设计要求，为此要用水准仪精确测量，并打桩后认真标记。如果修筑明渠，则按设计要求，依渠道的高度、顶宽、底宽和边坡进行填土、分层、踏实，筑成土堤。当达到设计高度时，再在坝顶开渠，夯实即成。在沙质土地区，水渠的底部和两侧要用级土或三合土加固，以防渗水。为了节约用水，现大都采用水泥渠作灌水渠，修建的方法是：先用修土渠的方法，按设计要求修成土渠，然后再在土渠沟中向四周挖一定厚度的土出来，挖的土厚与水泥渠厚相同，在沟中放上钢筋网，浇筑水泥，抹成水泥渠，之后用木板压支即成。若条件再好时，可用地下管道灌水或喷灌，开挖1m以下的深沟，铺设管道，与灌水渠道路线相同，修时也应按设计算求，依坡度、坡向、深度进行埋设。移动喷灌只要考虑能控制全区的几个出水口即成。

（4）排水沟的挖掘

一般先挖向外排水的总排水沟，中排水沟与道路两侧的边沟相结合，与修路同时挖掘而成，作业区内的小排水沟可结合整地进行挖掘，还可利用略低于地面的步道来代替。为了防止边坡下塌，堵塞排水沟，可在排水沟挖好后，种植一些簸箕柳、紫穗槐、柽柳等护坡树种。要注意排水沟的坡降和边坡都要符合设计要求。

（5）防护林带的营建

一般在房屋、道路、渠、排水沟竣工后，立即营建防护林，以保证开圃后尽早起到防护作用。根据树种的习性和环境条件，可采用种植树苗、埋干、插条或埋根等方法，但最好是能使用大苗栽植，能尽早起到防风作用，做到乔灌木相结合。树种的选择、栽植的株距、行距均应按设计要求进行，同时应呈“品”字形交错栽植，栽后要注意及时灌水，并注意经常养护，以保证成活。

（6）土地平整

坡度不大的可在路、沟、渠修成后结合翻耕进行平整工作，或待开圃后结合耕作播种和苗木出圃等时节，逐年进行平整，这样可节省开圃时的施工投资，而使原有表土层不被破坏，有利苗木生长；坡度较大的山地苗圃需修梯田，这是山地苗圃的主要工作项目，因此项工作量大，应提早进行施工。总坡度不太大，但局部水平的，宜挖高填低，深坑填平后，应灌水使土壤落实后再进行平整。

（7）土壤改良

圃地中如有盐碱土、沙土、重黏土或城市建筑废墟地等，土壤不适合苗木生长时，应在建圃时进行土壤改良工作。对盐碱地可采用开沟排水，引淡水冲碱或刮碱、扫碱等措施加以改良；轻度盐碱土可采用深翻晒土，多施有机肥料，灌冻水和雨后（灌水后）及时中耕除草等农业技术措施，逐年改良；对沙土，最好掺入黏土，多施有机肥料进行改良，并适当增设防护林带等；对重黏土则应用混沙、深耕、多施有机肥料、种植绿肥和开沟排水等措施进行改良。对城市废墟或城市撂荒地改良，应以除去耕作层中的砖、石、木片、石灰等建筑废弃物为主，清除后进行客土、平整、翻耕、施肥，即可进行育苗。

1.5　园林苗圃技术档案的建立

园林苗圃技术档案是通过系统记录苗圃地的使用、苗木生长、育苗技术措施、物料使用管理及苗圃日常作业的劳动组织和用工等情况，并进行整理、分析和总结，为实行苗圃科学育苗、科学管理提供重要依据。

1.5.1　建立苗圃技术档案的要求

① 苗圃技术档案是园林生产的真实反映和历史记载，要长期坚持，不能间断。
② 由专职或兼职管理人员记录，多数苗圃由负责生产的技术人员兼管。
③ 观察记载要认真仔细，实事求是，及时准确，系统完整。
④ 每年必须对材料及时汇集整理，分析总结，为今后的苗圃生产提供依据。
⑤ 按照材料形成时间的先后分类整理，装订成册，归档，妥善保管。
⑥ 档案管理人员应尽量保持稳定，如有变动应及时做好交接工作，保持档案的持续完整。

1.5.2　园林苗圃技术档案的内容

园林苗圃档案主要包括以下内容：苗圃原始地貌图（地形图）、规划设计图、建成后的苗圃平面图和附属设施图；土壤类型，各区土壤肥力情况，土壤、水肥变化档案；各作业区苗木种类、品种的记载和位置图，母本园品种名录、引种名录及其位置；每次苗木轮作情况，将轮作计划的实际执行情况和轮作后的种苗生长情况进行记载；苗木管理档案，即记载繁殖方法、时期、成活率和主要管理措施（肥水、病虫防治）。归纳起来可包括下列几种档案。

（1）苗圃土地利用档案

苗圃土地利用档案是对苗圃各作业的面积、土质，育苗树种，育苗方法，作业方式，整地方法，施肥和施用除草剂的种类、数量、方法和时间，灌水数量、次数和时间，病虫害的种类，苗木的产量和质量等逐年加以记载，一般用表格的形式记录保管存档。

为便于日后查阅，建立土地利用档案时，应每年绘出一张苗圃土地利用情况平面图，并注明苗圃地总面积、各作业区的面积、育苗树种、育苗面积和休闲面积等。

（2）育苗技术档案

每年把各种苗木从种子和种条处理开始，至起苗、包装出圃为止的一整套育苗技术措施，用表格形式分树种记载下来。根据这些资料，可分析总结育苗经验，提高育苗技术。

①苗木繁殖。包括苗圃有关树种的种子、根、条的来源，种质鉴定，繁殖方法，成苗率，产苗量及技术管理措施等。

②苗木抚育。技苗圃地块分区记载，包括苗木品种、栽植规格、日期、株行距、移植成活率、年生长量、苗木在圃量、苗木保存率、技术管理、苗木成本、出圃规格、数量、日期等。

③其他资料

a.使用新技术、新工艺和新成果的单项技术资料。

b.试验区、母本区的技术资料。

④经营管理状况

a.苗圃各项生产计划、育苗规划、设备安装运行状况等。

b.职工组织、技术教育、考核、育苗水平发展变化。

c.苗圃生产经营状况、经济效益分析。

（3）苗木生长调查档案

通过对苗木生长发育的观察，用表格形式记载各种苗木的生长过程，以便掌握其生长规律，把握自然条件和人为因素对苗木生长的影响，确定有效的抚育措施。

（4）气象观测档案

气象变化与苗木生长和病虫害的发生发展有着密切关系。通过记载和分析气象因素，可帮助人们利用气象因素，避免或防止自然灾害。

（5）苗圃作业日记

主要记录苗圃每天所做的工作，统计各种苗木的用工量和物料的使用情况，以便核算成本，制定合理定额，更好地组织生产，提高劳动效率。

（6）统计资料

统计资料包括各类统计报表、调查总结报告、各类鉴定书等。各类资料由专人每年整理一次，编目录、分类、存档。

1.6　苗圃生产战略决策与发展计划　<<<

1.6.1　影响苗圃生产战略决策的因素

在制定苗圃生产战略决策时，首先要考虑苗圃生产战略决策影响因素，这些因素包括以下几项。

（1）苗圃企业外部环境因素

苗圃企业外部环境因素很多，如对国内外宏观经济环境和经济产业政策及国内国民经济的未来发展的准确评估；苗木市场需求及其变化，直接决定苗圃的未来发展，要求战略决策者对苗木的市场走向要有一个全面的了解，据此选择苗圃的苗木种类；随着科技的进步，苗圃的生产战略决策也要进行相应的调整，要跟上时代的步伐；合理运用先进的技术和苗圃设备，提高苗圃的生产效率和产品的质量，以优质的苗木供应市场，提高苗圃生产苗木的竞争力。

（2）苗圃企业内部因素

现代园林苗圃的生产战略决策还要根据企业整体经营目标与各职能部门的战略决策制

定。在制定时要考虑苗圃企业的生产运作能力，即苗圃的生产管理及技术能力、苗圃的生产运行状况、苗圃发展资金投入状况等直接影响苗圃发展的因素。有些因素对苗圃的发展可能是制约性的，如苗圃的资金投入，直接影响到苗圃生产战略的制定。因此，在苗圃生产战略决策的制定过程中，要根据苗圃企业的现有条件，合理制定苗圃苗木生产的战略决策，根据苗圃的生产战略决策，制定相应的苗圃生产运作组织方式决策。但是，现代苗圃的生产不是孤立的，苗圃的苗木生产在考虑到市场需求的同时，还要考虑到所有其他苗圃的生产能力，根据苗木市场的分析制定苗圃的竞争战略决策和苗圃生产的发展决策，以保证苗圃的稳步发展。

1.6.2 苗圃生产运作系统设计决策

在苗圃生产战略决策制定后，要根据生产战略决策的要求进行生产运作系统设计决策的制定。

（1）进行苗圃生产管理系统的合理布置

苗圃生产运作系统设计决策的正确执行，必须要进行苗圃生产、技术与企划部的组建与分工。

（2）苗圃苗木的生产与繁殖技术准备与苗木的栽培管理系统的运作决策

选择优秀的苗木繁殖技术与管理人员，负责苗圃的生产技术，也是保证苗圃正常运行的重要条件。

（3）苗圃生产能力的制定

苗圃的生产能力包括苗圃的功能分区、苗圃生产的管理、苗圃生产苗木的种类、苗木的规格及苗圃年苗木销售量以及如何满足苗圃市场需求生产优质苗木等。

1.6.3 苗圃生产运作系统运行决策

为了保证苗圃生产战略决策的顺利执行，苗圃管理者要对苗圃生产运作系统的正常运行进行合理安排，制定相应的苗圃生产计划。苗圃的生产计划主要包括长期生产计划和短期生产计划，并根据生产计划制定苗圃的生产作业计划。在生产作业计划中，要对苗圃生产的各项工序分工明确，如苗木的繁殖、幼苗的养护管理、大苗的养护管理、苗木的出圃等项目明确分工，确定各项目的管理方式，保证各种苗木的正常生产。同时为了保证苗木的质量，制定苗木的质量管理办法，保证生产优质苗木，有利于苗木的市场销售。在苗圃运作系统的运行过程中，还要制定相应的成本控制制度，苗圃生产运作系统正常运行的后勤保障制度，以保证苗圃以低成本生产适合市场需要的优质苗木的生产运作系统的正常运行。

1.6.4 园林苗圃的发展计划

如要实现苗圃的经营管理战略和发展目标，就要制定苗圃的发展计划，这个计划包括短期计划、中期计划和长期计划。在这些计划中，又包括生产计划、销售计划和促进计划，以保证短期计划、中期计划和长期计划得以顺利实现。在计划的执行过程中，要根据苗圃发展和市场变化随时调整和改进发展计划。在制定苗圃发展长期计划方面，美国的Iseli苗圃就是一个很好的例子，他们在苗圃建立之初提出的发展目标是建一个以针叶树为主的，在北美不一定最大，但要最美的苗圃，经过二三十年的努力，他们实现了这一目标。

（1）有一个良好的生产计划

生产计划工作关系到企业发展目标的实现。一般说来，生产计划包括对苗圃生产品种进行预测，对人力和物质资源进行合理调配和使用，达到最有效地生产出所需的园林产品，创造较高的生产效率和最大的利润。要实现较高的生产效率和最大的利润，在制订生产计划时要重视产品的质量控制和成本控制，同时要根据市场的需要和前景分析，调整种植苗木的种类及数量。

（2）有一个良好的市场营销计划

市场营销计划，确切一点说是市场营销策略，即如何进入市场、扩展市场、获得最高利润的策略。市场营销计划主要是由以下几个过程组成：①确定苗圃的经营方向；②对苗圃可控制的和不可控制的营销因素进行测定和预测；③制定各项需要完成的营销项目和确定完成的方法；④将实施计划具体落实到人；⑤规定营销人员执行计划的标准。

（3）有一个良好的促进计划

苗圃发展的促进计划包括两个方面的内容：①促进苗木生产和市场营销的计划，苗木生产和市场营销这两者是相辅相成的，市场紧俏的苗木品种和高质量的苗木有利于销售，而市场营销反馈回来的信息又有利于生产部门及时调整生产计划，促进苗圃的健康发展。②促进员工的积极性的计划，通过目标管理和相应的奖惩制度提高员工生产和销售的积极性。制定的目标一定要适当，如果目标过高难以达到，反而抑制了职工的积极性。

复习思考题

1. 园林苗圃的划分方式及具体的种类有哪些？
2. 园林苗圃在进行圃地选址时应考虑哪些条件？
3. 园林苗圃生产用地如何进行合理规划？
4. 园林苗圃技术档案包括哪些内容？
5. 影响苗圃生产战略决策的因素有哪些？

2

园林树木的种子生产技术

2.1 园林树木种实的采集

2.1.1 园林植物的结实规律

园林树木包括乔木和灌木，均为多年生、多次结实的木本植物。不同的树种，其结实能力的强弱、结实的早晚与树种个体发育的年龄时期有关。

园林树木结实是指树木孕育种子或果实的过程。园林树木从卵细胞受精开始到形成种子，从种子萌发、生长、发育直到死亡，要经过五个年龄时期：种子时期（胚胎时期）、幼年时期、青年时期、成年时期、老年时期。对树种来说，每个时期开始的早晚和延续时间长短都不一样。同一树种在不同环境条件下，每个年龄时期也有差异。树木开始结实的年龄取决于它的遗传基因和环境条件。在温暖的气候和充足的光照环境中生活的贮藏营养充足，树种个体可提早开花结实。孤立木结实年龄比林中木早。不同树种的遗传基因不同，生长发育快慢不同，生物学特性不同，其结实年龄也不一样。一般灌木比乔木早，速生树比慢长树早，喜光的树比耐阴的树早。

在《种子法》中，将林木的籽粒、果实、茎、苗、芽、叶等繁殖或者种植材料均归纳为种子的范畴。如培育雪松、云杉、侧柏等园林苗木时，所用的播种繁殖材料属于植物学意义上真正的种子；培育白蜡播种苗时，所用的种子实际上是指植物学上的果实；播种桃、梅和李时，所用的种子只是果实的一部分；而有些树种播种所用的种子仅仅是种子的一部分，如银杏播种繁殖时所用的种子，通常是除去肉质外种皮后，留下来的包括骨质中种皮和膜质内种皮的种子。在园林苗圃学中，通常将用于繁殖园林苗木的种子和果实统称为种实。

2.1.1.1 园林树木结实的大小年现象和间隔期

树木进入结实阶段后，每年结实量常常有很大差异，有的年份结实较多，称之为"大年"，随后结实量大幅减少，各年中结实数量的这种波动称为结实的大小年现象。其相邻的两个大年之间相隔的年限称为"结实的间隔期"。

树木结实的间隔期随树种生物学特性和环境条件的不同而有所差别。树木花芽的形成主要取决于树木贮藏的营养，结实后养分消耗，树势减弱，尤其在大年后，树势恢复的情况不同，形成的间隔期也不同，而外界的不良影响，如风、霜、冰雹、冻害、病虫害等也常会使树木的结实出现大小年和间隔期现象。

树木的这种结实间隔期并不是树木固有的特性，它可以通过加强抚育管理，如松土、除草、施肥、灌水和修剪防治病虫害、克服自然灾害等措施，保持树木的营养生长和生殖生长的平衡关系，以消除大小年现象，实现种实高产稳产的目的。

2.1.1.2 影响园林树木结实的因子

同一树种在不同地区生长，其开始结实的年龄、种实的产量、质量以及结实间隔是不同的。影响树木结实的因素主要有以下几个方面。

（1）气候条件

主要包括光照条件、温度、降雨量和风。

① 光照条件。光是树木生命活动的基本因子。树木利用光照进行光合作用，制造生长发育、开花结实所需要的养分，光照条件的差异明显地反映在树木结实的状况上。孤立木、林缘木光照充足，因此比树林中的树木结实早，产量高，质量好；阳坡光照条件好，受光时间长，光照强度大，相应的温度也高，有利于光合作用的进行和根的吸收，贮藏的营养也多，因此结实就早且质量高；而阴坡则相反。

② 温度条件。不同的树种都有其原产地分布的区域，在温度等环境条件都适合其生长情况下，树木不仅生长好，其结实也好，品质也高。而当树木生长的环境条件超出其适应范围则影响结实。

每个树种的开花结实都需要一定的温度，如果开花期遇低温的危害，不但会推迟开花，而且会使花粉大量死亡。如在果实发育初期遇低温会使幼果发育缓慢，种粒不饱满，种子质量差。

③ 降雨量。正常而适宜的降雨量可使树木生长健壮，发育良好，结实正常。春季开花季节连绵阴雨，会影响正常授粉；夏季多雨，长时间连续阴天，会推迟种子成熟期，影响种子的产量和质量；夏季过于干旱炎热又常造成落果；暴雨和冰雹等会造成更大的灾害，影响结实。

④ 风。微风有利于授粉，大风则会吹掉花朵和幼果，影响树木结实。

（2）土壤条件

土壤能供给树木所必需的养分和水分。在一般情况下，生长在肥沃、湿润、排水良好的土壤上的树木结实多，质量好。土壤养分对树木结实也有重要影响，如土壤中含氮量高，有利于树木的营养生长，含磷钾元素多则有利于提早结实和提高种实产量。

（3）生物因素

病菌、昆虫、鸟类、兽类、鼠类等的危害，常使种实减少，品质降低，甚至收不到种实。如梨桧锈病使梨和桧柏都生长不良，种实减产；炭疽病使油茶早期落果而减产；鸟类对樟树、檫木、黄连木等多汁果实的啄食都会影响园林树木的结实。

（4）开花习性

树木的开花习性也影响到结实状况，例如某些树种的雌雄异熟现象影响就比较明显。如鹅掌楸（图2-1）为两性花，但很多雌蕊在花蕾尚未开放时即已成熟，到花瓣盛开雄蕊散粉时，柱头就已经枯萎，失去接受花粉的能力，故结实率不高，对于这些树种最好实行人工授粉，以保证结实。

图2-1   鹅掌楸

2.1.2   种子的成熟与脱落

种子进入形态成熟期以后，种实逐渐脱落。不同树种脱落方式不同，有些树种整个果实脱落，如浆果、核果类及壳斗科的坚果类等；有的则果织或果皮开裂，种子散落，而果实并不一同脱落，如松柏类的球果。因此，其采种期要因种而异，一般有以下几种情况。

① 形态成熟后，果实开裂快的，应在未开裂前进行采种，如杨、柳等。

② 形态成熟后，果实虽不马上开裂，但种粒小，一经脱落则不易采集，也应在脱落前采集，如杉木等。

③ 形态成熟后挂在树上长期小开裂但不会散落者，可以延迟采种期，如槐、樟、楠等。

④ 成熟后立即脱落的大粒种子，可在脱落后立即由地面上收集，如壳斗科的种实。

2.1.3   种实的采集

2.1.3.1   种实采集前的准备

① 采种前，根据种子需求量和树木结实量预测预报结果，并结合实地查看，确定当年采种林的地点、面积和采种期。

② 制定采种方案，内容包括确定采种方法、采种责任制以及有关采集、包装、临时贮存、运输、安全、劳动保护等所需人员、工具、物料、设施的准备。

③ 及时查看种子成熟过程，掌握种子成熟特征和脱落特性，公布采种期，严禁抢采掠青。

④ 组织培训采种人员。

2.1.3.2   种实采集方法

采种方法要根据种子成熟后的散落方式、种实大小以及树体高低等确定，一般有以下几种采集方式。

（1）树上采集

对于小粒的或脱落后容易随风飞散的树种，适于树上采集。多数针叶树种，在生产上也常用树上采集的方法。

① 采摘法。进行树上采集时，比较矮小的母树可直接利用高枝剪、采种耙、采种镰等

各种工具采摘。高大的母树，可利用采种软梯、绳套、踏棒等上树采种实。

②摇落法。可借助采种工具击落或摇落后收集，通过振动敲击容易脱落种子的树种，可敲打果枝，使种实脱落而收集。也可用采种网，把网挂在树冠下部，将种实摇落在采种网中。

③机械法。交通方便且有条件时，也可进行机械化采集。在地势平坦的种子园或母树林，可采用装在汽车上能够自动升降的折叠梯采集种实。针叶树的球果可用振动式采种机采收。

（2）地面收集

种实成熟后，在脱落过程中不易被吹散的大粒种实可用地面收集的方法，如山桃、山杏、核桃、板栗、栎类、油桐、油茶、七叶树等。采集时可在地面铺帆布、塑料布、席等便于收集种子，用机械或人工振动树木，促使种实脱落。使用振动式采种机采集种子，可以振落种子而对树木生长影响较小。地面收集的方法安全、效率高，是普遍使用的方法。

（3）伐倒木采集

结合伐木进行，从伐倒木上采种，仅适用于种子成熟至脱落期间进行伐木作业的情况。

（4）水面上收集

对于种子成熟后散落在水面，且种子密度小，能够漂浮在水面上的种实，可以从水面上收集。

另外，有些种实成熟后被动物收集在洞穴里，也可从动物的洞穴中收集部分种实。

2.2　园林树木种子的调制　<<<

在多数情况下，采集的种实含有鳞片、果荚、皮、果肉、果翅、果柄、枝叶等杂物，必须经过及时的晾晒、脱粒、清除夹杂物、去翅、净种、分级、再干燥等处理工序，才能得到纯净的种实。通常，种实采集后，为了获得纯净而质优的种实并使其达到适于贮藏或播种的程度，必须进行一系列处理措施。新采集的种实一般含水量较高，为了防止发热、霉变对种实质量的影响，采集后要在最短的时间内完成种实调制。种实调制的内容包括脱粒、净种、干燥、去翅、分级等。对于不同类别以及不同特性的种实，具体调制时要采取相应的调制工序。种实采集后应尽快调制，以免发热、发霉而降低种子品质。调制树木种实的方法因种实的类型不同而不同，但方法必须恰当，方可保证种实的品质。

2.2.1　干果类种实的调制

开裂或不开裂的干果均需清除果皮、果翅，取出种子并消除各种碎枝残叶等杂物。干果类含水量低的可用"阳干法"，即在阳光下直接晒干，而含水量高的种类一般不宜在阳光下晒干，而要用"阴干法"。另外，有的干果种类晒干后方可自行开裂，有的需要在干燥的基础上进行人为加工处理。参见图2-2。

（1）蒴果类

如丁香、紫薇、白鹃梅、金丝桃等含水量很低的蒴果，采后即可在阳光下晒干脱粒净种。而含水量较多的蒴果，如杨、柳等采后应立即避风干燥，风干3～5d后，可用柳条抽打，使种子脱粒，过筛精选。

（2）坚果类

坚果类一般含水量较高，在阳光暴晒下易失去发芽力，采后应立即进行粒选或水选，除去蛀粒，然后放于风干处阴干，当种实湿度达到要求程度时即可贮藏，如松仁。

（3）翅果类

如杜仲、榆树等树种，在处理时不必脱去果翅，用"阴干法"干燥后清除混杂物即可。

（4）荚果类

一般含水量低，多用"阴干法"处理，其荚果采集后，直接摊开暴晒3～5d，用棍棒敲打进行脱粒，清除杂物即得纯净种子，如决明、含羞草等。

图2-2　干果类种实

2.2.2　肉果类种实的调制

肉果类包括核果、仁果、浆果、聚合果等，其果或花托为肉质，含有较多的果胶及糖类，容易腐烂，采集后必须及时处理，否则会降低种子的品质。一般多浸水数日，有的可直接揉搓，再脱粒、净种、阴干、晾干后贮藏。

少数松柏类具胶质种子，可用湿沙或用苔藓加细石与种实一同堆起，然后揉搓，除去假种皮，再干藏。

通常能供食品加工的肉质果类，如苹果、梨、桃、樱桃、李、梅、柑橘等可从果品加工厂中取得种子，但一般在45℃以下冷处理的条件下所得的种子才能供育苗使用。

从肉质果中取得的种子，含水量一般较高，应立即放入通风良好的室内或荫棚下晾干4～5d，在晾干的过程中，要注意经常翻动，不可在阳光下暴晒或雨淋。当种子含水量达到一定要求时，即可播种、贮藏或运输。

2.2.3　球果类的调制

针叶树种子多包含在球果中，从球果中取种子的工作主要是球果干燥问题。油松、柳杉、云杉、侧柏、落叶松、金钱松等球果采后暴晒3～10d，鳞片即开裂，大部分种子可自然脱粒，其余未脱落的可用木棍敲击球果，种子即可脱出。

国外许多国家有现代化的种子干燥器，保证球果干燥的速度快，脱粒尽，从球果中取出种子到净种分级等均采用一整套机械化、自动化设备，这就大大提高了种子调制的速度。

2.2.4　净种与种子分级

2.2.4.1　净种

净种就是除去种子中的夹杂物，如鳞片、果皮、果柄、枝叶、碎片、空粒、土块以及异类种子等。净种的方法因种子和夹杂物的密度大小而不同。

（1）风选

适用于中小粒种子，利用风或簸扬机净种，少量种子可用簸箕扬去杂物。

（2）筛选

用不同大小孔径的筛子，将大于和小于种子的夹杂物除去，再用其他方法将与种子大小等同的杂物除去。

（3）水选

一般用于大而重的种子，利用水的浮力使杂物及空瘪种子漂出，良种留于水下面。水选的时间不宜过长，水选后不能暴晒，要阴干。

2.2.4.2　种子分级

种子分级主要是把全批种子按大小进行分类。分级工作通常与净种工作同时进行，亦可采用风选、筛选及粒选法进行。

为了合理地使用种子并保证质量，应将处理后的纯净种子分批进行登记，作为种子贮藏、运输、流通时的重要依据。采种单位应有总册备案，种子贮藏、运输、流通时的种子登记卡见表2-1。

表2-1　种子登记卡

树种		科名	
学名			
采集时间		采集地点	
母树情况			
种子调制时间、方法		种子数量	
种子贮藏	方法		
	条件		
采种单位		填表日期	

2.3　**种子的贮运**

种子经净种、分级后，因播种季节、生产计划等因素的影响，不能立即播种，需将种子按一定的方法贮藏一定的时间。种子贮藏时，应采用合理的贮藏设备和先进科学的贮藏技术，人为地控制贮藏条件，将种子质量的变化降低到最低限度，最有效地保持种子旺盛的发芽力和活力，从而确保其播种价值。

2.3.1　种子的贮藏条件

种子脱离母株之后，经种子加工进入仓库，即与贮藏环境构成统一整体并受环境条件影响。经过充分干燥而处于休眠状态的种子，其生命活动的强弱主要受贮藏条件的影响。种子如果处在干燥、低温、密闭的条件下，生命活动非常微弱，消耗贮藏物质极少，其潜在生命力较强；相反，生命活动旺盛，消耗贮藏物质也多，其劣变速度快，潜在生命力就弱。所以，种子在贮藏期间的环境条件对种子生命活动及播种品质起决定性的作用。

影响种子贮藏的环境条件，主要包括空气相对湿度、温度及通气状态等。

（1）空气相对湿度

种子在贮藏期间水分的变化，主要取决于空气中相对湿度的大小。当仓库内空气相对湿度大于种子平衡水分的相对湿度时，种子就会从空气中吸收水分，使种子内部水分逐渐增加，其生命活动也随水分的增加而由弱变强。在相反的情况下，种子向空气释放水分则渐趋干燥，其生命活动将进一步受到抑制。因此，种子在贮藏时间保持空气干燥即较低的相对湿度是十分必要的。

对于耐干藏的种子保持低相对湿度是根据实际需要和可能而定的。种质资源保存时间较长，种子水分很干，要求相对湿度很低，一般控制在30%左右；大田生产用种贮藏时间相对较短，要求的相对湿度不是很低，只要达到与种子安全水分相平衡的相对湿度即可，大致在60%～70%之间。从种子的安全水分标准和目前实际情况考虑，仓内相对湿度一般以控制在65%以下为宜。

（2）仓内温度

种子温度会受仓内温度影响而起变化，而仓内温度又受空气影响而变化。一般情况下，仓内温度升高会增加种子的呼吸作用，同时促使害虫和霉菌危害。低温能降低种子生命活动和抑制霉的危害。种质资源保存时间较长，常采用很低的温度如0℃、-10℃甚至-18℃。

（3）通气状况

空气中除含有氮气、氧气和二氧化碳等各种气体外，还含有水汽和热量。如果种子长期贮藏在通气条件下，由于吸湿增温使其生命活动由弱变强，很快会丧失生活力。干燥种子以贮藏在密闭条件下较为有利，但也不是绝对的，当仓内温度、湿度大于仓外时，就应该打开门窗进行通气，必要时采用机械鼓风加速空气流通，使仓内温度、湿度尽快下降。

2.3.2　种子的贮藏方法

2.3.2.1　干藏法

干藏法是把经过充分干燥的种子贮藏在干燥的环境中并保持其干燥状态的贮藏方法。

一般来说，干藏适用于安全含水量低的种子，绝大多数草本植物的种子需要干藏，只有少数植物例外，如石蒜属（*Lycoris Herb*）需要沙藏、芡实（*Euryale ferox*）的种子需要水藏等。木本植物需要干藏的种子主要有松柏类、杜鹃属（*Rhododendron L*）、枫香属（*Liquidambar L*）、山桐子（*Idesia polycarpa*）、山茉莉属（*Huodandron Rehd*）、槭树属（*Acer L*）、领春木属（*Euptelea Sieb. et Zucc*）等植物的小粒种子和腊梅（*Chimonanthus praecox*）、白辛树属（*Pterostyrax Sieb. et Zucc*）、喜树（*Camptotheca acuminata*）、重阳木属（*Bischofia javanica*）及豆科植物的一些树种。干藏法分普通干藏法和密封干藏法两类。

（1）普通干藏法

普通干藏法是使干燥的种子达到安全含水量，装入麻袋、布袋、箩筐、缸等容器中放置在温度较低、干燥、通风的仓库中进行贮藏的方法。有些易遭虫蛀的种子如刺槐可拌入少量熟石灰粉。贮藏前仓库要进行消毒处理，一般用石灰水刷墙即可。另外，为防止湿度过大，可在仓库内适当位置放生石灰以吸湿、干燥空气，同时还可起消毒作用。

（2）密封干藏法

密封干藏法是把经过干燥的种子，放入无毒、密闭的容器中进行贮藏的方法。适合干藏的种子一般都可密封干藏，粒小、种皮薄的种子用普通干藏法长期贮藏容易失去生命力，密封干藏可保持较长的生命力。由于安全含水量低的种子在干燥的环境中呼吸微弱，放置在密闭的容器中可以防止或减轻外界湿度、氧气、温度的影响，抑制呼吸，也抑制微生物的活动，达到长期贮藏种子、延长种子生命力的目的，是长期贮藏种子效果最好的方法。可选用铁质和塑料等容器，容器不要过大，以适合搬运为佳。容器可用3%的福尔马林消毒。为防止容器内种子因呼吸产生水分，可放置硅胶、氯化钙等吸水剂，硅胶用量为种子质量的10%，氯化钙用量为种子质量的1%～5%。可用蜡将容器封口。塑料袋可直接用封袋机抽真空压封，真空贮藏效果更好。密封好的容器放置在低温的仓库内，贵重种子可用易拉罐包装。

2.3.2.2 湿藏法

湿藏法是将种子放置在湿润、通气、低温的环境中，以保持种子的生命力的贮藏方法。安全含水量高的种子采用湿藏法，如银杏、栎类、榛子等种子寿命较短，从种子成熟到播种都需在湿润状态保存。湿藏有解除种子休眠的作用，可以结合种子催芽进行贮藏。大多数木本植物的种子都适用于沙藏，如松柏类植物、胡桃科（Jugladandaceae）、壳斗科（Gagaceae）、冬青科（Aquifoliaceae）、小檗科（Berberidaceae）、七叶树科（Hippocastanaceae）、樟科（Lauraceae）、木犀科（Oleaceae）等科植物及木兰科的木兰属（*Magnolia L*）、含笑属（*Michelia L*）、木莲属（*Manglietia Bl*）、山茶科的紫茎属（*Stewartia L*）、山茶属（*Camellia L*）、蔷薇科的石楠属（*Photinia Lindl*）、李属（*Prunus L*）、苹果属（*Malus Mill*）、山楂属（*Crataegus L*）、火棘属（*Pyracantha Roem*）、花楸属（*Sorbus L*）、木瓜属（*Chaenomeles Lindl*）、枇杷属（*Eriobotrya Lindl*）、杜英属（*Elaeocarpus L*），交让木属（*Daphniphyllum Bl*）、山茱萸属（*Cornus L*）以及珙桐（*Davidia involucratea*）、紫树（*Nyssa sinensis*）、南天竹（*Nandina domestica*）等植物的种子适用于沙藏。槭树科（Aceraceae）的一些树种和马褂木（*Liriodedron chinense*）等植物的种子可干藏或湿藏，但湿藏更有利于保持种子的发芽率。

湿藏一般采用混沙贮藏，也叫沙藏。选用干净、无杂质的河沙。沙子的湿度因树种不同有所差异，一般为饱和含水量的30%。贮藏温度一般为0～5℃。湿藏温度不宜太低，低于0℃容易冻伤种子，按种∶沙=1∶3的比例混合。小粒种子直接与沙混合均匀后放置在贮藏坑中；大粒种子可一层沙一层种子分层放置。种子层不能太厚，是沙层的1/3，以每粒种子都能接触沙子为好。还可以种沙混合后，一层沙子一层种沙混合物放置。

贮藏地点室内、室外均可，室内一般是堆藏，室外可堆藏，也可挖坑埋藏。室外堆藏或埋藏要选择背风向阳、雨淋不进、水浸不到的地方。

（1）室外坑藏法

贮藏坑深度根据各地土壤结冰深度和地下水位高度而定，原则上要求将种子放在土壤结冰层下或附近，要在地下水位线以上，坑内能经常保持所要求的湿度，一般深100～120cm，宽100cm左右，长度视种量大小确定。坑底放10cm厚的湿沙，在上边放置种沙混合物（或一层种子一层沙，或一层种沙混合物一层沙），种子层一般在冻土层以下，厚度一般为70cm左右，然后在坑上部覆盖沙子（一般为10cm）。贮藏坑自下而上要插上具有通气作用的秸秆把，坑长时每隔100cm插一个。地面以上用土做成10cm左右的屋脊顶，以防雨（雪）水进入贮藏坑。注意经常检查，保持低温、湿润和通气。

（2）堆藏法

可室内堆藏也可露天堆藏。室内堆藏可选择空气流通、温度稳定的房间、地下室、地窖或草棚等。先在地面上浇一些水，铺一层10cm左右厚的湿沙，然后将种子与湿沙按1：3的体积比混合或种沙分层铺放，堆高50～80cm、宽100cm左右，长度视室内大小而定。堆内每隔100cm插一束秸秆，堆间留出通道，以便通风检查。

对一些小粒种子或种子数量不多时，可把种沙混合物放在箩筐或有孔的木箱中，置于通风的室内，以便检查和管理。室内贮藏或室外堆藏由于不接地墒，要注意保持湿度，同时要防止温度剧烈变化。

（3）流水贮藏法

对大粒种子，如核桃、栎类，在有条件的地区可以用流水贮藏。选择水面较宽、水流较慢、水深适度、水底少有淤泥腐草而又不冻冰的溪涧河流，在周围用木桩、柳条筑成篱堰，把种子装入箩筐、麻袋内，置于其中贮藏。

2.3.2.3　种子贮藏库

长期贮藏大量种子时，应建造种子贮藏库。低温冷藏是种子贮藏的最佳环境，但是，低温库的建设一般投资较大，技术要求高，电源要有保障，常年运转费用昂贵。

2.3.2.4　种子超低温贮藏

种子超低温贮藏指利用液态氮为冷源，将种子置于－196℃的超低温下，使其新陈代谢活动处于基本停止状态，不发生异常变异和裂变，从而达到长期保持种子寿命的贮藏方法。这种方法设备简单，贮藏容器为液氮罐。贮藏前种子常规干燥即可。贮藏过程中不需要监测活力动态，适合对稀有珍贵种子进行长期保存。

2.3.2.5　种子超干贮藏

种子超干贮藏也叫超低含水量贮藏，是将种子含水量降至5%以下，密封后在室温条下或稍微降温条件下贮存种子的一种方法。以往的理论认为，如果种子含水量低于5%～7%的安全下限，大分子失去水膜保护，易受自由基等毒物的侵袭，同时，低水分不利于产生新的阻氧化的生育酚。但对许多作物种子试验研究表明，种子超干含水量的临界值可降到5%以下。种子超干贮藏的技术关键是如何获得超低含水量的种子。一般干燥条件难以使种子含水量降到5%以下，若采取高温烘干，容易降低甚至丧失种子活力。目前主要应用冰冻真空干燥、鼓风硅胶干燥、干燥剂室温干燥等方法。此外，经超干贮藏的种子在萌发前必须采取有效措施，如PEG（聚乙二醇）引发处理、逐级吸湿平衡水分等，防止直接浸水引起的吸胀损伤。目前来看，脂肪类种子有较强的耐干性，可进行超干贮藏。

2.3.3　种子的包装

经精选干燥和精选加工的种子，加以合理包装，可防止种子混杂、病虫害感染、吸湿回潮、种子劣变，以提高种子商品特性，保持种子旺盛活力，保证安全贮藏运输以及便于销售等。种实的运输实质上是在一个特定条件下的短期贮藏，因此必须做好包装工作，以防种实过湿、发霉或受机械伤害等，确保种实活力。

2.3.3.1　种子包装的要求

①防湿包装的种子必须达到包装所要求的种子含水量和净度等标准，确保种子在包装容器内，在贮藏和运输过程中不变质，保持原有质量和活力。

②包装容器必须防湿、清洁、无毒、不易破裂、重量轻等。种子是一个活的生物有机体，如无防湿包装，在高温条件下种子会吸湿回潮，有毒气体也会伤害种子，从而导致种子丧失生活力。

③按不同要求确定包装数量。应按不同种类、苗床或大田播种量，不同生产面积等因素，确定合适的包装数量，以利使用或销售。

④确定保存期限。保存时间长，则要求包装种子水分更低，包装材料更好。

⑤确定包装种子贮藏条件。在低湿干燥气候地区，包装条件要求较低；而在潮湿温暖地区，则要求严格。

⑥包装容器外面应加印或粘贴标签纸，写明作物和品种名称、采种年月、种子质量指标和高产栽培技术要点等，并最好绘上醒目的作物或种子图案，引起农民的兴趣，以利于种子能得到充分利用和销售。

2.3.3.2　包装材料的种类特性及选择

（1）包装材料的种类和性质

目前应用比较普遍的包装材料主要有麻袋、多层纸袋、金属罐、聚乙烯铝箔复合袋等，见图2-3。

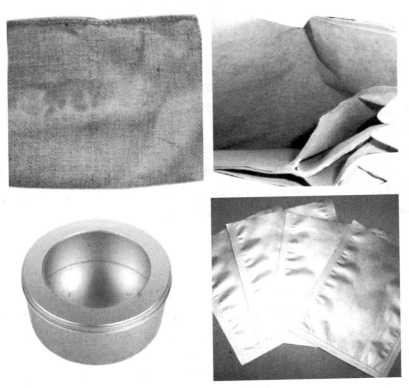

图2-3　种子的包装材料

麻袋强度好，透湿容易，但防湿、防虫和防鼠性能差。

金属罐强度高，防湿、防光、防有害烟气、防虫、防鼠性能好，并适于高速自动包装和封口，是最适合的种子包装容器。

聚乙烯铝箔复合袋强度适当，透湿率极低，也是最合适的防湿袋材料。该复合袋由数层组成。因为铝箔有微小孔隙，最内及最外层为聚乙烯薄膜，有充分的防湿效果。一般认为，用这种袋装种子，1年内种子含水量不会发生变化。

纸袋多用漂白亚硫酸盐纸或牛皮纸制成，或用多层纸袋。多层纸袋因用途不同而有不同结构。普通多层纸袋的抗破力差，防湿、防虫、防鼠性能差，在非常干燥时会干化，易破损，不能保护种子的生活力。

纸板盒和纸板罐（筒）也广泛用于种子包装。多层牛皮纸能保护种子的大多数物理品质，很适合于自动包装和封口设备。

（2）包装材料和容器的选择

包装容器要根据种子种类、种子特性、种子水分、保存期限、贮藏条件、种子用途和运输距离及地区等因素来选择。

多孔纸袋或针织袋一般用于通气性好的种子或数量大、贮存在干燥低温场所、保存期短的批发种子的包装。

小纸袋、聚乙烯袋、铝箔复合袋、铁皮罐等通常用于零售种子的包装。

钢皮罐、铝盒、塑料瓶、玻璃瓶和聚乙烯铝箔复合袋等容器可用于价值较高或少量种子的长期贮存或品种资源保存的包装。

在高温、高湿的热带和亚热带地区的种子包装应尽量选择严密防湿的包装容器，并且将种子干燥到安全包装保存的水分，封入防湿容器以防种子生活力的丧失。

（3）包装标签

在种子包装容器上必须附有标签。标签上的内容主要包括种子公司名称、种子名称、种子净度、发芽率、异作物和杂草种子的含量，种子处理方法和种子净重或粒数等项目。种子标签可挂在麻袋上，或贴在金属容器、纸板箱的外面，也可直接印制在塑料袋、铝箔复合袋及金属容器上，要图文醒目，以吸引顾客选购。

2.3.3.3　包装种子的保存

虽然包装好的种子已具备一定的防湿、防虫或防鼠特性，但仍然会受到高温和潮湿环境的影响，发生劣变。因此，包装好的种子仍须放在防湿、防虫、防鼠、干燥、低温的仓库或场所，按种子种类和品种分开堆垛。为了便于进行适当通风，种子袋堆垛之间应留有适当的空间，还须做好防火和检查等管理工作，以确保已包装种子的安全保存，真正发挥种子包装的优越性。

2.3.4　种子的运输

种子运输实质上是一种短期的贮藏。如果包装和运输不当，则运输过程中很容易导致种子品质降低，甚至使种子丧失生活力。因此，种子运输之前，要根据种实类型进行适当干燥，或保持适宜的湿度。要预先做好包装工作，运输途中防止高温或受冻，防止种实过湿发霉或受机械损伤，确保种子的生活力。种子运输之前，包装要安全可靠，并进行编号，填写种子登记卡，写明树种的名称和种子各项品质指标、采集地点和时间、每包重量、发运单位和时间等。卡片装入包装袋内备查。大批运输必须指派专人押运，到达目的地要立即检查，发现问题及时处理。

一般含水量低且干藏过的种实，如云杉、红松、落叶松、樟子松、马尾松、杉木、桉、椴、白蜡和刺槐等树木的种实，可直接用麻袋或布袋装运。包装不宜太紧太满，以减少对种子的挤压，同时也便于搬运。对于樟、楠、檫等含水量较高且容易失水而影响生活力的种子，可先用塑料布或油纸包好，再放入筌筐中运输。对于栎类等需要保湿运输的种子，可和湿苔藓、湿锯末和泥炭等一起放于容器中保湿。对于杨树等极易丧失发芽力且需要密封贮藏的种子，在运输过程中可用塑料袋、瓶和筒等器具，使种子保持密封条件。有些树种如樟、玉兰和银杏的种子，虽然能耐短时间干运，但到达目的地后，要立即进行湿沙埋藏。

2.4 种子品质的检验

2.4.1 抽样

2.4.1.1 概念

（1）种批

种批即种子批，指种源相同、采种年份相同、播种品质一致、种子重量不超过一定限额的同一树种的一批种子。

通常情况下，种批应满足以下条件：在一个县（林业局）、乡镇（林场）范围内的相似立地条件上或在同一处良种基地内采集的；采种期大致相同；种子的加工和贮藏方法相同；种子经过充分混合，使组成种批的各成分均匀一致地随机分布；质量不超过规定限额，特大粒种子如核桃、板栗、麻栎、油桐等为10000kg；大粒种子如油茶、杏、苦楝等为5000kg；中粒种子如红松、华山松、樟树、沙枣等为3500kg；小粒种子如油松、落叶松、杉木、刺槐等为1000kg；特小粒种子如桉树、桑树、泡桐、木麻黄等为250kg。

一般以一批种子作为一个检验单位进行种子品质检验。如果种子的质量超过限额，应另划种批，但种子集中产区可以适当加大种批限量。

（2）样品

样品是从种批中抽取的小部分有整体代表性的、用作品质检验的种子。样品是按照一定的检验规程和手续抽取的，分为初次样品、混合样品、送检样品和测定样品。

① 初次样品。从一个种批的不同部位或不同容器中分别抽样时，每次抽取的少量种子称为一个初次样品。

② 混合样品。从一个种批中取出的全部初次样品，均匀地混合在一起称为混合样品。

③ 送检样品。按照国家规定的分样方法和数量，把整个混合样品或混合样品中分取一部分送交检验机构做检验用的种子称为送检样品。

④ 测定样品。从送检样品中，分取一部分直接供作某项品质测定用的种子称为测定样品。

2.4.1.2 抽样方法

（1）抽样程序

抽样要由受过抽样训练、具有经验的人员担任，按规定的程序和方法进行抽样。抽样人员在抽样前应查看采种登记表和有关堆装和混合的情况。所有容器都必须具备标签并标记种批号。种批各容器或各部分的排列应便于抽样。抽样时，应当确有证据证明该种批已经充分混拌均匀。如果种批很不均匀，抽样人员能看出袋间或初次样品间的差异时，应拒绝抽样，直至重新混合均匀后再行抽样。初次样品混合前，须检查每个初次样品种子的真实性，检验在混杂程度、含水量、颜色、光泽、气味以及其他品质表现方面是否一致。如初次样品间没有很大差别，可以认为该批种子是均匀一致的，可混合成混合样品。混合样品的大小取决于批量大小。批量愈大，混合样品也愈大。送检样品可将混合样品缩减到适当的大小而得；如混合样品的大小已适当，则不必缩减，直接作为送检样品。一个种批抽取一个送检样品，并填写检验申请表。

（2）抽样强度

袋装（或大小一致、容量相近的其他容器盛装）的种批，抽样强度的最低要求为：5袋以下，每袋都抽样，且至少取5个初次样品；6～30袋，抽5袋，或者每3袋抽取1袋，这两种抽样强度中以数量大的一个为准；31～400袋，抽10袋，或者每5袋抽取1袋，这两种抽样强度中以数量大的一个为准；401袋或以上，抽80袋，或者每7袋抽取1袋，这两种抽样强度中以数量大的一个为准。从其他类型的容器，或者从倾卸装入容器时的流动种子中抽取样品时，下列抽样强度应视为最低要求：500kg以下，至少5个初次样品；501～3000kg，每300kg取一个初次样品，但不少于5个初次样品；3001～20000kg，每500kg取一个初次样品，但不少于10个初次样品；20000kg以上，每700kg取一个初次样品，但不少于40个初次样品。

（3）抽样方法

① 初次样品的抽取。初次样品的抽取方法关系着样品的代表性。遵从随机原则，采用正确的抽样技术，可以减少误差，提高样品的代表性。

从每个取样的容器中，或从容器的各个部位，或从散装大堆的各个部位扦取质量大体相等的初次样品。

装在容器（包括袋装）中的种批，应在整个种批中随机选定取样的容器。从选定容器的上、中、下各部位扦取初次样品，但不一定要求每袋都抽取一个以上部位。种子是散装或在大型容器里的，应随机从各个部位及深度扦取初次样品。

对于不易流动的黏滞性种子，可徒手取得初次样品。

对于装在小型或防湿容器（如铁罐或塑料袋）中的种子，如有可能，应在种子装入容器前或装入容器时扦样。如没有这样做，则应把足够数量的容器打开或穿孔取得初次样品，然后将扦样后的容器封闭或将种子装入新的容器。

② 混合样品的抽取。如果初次样品外观一致，可将其合并混合成混合样品。

③ 送检样品或测定样品的取得。用四分法或分样器法将混合样品缩减至适当样品大小而取得送检样品，从送检样品中分取测定样品。

a.四分法。把种子倒在平滑的桌面上或玻璃板上铺平，使种子混合均匀，而后铺成正方形。再用分样板沿对角线把种子分成4个三角形，将对顶两个三角形的种子装入瓶中备用，取其余两个对顶三角形的种子混合起来，按前法继续分取，直到获得所需数量为止。

b.分样器法。适用于种粒小、流动性大的种子。分样前，先将种子通过分样器（常用钟鼎式分样器），使种子分成质量大约相等的两份，其质量相差不超过两份种子平均质量的5%时，则分样器是正确的，如超过5%，则应调整分样器。分样时先将种子通过分样器3次，使种子充分混合，然后开始分取样品，取其一份，继续分取，直到种子减至所需质量为止。

（4）送检样品的包装和发送

送检样品用木箱、布袋等容器进行包装。供含水量测定用的送检样品，要装在防潮容器内加以密封。对于加工时种翅不易脱落的种子，须用木箱等硬质容器盛装，以免因种翅脱落而增加夹杂物的比例。

每个送检样品必须分别分装，填写两份标签，注明树种、种子采收登记表编号和送检申请表编号等。一份放入包装内，另一份挂在包装外。

送检样品包装后，要尽快连同种子采收登记表和送检申请表寄送到种子检验单位。

（5）样品的保管

种子检验单位收到送检样品后，要进行登记并从速进行检验。一时不能检验的样品，须存放在适宜的场所保存。另外，送检样品要妥善保存一部分，以备复检。

2.4.2　种子净度测定

种子净度指测定样品中纯净种子重量占测定后样品各成分重量总和的比例（％）。种子净度是种子质量及种子分级的重要指标，也是确定播种量的依据之一。净度对种子质量和寿命有较大的影响。

2.4.2.1　样品抽取

按规定的种子检验净度所需数量，用四分法或分样器法抽取检验样品。测定样品可以是规程规定的重量，或者至少是这个重量一半的两个各自独立分取的测定样品（两个"半样品"）。送检样品中混有较大或较多量的杂物时，要在样品称重后，分取样品测定前，进行必要的清理并再次称重。用经过初步清理的送检样品分取测定样品进行净度测定。

2.4.2.2　测定

将样品倒在桌面上或搪瓷盘等容器内，认真观察，区分出纯净种子、夹杂物和其他种子3类。净度测定不需要重复，做一次即可。

（1）纯净种子

纯净种子包括：完整的、没有受伤害的、发育正常的种子；发育不完全的和不能识别的空粒；种皮破口或已发芽，但仍具发芽力的种子。加工时种翅容易脱落的，其纯净种子是指除去种翅的种子；加工时种翅不易脱落的，其纯净种子应包括留在种子上的种翅。壳斗科的纯净种子是否包括壳斗，取决于各个种的具体情况，壳斗易脱落的不包括壳斗，难脱落的包括壳斗。复粒种子中至少包括一粒种子。

（2）夹杂物

夹杂物包括：能明显识别的空粒、腐坏粒、已萌芽但显然丧失发芽能力的种子；损伤严重或没有种皮的种子；叶片、鳞片、苞片、果皮、种翅、种子碎片、土块和其他杂质；昆虫的卵块、成虫、幼虫和蛹。

（3）非检验对象的其他种子。

2.4.2.3　称重与结果计算

（1）称重

测定样品在检验前要进行称重，检验分离后，按精度要求（表2-2）把上述3种成分分别称重并做记录。满足精度要求后可进行净度计算，否则要重新称重。

（2）结果计算

把测定样品中各个组成部分分别称重的数据，同原测定样品质量减去净度测定后的纯净种子、废种子和夹杂物的总质量，其差距不超过表2-3规定时，即可计算净度，否则需重做。

表2-2　净度分析样品的总体及各个组成成分的称量精度

测定样品质量/g	称量至小数位数	测定样品质量/g	称量至小数位数
1.0000 以下	4	100.0 ～ 999.99	1
1.000 ～ 9.999	3	1000 或 1000 以上	0
10.00 ～ 99.99	2		

表2-3　各组间质量误差容许表

测定样品质量/g	容许误差/g	测定样品质量/g	容许误差/g
5 以下	＜ 0.02	101 ～ 150	＜ 0.50
5 ～ 10	＜ 0.05	151 ～ 200	＜ 1.00
11 ～ 50	＜ 0.10	大于 200	＜ 1.50
51 ～ 100	＜ 0.20		

净度计算公式：

$$净度（\%）=\frac{纯净种子质量}{纯净种子质量+其他植物种子质量+夹杂物质量}\times100\%$$

如果送检样品先行进行过清理，净度可用下列公式计算：

$$送检样品净度（\%）=\frac{送检样品除去大型杂物后的质量}{送检样品质量}\times100\%$$

$$净度（\%）=送检样品净度\times测定样品净度$$

净度测定结果应计算到1位小数，全部样品总和必须为100%。

2.4.3　发芽测定

发芽能力是林木种子最重要的播种品质，林木种子播种价值的高低主要取决于种子的发芽率。测定种子的发芽率对于确定合理的播种量、划分种子等级和确定种子价格等方面都有重要意义。室内测定一粒种子发芽，是指幼苗出现并生长到某个阶段，其基本结构的状况表明它是否能在正常的田间条件下进一步长成一株合格苗木。发芽测定就是人为创造最理想的环境条件，使种子潜在的发芽能力充分表现出来。

为了使测定结果能够相互比较，并能在随机变异的范围内具有重现性，发芽测定必须按照《林木种子检验规程》（GB 2772—1999）的要求，在标准化条件下进行。

2.4.3.1　测定样品的预处理

对测定样品做预处理的目的是解除休眠。预处理的方法包括温水浸种、热水浸种、低温层积处理、酸处理等。

2.4.3.2　发芽设备准备

发芽设备是指包含有发芽床的发芽箱（图2-4）、发芽盒或发芽室。能提供种子发芽所需的温度、水分、通气和光照条件，干净卫生，便于操作。发芽箱内设发芽床，发芽床可以是纸质、沙质或土质。但一般使用纸床，使用前可先行消毒灭菌。

图2-4　种子发芽箱

2.4.3.3　置床和管理

种粒在发芽床上应保持一定距离，避免病菌蔓延、根系缠绕，也便于计数。

经常检查测定样品及其水分、通气、温度、光照条件。检查的间隔时间由检验机构根据树种特性和样品状况等自行确定。轻微发霉的种粒可以拣出用清水冲洗后放回原发芽床。发霉种粒较多的要及时更换发芽床或发芽容器。

2.4.3.4　测定条件设置

（1）湿度

发芽床的用水不应含有杂质。水的pH值应在6.0～7.5。如果当地的水质不符合要求，可以使用蒸馏水或去离子水代替。

发芽床应始终保持湿润，不断地向种子提供所需的水分。但供水过量也会影响种子的通气。对种子的供水量取决于受检树种的特性、发芽床的性质以及发芽盒的种类，由检验机构根据经验确定。各重复测定间的供水量应当一致。

（2）通气

置床的种子要保持通气良好，但不能使发芽床过度失水而影响萌发。

（3）温度

温度是指发芽床上种子所处水平层次的温度，因设备性能而产生的温度变化不能超过±1℃。为发芽种子提供光照时不能使温度发生波动，温度的变化幅度要在规定的范围内。

（4）光照

除已证实某个树种的发芽会受到光抑制之外，发芽测定中的树种每天都应当给予8h的光照，使幼苗长势良好，不容易遭受微生物侵害，也便于评定。提供的光照应均匀一致，使种子表面接受750～1250lx的照度。对于变温发芽的树种，要在高温的8h时段内提供光照。

2.4.3.5　测定的持续时间

测定发芽所用天数因树种不同而有所差异，发芽时间从置床之日算起，不包括预处理时间。如果测定样品在规定时间里发芽的种粒不多，可以适当延长测定时间。延长的时间最多不应超过规定时间的1/2。

2.4.3.6　观察、评定和记载

发芽测定的情况要定期观察记载。观察记载的间隔时间由检验机构根据树种和样品情况自行确定，但初次计数（除规定的沙床以外）和末次计数必须有记载。生长到一定阶段，必要的基本结构都已展现的每株幼苗都必须进行评定，依照《林木种子检验规程》（GB 2772—1999）的规定，评定分为正常幼苗和不正常幼苗两类。

（1）正常幼苗

指表现出具有生长潜力，能在土质良好，水分、温度、光照适宜的条件下继续生长成合格苗木的幼苗。具体包括以下几类。

完整幼苗：树种应有的基本结构全都完整、匀称、健康、生长良好。

带轻微缺陷的幼苗：树种应有的基本结构出现某些轻微缺陷的幼苗，其他方面正常，生长均衡，与同次测定中完整幼苗的其他方面不相上下。

受到次生性感染的幼苗：属于上述两类，但受真菌或细菌感染的幼苗。

（2）不正常幼苗

指表现出没有生长潜力，在土质良好，水分、温度、光照适宜的条件不能长成合格苗木的幼苗。具体包括以下几类。

　　损伤苗：任何基本结构有缺失，或损伤严重无法恢复正常，不能指望均衡生长的幼苗。

　　畸形苗或不匀称苗：生长势弱，或生理结构紊乱，或基本结构畸形（或失衡）的幼苗。

　　腐坏苗：由于原生性感染（该种粒就是感染源），该树种的任何基本结构染病或腐坏，停止生长的幼苗。

　　观察评定并在记数后将种子从发芽床上拣出。严重腐坏的幼苗也应拣出，以免造成次生性感染。一个多胚种子单位常能生出两株或几株幼苗，无论其中有几株符合要求，都记为一株正常幼苗。测定结束时根据规定，区分未发芽粒。新鲜粒的鉴定可以采用四唑染色法、切开法、离体胚发芽法或X射线法。

2.4.3.7　测定结果的计算

（1）发芽率

　　发芽率指在规定的条件和规定的时间内生成正常幼苗的种子粒数占供检种子总粒数的百分比。发芽率是种子品质的重要指标，发芽率越高，种子品质越好。

　　要比较不同批次种子的发芽率，发芽试验条件必须一致。同时计算不正常幼苗以及硬粒、新鲜粒和死亡粒的百分比，根据要求，还要计算空粒、涩粒、无胚粒和虫害粒的百分比。

　　发芽率及其他成分所占百分比是100粒种子4个重复的百分比，以50粒为一组的，应在计算前组合成4个重复。计算结果按规定修约至整数。正常幼苗的百分比、不正常幼苗的百分比、未发芽粒百分比之和必须等于100%。各重复发芽百分比的最大值与最小值的差不超过表2-4规定的容许差距，各重复发芽百分比的平均数即为该次测定的发芽率。

表2-4　发芽测定容许差距

平均发芽百分比/%	最大容许差距/%		平均发芽百分比/%	最大容许差距/%
99	2	5	87～88	13～14	13
98	3	6	84～86	15～17	14
97	4	7	81～83	18～20	15
96	5	8	78～80	21～23	16
95	6	9	73～77	24～28	17
93～94	7～8	10	67～72	29～34	18
91～92	9～10	11	56～66	35～45	19
89～90	11～12	12	51～55	46～50	20

　　因种粒特小而采用称量发芽测定法（也叫重量发芽法）的树种，也取4个重复，每个重复按种子检验技术条件称重，测定结果用单位重量样品中正常的幼苗数表示（单位为株/g），检验各重复间的最大值和最小值在容许差距范围内（表2-5），以4个重复的平均数为测定结果填报发芽测定记录表。

（2）发芽势

　　发芽势指种子发芽粒数达到高峰时正常发芽种子的总数占供检种子总数的百分比。发芽势也是衡量种子品质的重要指标之一，相同发芽率的种子，发芽势高的表明种子品质好，发芽势低的表明种子品质差。研究表明，发芽势数值与种子场圃发芽率数值接近，而测定种子发芽势，不像测定发芽率那样需要更长的时间，因而在生产中常用种子发芽势表示种子质量。

表2-5 称量发芽测定容许差距

单位：株/g

供检样品总质量中的正常发芽粒数	最大容许差距	供检样品总质量中的正常发芽粒数	最大容许差距	供检样品总质量中的正常发芽粒数	最大容许差距
0～6	4	83～90	20	245～256	33
7～10	6	91～102	21	257～270	34
11～14	8	103～112	22	271～288	35
15～18	9	113～122	23	289～302	36
19～22	11	123～134	24	303～231	37
23～26	12	135～146	25	322～338	38
27～30	13	147～160	26	339～358	39
31～38	14	161～174	27	359～378	40
39～50	15	175～188	28	379～402	41
51～56	16	189～202	29	403～420	42
57～62	17	203～216	30	421～438	43
63～70	18	217～230	31	439～460	44
71～82	19	231～244	32	>460	45

2.4.3.8 重新测定

如怀疑是种子休眠干扰测定结果，难以评定的幼苗数量较多干扰测定结果，由于测定条件、幼苗评定、计数有误或由于其他不明因素使各重复间最大差距超过容许范围时应当重新测定。

若第一次和第二次测定结果一致，两次测定结果之差不超过表2-6的最大容许差距则以两次测定的平均数填报。如果它们的差异超过表2-6最大容许差距应进行第3次测定，以3次测定中相互一致的两次平均数填报发芽测定记录表。

按照《林木种子检验规程》（GB 2772—1999）的有关规定测得的发芽率，与以往主要依正常发芽种子长出的幼根长度测定的发芽率会有一定的差异，它更近似于在正常环境条件下的成苗率。

表2-6 重新发芽测定容许差距

两次测定的发芽平均数		最大容许误差	两次测定的发芽平均数		最大容许误差
98～99	2～3	2	77～84	17～24	6
95～97	4～6	3	60～76	25～41	7
91～94	7～10	4	51～59	42～50	8
85～90	11～16	5			

2.4.4 种子生活力的测定

种子生活力测定的目的是快速估测种子样品的生活力，特别是休眠种子样品的生活力。某些样品在发芽测定结束时剩有未能萌发的种子，此时可以逐粒测定这些种子的生活力，也可以再取一份样品测定样品的生活力。

种子生活力是用染色法测得的种子潜在的发芽能力。

2.4.4.1 测定样品

从净度测定后的纯净种子中随机数取100粒种子作为一个重复，共取4个重复。

2.4.4.2　种子预处理

（1）去除种皮

为了软化种皮，便于剥取种仁，要对种子进行预处理。较易剥掉种皮的种子，可用始温30～45℃的水浸种24～48h。硬粒的种子可用始温80～85℃的水浸种，搅拌并在自然冷却中浸种24～72h，每日换水。种皮致密坚硬的种子，可用98%的浓硫酸浸种20～180min，充分冲洗，再用水浸种24～48h，每日换水。

（2）刺伤种皮

豆科的许多树种，如刺槐属，种子具有不透性种皮，可在胚根附近刺伤种皮或削去部分种皮，但注意不要伤胚。

（3）切除部分种子

横切：为使四唑溶液均匀浸透，如女贞属，可以在浸种后在胚根相反的较宽一端将种子切去1/3。纵切：许多树种，如松属和白蜡属的种子可以纵切后染色。即在浸种后，平行于胚的纵轴纵向剖切，但不能穿过胚。白蜡属的种子可以在两边各切一刀，但不要伤胚。

（4）取"胚"

大粒种子如板栗、锥栗、核桃、银杏等可取"胚方"染色。取"胚方"是指经过浸种的种子，切取大约1cm³包括胚根、胚轴和部分子叶（或胚乳）的方块。

2.4.4.3　测定方法

（1）四唑染色法

应用2，3，5-三苯基氯化（或溴化）四唑（简称四唑）的无色溶液作为指示剂，被种子吸收，在种子组织内在活细胞的还原过程中起反应，从脱氢酶接受氢。在活细胞中，四唑经氢化作用，生成一种红色而稳定的不扩散物质，这样就能识别出种子中红色的有生命部分和不染色的死亡部分。

除完全染色的有生活力种子和完全不染色的无生活力种子外，还会出现一些部分染色的种子。在这些部分染色种子的不同部位能看到其中存在着或大或小的坏死组织，它们在胚或胚乳组织中所处的部位和大小，决定着这些种子是有生活力还是无生活力。但同组织的健全程度相关联的颜色差异仍然被认为具有决定性意义，主要是因为在某种程度上，它们有助于识别出健全、衰弱或死亡的组织并确定其位置。

（2）靛蓝染色法

靛蓝为蓝色粉末，能透过死细胞组织使其染上颜色。因此，染上颜色的种子是无生活力的。靛蓝用蒸馏水配成0.05%～0.1%的溶液，最好随配随用，不宜存放过久。

胚和胚乳最好一起进行染色鉴定，剥取时要小心，勿使其损伤。预处理时发现的空粒、腐烂粒和病虫害粒要进行记录。剥出的种仁先放入盛有清水或垫有湿纱布的器皿中，全部剥完后再放入靛蓝溶液，使溶液淹没胚，上浮者要压沉。染色时间因树种、温度而异。

根据染色部位和比例大小来判断种子的生活力。通过鉴定，将测定种子评为有生活力和无生活力两类。

2.4.4.4　结果计算和表示

测定结果以有生活力种子的百分比表示，分别计算各个重复的百分比，重复间最大容许差距与发芽测定相同。如果各重复中最大值与最小值没有超过容许误差范围，就用各重复的平均数作为该次测定的生活力。如果各个重复间的最大差距超过规定的容许误差，与发芽测定同样处理。

2.4.5　种子重量的测定

种子重量可以用千粒重或容重表示。通常用千粒重，种子千粒重指气干状态下1000粒种子的质量，以克（g）为单位。千粒重反映种子的大小和饱满程度，是生产中计算田间播种量的重要依据。同一树种的种子千粒重大，表明种子质量高。生产中千粒重是计算播种量的重要依据。种子千粒重的测定方法包括百粒法、千粒法和全量法。

2.4.5.1　百粒法

百粒法为标准方法，测定步骤如下。

（1）测定样品

从净度测定后的全部纯净种子中用数粒器或用手随机数取8个重复，每个重复100粒。

（2）称量

各重复分别称重（g），小数的位数与净度分析相同。

（3）计算千粒重

将8个重复数据计算方差、标准差、变异系数和平均质量。

$$方差 = \frac{n(\sum x^2) - (\sum x)^2}{n(n-1)}$$

式中　x——各重复组的质量，g；

　　　n——重复次数。

$$标准差（S）（g）= \sqrt{方差}$$

$$变异系数 = \frac{S}{x} \times 100$$

式中　$\overline{x}$——100粒种子的平均质量，g。

$$千粒重（g）= \overline{x} \times 10$$

种粒大小悬殊的种子，变异系数不超过6.0，一般种子的变异系数不超过4.0，可按8个重复的平均数计算千粒重。如变异系数超过要求，应再取8个重复称重，计算16个重复的标准差。凡是与平均数之差超过两倍标准差的各重复均忽略不计，将剩下的各个重复用于计算。最后，将测定结果填入种子重量测定记录表。

2.4.5.2　千粒法

种粒大小或轻重极不均匀的种子可以用千粒法。

将净度分析所得的纯净种子用四分法区分，从每个对等三角中随机数取250粒，组成1000粒，共取2组，即为2次重复。

分别称量，计算平均数。如果两次重复之间的差异大于平均数的5%时，应重做。如第二次测定仍超过误差，则以四组的平均数作为测定结果。

种子千粒重在50g以上，可以500粒为一个重复；千粒重超过500g，可以250粒为一个重复，但都仍需2次重复。经称量并检验误差后折算成千粒重。

2.4.5.3　全量法

获得的纯净种子不足1000粒时，将其全部称重，再换算成千粒重。

2.4.6　种子含水量的测定

种子含水量是指用规定的方法将种子样品烘干，所失去的重量占样品原始重量的百分比。测定含水量可为种子收购、安全贮藏和调运提供依据。种子含水量烘干测定时，应注意在尽可能多地除去水分的同时，减少样品的氧化、分解或其他挥发物质的损失。一般采用的方法有低温烘干法、高恒温烘干法、二次烘干法、水分速测法及简易测定法。

2.4.6.1　分取测定样品

用于含水量测定的送检样品必须装在防潮容器中，尽可能排除其中的空气。送检样品用四分法或分样器法取得，收到样品后应尽快测定。

在分取测定样品前用匙在原样品容器中搅拌或将容器口对准另一同样大小的容器口，将种子在两个容器中往复倾倒。样品暴露在空气中的时间应尽量短。独立分取两份重复样品，根据选用样品盒直径的大小，每份样品的质量为：直径小于8cm的样品盒用4～5g，直径等于或大于8cm的样品盒10g。不需切片的种子，从接收到的容器中取出样品，直到样品密闭在准备烘干的样品盒内，所用时间不超过2min。

大粒种子（每千克少于5000粒）或种皮厚而坚硬的种子不易烘干，或烘干时种子干物质损失较大，应将种子切成小片，直径大于或等于15mm的种子，至少应切成4～5片。搅拌种子碎片后，取出大约相当于5粒完整种子重量的测定样品。整个操作在空气中的时间不能超过60min。

2.4.6.2　烘干

（1）低恒温烘干法

该法适用于所有林木种子。先称量样品盒及盒盖的重量，将测定样品均匀地铺在样品盒内，再称量样品和样品盒（连同盒盖）的重量，将样品盒迅速置于盒盖上，放入已保持在103℃±2℃的烘箱中烘17h±1h。烘箱回升至所需温度时开始计算烘干时间。达到规定的时间后，迅速盖好样品盒的盖子，并放入干燥器内冷却30～45min，冷却后称量样品盒连盖及样品的重量。测定时实验室的空气相对湿度必须小于70%。

（2）高恒温烘干法

程序与低恒温烘干法相同，但烘箱温度必须保持在130～133℃，样品烘干时间为1～4h。

（3）二次烘干法

含水量高于17%的种子，当用低恒温烘干法烘干前应预先烘干。称取两个预备样品，每个样品至少称取25g±0.2mg，放入已称过重量的样品盒内，在70℃的烘箱中预烘2～5h，使水分降至17%以下，取出后置于干燥器内冷却称重。将预先烘过的种子切片，称取测定样品，用低恒温烘干法或高恒温烘干法测定含水量。

恒温烘干含水量计算方法，计算到一位小数。

2.4.6.3　结果计算

$$含水量=\left(1-\frac{M_1 M_3}{M_0 M_2}\right)\times 100$$

式中　M_0——第二次烘前样品质量，g；

　　　M_1——第二次烘后样品质量，g；

　　　M_2——第一次烘前样品质量，g；

　　　M_3——第一次烘后样品质量，g。

预先烘干计算方法：

$$含水量（\%）=S_1+S_2-\frac{S_1\times S_2}{100}$$

式中　S_1——第一次失去的水分；

S_2——第二次失去的水分。

依据种子大小和原始水分的不同，两个重复间的容许差距范围见表2-7。

表2-7 含水量测定两次重复间的容许差距

种子大小	平均原始水分		
	12%	12% ~ 25%	>25%
小种子①	0.3%	0.5%	0.5%
大种子②	0.4%	0.8%	2.5%

① 小种子是指每千克超过5000粒的种子。
② 大种子是指每千克最多为5000粒的种子。

2.4.7 种子优良度测定

种子优良度是指用感官鉴定种子品质的优劣，其检查结果中优良种子占供检种子总数的百分比。目的在于收购种子时根据种子外观和内部状况尽快鉴定出种子质量以确定其使用价值和价格。常采用的方法有目测法、解剖法、耳听法、挤压法、鼻嗅法、比重法、爆炸法、染色法、X射线摄影等。

（1）测定样品

从经充分混合的送检样品中随机数取100粒（种粒大的种子50粒或25粒）作为一个重复，共取4个重复。种皮坚硬难以解剖的，可在测定前浸种，使种皮软化。

（2）方法

先观察供测种子的外部情况，然后分别逐粒剖开观察种子内部情况。优良种子的感官表现为：种粒饱满，胚和胚乳发育正常，呈该树种特有的颜色、弹性和气味。劣质种子的表现为：种仁萎缩和干瘪，失去该树种新鲜种子特有颜色、弹性和气味，或被虫蛀，或有霉坏症状，或有异味或已霉烂。各重复的优良种子、劣质种子及解剖时发现的空粒、涩粒、无胚粒、腐烂粒和虫害粒要按要求记录。

（3）结果计算

测定结果以优良种子的百分比表示，分别计算各个重复的百分比，如果各重复的最大值和最小值没有超出容许差距范围，就用各重复的平均数作为该种批的优良度，否则要按发芽测定中的规定重新测定并计算。

2.4.8 种子质量检验证书

完成种子质量的各项测定工作后，要填写种子质量检验结果单。完整的结果报告单应该包括：签发站名称；扦样及封缄单位名称；种子批的正式登记号和印章；来样数量、代表数量；扦样日期；检验受到样品的日期；样品编号；检验项目、检验日期。

评价树木种子质量时，主要依据种子净度分析、发芽试验、生活力测定、含水量测定和优良度测定等结果，进行树木种子质量分级。

《种子法》规定，国务院农业、林业行政主管部门分别负责全国农作物和林木种子质量监督管理工作。县级以上地方人民政府农业、林业行政主管部门分别负责本行政区域内的农作物和林木种子质量监督管理工作。种子的生产、加工、包装、检验、贮藏等质量管理办法和标准，由国务院农业、林业行政主管部门制定。

承担种子质量检验的机构应当具备相应的检测条件和能力，并经省级以上农业、林业行政主管部门考核合格。处理种子质量争议，以省级以上种子质量检验机构出具的检验结果为准。种子质量检验机构应当配备种子检验员。种子检验员应当经省级以上农业、林业行政主管部门培训、考核合格者，发给《种子检验员证》。

复习思考题

1. 影响园林树木结实的因子包括哪些方面？
2. 种实的采集有哪些方法？
3. 简述不同类型种实的调制方法。
4. 影响种子贮藏的环境条件主要包括哪些内容？
5. 种子品质检验的主要检验项目有哪些？

播种育苗技术

3.1 播种前的准备工作

3.1.1 播种前种子的处理

种子处理是指采用物理、化学或生物的技术处理种子，以防治种子和苗期病虫害，提高场圃发芽率，促进苗木出土早而整齐、健壮，同时缩短育苗期，进而提高苗木的产量和质量。

3.1.1.1 种子精选

种子精选就是将种子中的夹杂物如小石子、杂草、土粒、碎片、瘪粒、病粒等拣出去以提高种子的纯度，再把种粒按大小进行分级，以便分别播种，使幼苗出土整齐一致，便于管理。一般少量种子可用手选，种子量较大时常用的精选方法有风选、筛选和水选。

3.1.1.2 种子消毒

由于种子表面和圃地存在各种各样的病菌，在播种之前有必要对种子进行消毒。种子消毒不仅可以杀死种子本身所携带的各种病害，而且可使种子在土壤中免遭病虫危害，起到消毒和防护的双重作用。做好种子消毒能有效防治越冬病虫和土传病害，减轻种子带病，是保护播种或移植后苗木幼苗免遭病菌侵染的有效手段。常用的种子消毒方法分为物理消毒法和化学消毒法。

（1）物理消毒法

种子消毒的物理法包括日光暴晒、温水浸种、紫外光照射等。

① 日光暴晒。仅适于那些在日光暴晒下不易丧失发芽率的树木种子，如木棉、黄连木、榆树种子等。

② 温水浸种。温水浸种可用40～60℃的水温，用水量为种子体积的2倍，浸种1d。该方法适于黑松、侧柏、苦楝、油松、落叶松等针叶树种，对种皮薄或不耐高水温的种子不适用。

（2）化学消毒法

常用的方法有药液浸种和药剂拌种两种方法。

① 药液浸种

a. 甲醛（福尔马林）溶液。在播种前1～2d将一份福尔马林（浓度为40%）加水266份稀释成0.15%的溶液，然后把种子放入溶液中浸15～20min，取出后密闭2h，再将种子摊开阴干后即可播种。每千克溶液可消毒10kg的种子。用福尔马林消毒过的种子，应马上播种，如果消毒后长期不播种会降低种子的发芽率和发芽势。因而长期贮藏的种子，不要用福尔马林消毒。

b.硫酸铜及高锰酸钾溶液。用硫酸铜溶液进行消毒，可用0.3%～1%的溶液浸种4～6h。若用高锰酸钾消毒，则用0.5%的溶液浸种2h或用3%的溶液浸种30min。对催过芽的种子或胚根已突破种皮的种子，不能用高锰酸钾消毒。该方法适用于针叶树、阔叶树及多数园林植物种子的处理。

② 药剂拌种

a.敌克松拌种。用敌克松拌种，药量为种子质量的0.2%～0.5%。具体的做法：将敌克松药剂混合10倍左右的细土，配制成药土后进行拌种，这种方法对预防立枯病有很好的效果。

b.甲基托布津（甲基硫菌灵）。将甲基托布津50%或70%的可湿性粉剂拌种，用量为种子量的0.7%，拌种时可用200倍液聚乙烯醇黏着剂。此方法可防治苗期病害如白粉病、黑斑病。

c.辛硫磷。防治地下害虫，可以用50%的辛硫磷乳油拌种，用量为种子量的0.1%～0.15%。

d.赛力散（过磷酸乙基汞）拌种。用量为每千克种子拌赛力散2g，在播种前20d进行，拌种后密封贮藏，有消毒和防护作用。适于针叶树种。

e.西力生（氯化乙基汞）拌种。用量为每千克种子拌西力生2g，适于松柏类种子消毒，并且有促进发芽的作用。

3.1.1.3 种子的休眠与催芽

（1）种子休眠

园林树木种子休眠是在树木生命周期中胚胎阶段的一个暂停现象，它是植物发育过程的一个正常生理现象，是植物对环境条件及季节性变化的生物学适应性。种子休眠是植物为了种的生存，在长期适应生长环境中形成的一种特性，是植物进化的一种稳定对策，种子休眠有利于种族的生存和繁衍。不同的物种休眠的时间也不一样。

① 园林植物种子休眠类型

根据休眠原因的起源，可分为被迫休眠（条件休眠）和自然休眠。

a.被迫休眠。有些树木的种子成熟后已具有发芽的能力，但因得不到发芽所必需的环境条件，如水分、温度、氧气等而被迫处于静止状态，这种情况称为被迫休眠。一旦适宜的外界条件具备，处于休眠的种子即可萌发。这类休眠为浅休眠或短期休眠，如杨、柳榆、桦等。处于被迫休眠的种子本身并不休眠。

b.自然休眠。也叫生理休眠、长期休眠。一些种子成熟后，即使给予适宜的萌发条件也不能很快发芽，而需要经过较长时间或经过特殊处理才能发芽。种子具有自然休眠特性的园林树种较多，如红松、乌桕、山楂、厚朴、圆柏、白皮松、银杏、七叶树、榉树、女贞、刺槐等。

② 种子休眠的原因

a.种子自然休眠的原因

（a）种皮效应。种皮坚硬致密或表面具有革质、蜡质或油脂，不易透气、透水，往往容易限制种子的萌发而成为休眠的原因。种皮不透水，如豆科、锦葵科、百合科植物的硬实。硬实使一些种类植物的种皮不透水、不透气，使水分和空气不能进入种子内部，用温水浸种时，种子也难以吸水膨胀，种子始终处于休眠状态。有些植物的种子，水分虽能进入种皮，但气体却难以进入，在含水量高的情况下，气体更难进入潮湿的种皮，又由于种子含水量高，呼吸旺盛，消耗O_2，放出CO_2，前者不能进入，后者不能排出，阻碍气体交换，影响种子内部的生物化学变化和胚的生长，椴树和棉子等种子的休眠，主要是这一原因造成的。种皮坚硬不易开裂，种皮对发育中的胚起着物理的阻碍作用也会限制种子的萌发，如白蜡、核桃、杏、桃、李、杨梅、椰子等植物，由于种皮的机械约束作用，使种胚不能向外生长，种子长期处于吸胀饱和状态，直至种皮得到干燥时，细胞壁胶体性质发生变化后，才能萌发。

（b）抑制发芽物质。有些植物的果皮、胚乳或胚部含有抑制发芽的物质存在，主要是酚类物质、氨、乙烯、氰化氢、有机酸等。如桃、杏的种子内会有苦杏仁苷，在潮湿条件下可分解出氢氰酸起抑制作用。而红松种皮含有单宁约5.5%，以及种子其他部位也含有抑制物质，因此影响种子发芽。研究证明，存在于胚内的抑制剂以脱落酸为主，它在胚内的含量和休眠的深度成正比。在休眠的种子中脱落酸的含量很高，随着休眠的解除，脱落酸的水平逐渐下降。

（c）种胚后熟。也叫生理后熟。有些树种种实的外部形态虽然表现出形态成熟的特征，但种胚并未发育成熟，还需经过一段时间才能完成其发育过程，如银杏、红松、水曲柳、七叶树、冬青、油棕、椴树等。银杏当种实达到形态成熟时，种胚还很小，其长度约为胚腔长度的1/3。在休眠期间种胚继续发育，经过一定时间才发育完全。具生理后熟性的种子，经过贮藏或低温层积处理，可获较好的催熟效果。

有些长期休眠的种子是因种皮效应、抑制发芽物质和种胚后熟等两种或两种以上的综合因素所造成的，如椴树属、红松、水曲柳、山楂和圆柏等。

b.种子被迫休眠的原因

（a）水分。水分是种子发芽的首要条件。种子只有吸收了水分，才能膨胀，促进种皮破裂，进行正常的生理生化作用，将种子中贮藏的营养物质从难溶状态转变成种胚可以吸收利用的可溶状态，以保证胚的正常发育。

（b）温度。温度对于种子的萌发起着决定性的作用。适宜的温度可以促进种子的快速萌发，温度过高或过低均不利于种子的萌发，甚至会使种子丧失发芽的能力。通常变温条件可以诱发酶的活动，利于种子内营养物质的转化，便于气体交换，同时变温可使种皮易胀缩而破裂，有利于种子的萌发，因而变温条件可加速种子的萌发。

（c）空气（氧气）。充足的氧气能够增强种子的呼吸作用，促进酶的转化，分解种子中贮藏的营养物质，供给胚生长需要。如果氧气不足则发芽困难，甚至死亡。

（d）光照。好光性的种子，如油松、樟子松、落叶松、白蜡和黄杨等种子在散射光中发芽效果比黑暗条件中好。相反，一些种子属嫌光性的，如鸡冠花、福禄考等种子光对其萌发有抑制作用，必须在暗中萌发。

（2）种子的催芽

①种子的催芽。催芽就是促进种子萌发，是人为的调节和控制种子发芽所必需的条件，满足种子内部所进行的一系列的生理生化过程，增加呼吸强度，促进酶的活化并转化成营养物质，打破休眠，达到尽快萌发的目的。催芽可提高场圃发芽率，减少播种量，节药种子，缩短发芽时间，且出苗整齐，有利于播种地的管理。对于无休眠特性的种子，有时也可以通过催芽，促进其发芽整齐，提高场圃发芽率。因此，种子的催芽是育苗生产实践中的一项常用的技术措施。

②常用的种子催芽方法。催芽应针对引起休眠的不同因素，采取相应的方法。常用的催芽方法包括物理方法、化学方法、生物方法和综合方法。

　　a.物理方法

　　（a）水浸种子。多数园林树木种子用清水浸种后，都可以促使种皮变软，吸水膨胀，提早发芽。浸种用的水温高低根据种皮厚薄、结构和杀菌要求决定，浸种时间长短主要取决于种子的吸水量和吸水速度，并与水温、种子成熟度和饱满度有关。根据所用的水温不同，可分为冷水浸种、温水浸种和高水温浸种。

　　凡是种皮薄、种子含水量较低的树种，如泡桐、杨、柳、桑树等小粒种子，可用30℃左右的水浸种，浸种24～48h；经过长期干藏的种子一般冷水浸种要3～5d；种皮坚硬的如核桃种子要浸1周左右。浸种宜用流水，如用静水，凡浸种时间超过12h的，都要换水（冷水），且每日换水1～2次。从冷库中取出的种子，在1周以内浸种，并且在运输或保存过程中要避免种子处于高温、高湿状态。

　　温水浸种的水温一般为40～60℃，不耐高温的种子水温宜低些，较耐高温的种子水温可稍微高些。如油松、赤松、黑松、湿地松、杉木、臭椿等树种的种子，可用40～50℃温水浸种；而种（果）皮较厚的种子，如元宝槭、枫杨、楝树、紫穗槐等，可用60℃左右的热水浸种。种子与水的体积比约1∶3。

　　高水温浸种的水温一般为70～90℃，可适用于种皮坚硬、致密、透水性差的种子，如山桃、山杏、刺槐、乌桕、椴树、栾树、漆树、皂荚、合欢、南洋楹、台湾相思等植物的种子。用高温浸种时必须注意控制好水与种子的比例（水的体积为种子的1.5～2倍）；在操作过程中，将热水倒入装有种子的容器时，要上下充分搅拌数分钟，使种子均匀受热；高水温浸种后，如需继续浸种时，每天要换水1～2次，水温约40℃。在浸种时，可根据种子的特性选用适宜的温度，如刺槐的种子硬粒多，为防止非硬粒种子受高温危害，可用分段升温法，即先用70℃水浸种，待水冷却后继续浸种至部分种子膨胀，随后将膨胀种子分出来，未膨胀的硬粒再用90℃水浸种，水冷却后至大部分种子膨胀为止。

　　种子膨胀后就可以催芽。水浸种完毕，将种子捞出，按数量多少分别处理。种子数量少时，可将吸水膨胀的种子放到通气透水良好的筐、篓或花盆中，再用湿布等加以覆盖，放在温暖处催芽，每天用温水淘洗2～3次。种子数量多时，可与湿沙混合，将种沙混合物置于温暖处催芽，上盖塑料薄膜，以保温保湿。在催芽过程中都要注意应保持温度在20～25℃，并保证种子有足够的水分和较好的通气状态，经常检查种子发芽的情况，当种子有30%裂嘴时即可播种。

　　（b）温度处理。温度处理可分为低温处理、高温处理和变温处理三种。

　　低温处理是利用适当的低温冷冻处理能够克服种皮的不透性，增进种子内部的新陈代谢，从而促进种子的萌发。如5℃低温处理白花泡桐种子40d，能够显著提高发芽率。同时，预冷冻对苏丹草种子休眠的破除率高达71%～100%，也是破除密叶滨藜和野大麦种子休眠的最佳方法。

　　高温处理的种子经高温干燥处理后，种壳透性得以改善，从而解除由种壳引起的休眠。如草地早熟禾种子经高温干燥处理可有效提高发芽率；豆科牧草如紫花苜蓿，经高温干燥处理后，可降低硬实率。

　　变温处理可有效破除未经过生理休眠和存在硬实种子的休眠。这种方法对许多禾草、花卉，尤其是野生植物种子特别有效。研究表明，35℃/20℃变温可有效破除无芒隐子草种子的休眠，促进其萌发。羊草种子在10～20℃和10～25℃变温，其发芽率分别为37.8%和43.3%，均高于恒温处理。变温条件比恒温也更有利于虎尾草种子的萌发。

（c）机械损伤。因种壳透性不良而引起的休眠，可通过机械的方法擦伤种皮提高种壳的透性，解除休眠，促进发芽。常将种子与粗沙、碎石等混合搅拌（大粒种子可用搅拌机进行），以磨伤种皮。如将油橄榄种子的顶端剪去后播种可获得较好的发芽率，削切种皮可有效降低猫头刺种子的硬实度，利用石英砂破种皮可显著提高三裂叶野葛种子的发芽率。再如厚朴等种子可用机械打破或擦伤硬壳，黑荆树和银荆树种子用干沙和干种子混合后进行搓揉以破坏其种皮的蜡质层，有利于促进种子的萌发。

（d）层积催芽。把经过种皮处理或没有经过处理的种子与湿润物混合或分层放置，控制好一定的温度、湿度和通气条件，促使种子达到发芽程度的方法称为层积催芽。这种方法广泛适用于休眠期较长、种子内含有抑制物质、种胚未发育成熟的园林树木种子，如红松、椴树、水曲柳、山楂、榛子等。而对于休眠期短的种子，如油松、落叶松、云冷、杉等采用层积催芽后，种子具有发芽率高、出苗迅速整齐、苗木生长健壮、抗性强等特点。层积催芽分为低温层积催芽法、变温层积催芽法和混雪（冰）层积催芽法。

低温层积催芽法就是将催芽的温度控制在0～5℃范围内的低温环境。该方法是最为广泛的催芽方法，适用于催芽时间较长的树木种子。若种子致密、坚硬，催芽前应先用水浸泡并进行消毒，再与湿润干净的河沙混合均匀或分层放置，河沙的适宜湿度以手握不成团、不滴水为宜。在北方层积处理大量种子时，可先在室外挖坑，坑深一般在地下水位之上，结冻层以下，长度根据种子数量而定。坑底铺10cm厚的湿沙，然后把种沙混合物（容积比为1：3）放入坑内，距坑沿10～20cm时为止，其上再覆沙，最后用土培成屋脊形。坑中央按一定距离，埋入秸秆或通气孔。少量种子也可在室内堆积，或把种沙混合物放在一定的容器内进行催芽，定期检查种子的情况。在温度较高时，要进行翻倒，还可通过撤除或加盖覆盖物来调节温度，湿度不足时加水，并注意通气情况。在播种前1～2周，经检查未达到要求的催芽程度时，可将种子移到温暖处催芽。当"裂嘴露白"的种子数达40%～50%，即可播种。低温层积所需的日数因树种而异，实际上也是树种休眠所需的日数。

变温层积一般称作湿温/湿冷作用，是先将种子进行高温吸湿处理，再进行湿冷处理。与低温层积相比，采用变温层积处理时间短、效果好。有些树木种子如鹅耳枥属、桑属和榛子等树种的种子只用低温催芽效果不好，用变温层积催芽效果好。变温层积催芽时，先用高温（15～25℃），再用低温（0～5℃），一般高温时间较短，低温时间较长（为3～5个月），但有的树种高温和低温层积的时间几乎相等。例如，红松种子用温水浸种3～5昼夜，消毒后与湿沙混合。经过高温处理（25℃左右）处理1～2个月，再经低温（2～5℃）处理2～3个月即可，若用低温层积催芽法需200d左右。水曲柳种子先用高温（25℃）处理3～4个月，再用低温（2℃）处理3～4个月即能达到催芽标准。

混雪（冰）层积催芽法是将种子与雪或碎冰混合进行催芽的方法。该方法所处理的种子也是长期处于低温条件下，用雪来保证种子所需的水分和低温，催芽的效果最好，有雪的地区应采用。混雪催芽是在室外进行，雪种比例为3：1，充分混合，放置于地下坑中，盖雪高出地面呈丘形，再盖上草帘。到第二年春播前1～2周检查种子，如果未达到催芽要求时，将种子置于暖处使雪融化，再进行高温催芽，当种子达到萌发程度即可播种。用碎冰贮藏种子的方法与雪藏法相同。

（e）干燥后熟。高含水量的种子休眠期较长，适当降低种子含水量可缩短或破除休眠。如黄秋葵和欧洲白蜡树等种子。

（f）射线、超声波处理和电场处理。采用适当剂量的射线（β射线、α射线）、红外线、紫外线和激光等照射种子，可打破休眠，促进发芽。如超声波处理种子可使酶的活性增加而破除休眠，尤其对豆科小粒、萌发困难的种子促进效果更加明显。另外适当电场处理可显著提高柠条种子的发芽率。

b.化学方法

（a）激素处理。经过种皮或其他方法处理后的种子，可用植物激素如赤霉素、萘乙酸、吲哚丁酸、乙烯利、2，4-D、细胞激动素等药剂浸种，可以解除种子休眠。赤霉素能取代一些种子对低温后熟、光暗和干藏后熟的条件。乙烯在种子解除休眠中不仅可以起到激动素的作用，还可提高并代替赤霉素的效应而起作用。如山桃种子采用赤霉素处理可以代替低温层积打破休眠，而且在600～800mg/L处理时的种子效果最好。赤霉素浸种木荷、团花、落叶松、赤松、欧洲松、冷杉和柳杉的种子，它们的发芽率都有不同程度的提高。

（b）化学试剂处理。药剂处理适用于硬实含量较多的种子。

常用的无机药剂有：无机酸类，如硫酸；无机盐类，如钠盐、钾盐；强碱、过氧化物和一氧化氮等。将具有坚硬种壳的种子，浸在有腐蚀性的酸、碱、盐等溶液中，经过短时间处理，可使种壳变薄，增加透性，促进发芽。如浓H_2SO_4浸刺槐种子1h，可使种子发芽率提高。浓H_2SO_4浸秤锤树种子2h，也可提高其发芽率。有蜡质、油质的种子如漆树和乌桕的种子，用碱性溶液、洗衣粉液或草木灰液浸种也有效果。具体做法是：将90℃左右的热水倒入装有种子的容器中，水量以高出种子2～3cm为宜。过2～3min后，将水温调至70℃左右。然后加入1%的碱（洗衣粉）溶液或者10份水和3份草木灰的混合液，并搅动数分钟直至溶剂全部溶解为止。每隔3～4h搅动一次，经过24h后，可以揉搓种子，去除蜡层。

一些有机化学药剂处理种子，能溶解种子表面的有机质，如蜡质层等，起到促进萌发的作用。

c.生物方法

在自然界中，有很多现象可促进萌发，如植物果实成熟后脱落，被一些枯枝叶覆盖，经堆积发酵后解除休眠；某些植物（壳梭孢菌等）和真菌产生的生化物质也可以促进种子萌发；动物对有些植物果实的采食也有利于萌发。例如赤鹿取食南酸枣吐出果核使果肉与种子分开，免除了果肉对种子的抑制作用。有些硬实种子，经过动物的啃咬、咀嚼等会破坏部分种皮，增加透水透气性；经过胃肠时，消化液中的稀酸和酶等在一定程度上会软化种皮减弱种子的休眠性。

d.综合方法

许多植物种子的休眠都是由种壳合胚双重原因引起的综合性休眠，因此对此类植物的催芽要采用综合方法。如桃的种子用赤霉素浸泡12h或24h后再低温层积15d才能使其破除休眠。山桃种子采用400mg/L赤霉素处理并层积15d不仅能促进发芽，而且能有效促进茎伸长。三裂叶野葛种子通过磨破种皮和激动素浸种，可使发芽率提高到95%。

3.1.1.4 接种

很多植物的根部都有微生物（菌根菌、根瘤菌等）与植物共生，如松属、豆科、桦木科和榆树等。经过接种共生菌的苗木，在成活率和生长速度上都超过未接种的苗木。所以在贫瘠的土地和新开垦的土地上进行育苗前须接种，最简单的接种方法是从相同树种的老圃地或林地中挖取菌根土撒于苗床播种沟内或根菌拌种，接种后须经常保持土壤湿润。可根据各地栽培条件，适当增加钙镁磷肥、碳酸钙或硼、钼等元素，最好在菌肥前后施用，有利于提高菌的成活率和种子发芽率。

（1）菌根菌剂接种

菌根菌能替代根毛吸收水分和养分，促进苗木生长发育，在苗木幼龄期尤为重要，如壳斗科、松属树木。在无菌根菌地育苗时，人工接种菌根菌能提高苗木质量，接种方法是将菌根菌剂加水拌成糊状，拌种后立即播种。

（2）根瘤菌剂接种

根瘤菌能固定大气中游离态的氮素，供给苗木生长发育需要，尤其是在无根瘤菌土壤中进行豆科树种或赤杨类树种育苗时，需要接种。方法是将根瘤菌与种子混合拌匀后，随即播种。

（3）磷化菌剂接种

幼苗在生长初期需要磷的量比较大，而磷在土壤中容易被固定，磷化菌可以分解土壤中的磷，将磷转化为可以被植物吸收利用的磷化物，供苗木吸收利用。因此，可用磷化菌剂拌种后再播种。

3.1.2 整地与做床

3.1.2.1 播种前的整地

整地（图3-1）是指在做床、做垄前，对土壤进行平整、碎土等工作，其目的是创造良好的土壤耕层构造和表面状态，协调水分、养分、空气、热量等因素，提高土壤肥力，为播种和苗木生长、田间管理提供良好条件。主要的程序包括翻耕、细耙、平整。实生苗根系主要分布在0～25cm的土层，所以翻耕深度以25cm为宜。细耙应做到土壤细碎均匀，可使播种地土壤保持湿润、细碎、疏松，满足种子萌发的需要，为种子的出土创造良好的条件，以提高场圃发芽率和便于幼苗的抚育管理。整地的要求如下。

（1）细致平坦

播种地要求平坦，土壤细碎，无石块、土块和杂草根，在地表10cm深度没有较大的土块，土块越细，土粒越小，越能满足种子发芽的需要和幼苗出土后对土壤的要求。此外播种地要求平坦，这样降雨时就会灌溉均匀，不会因土壤不平、低洼积水而影响苗木生长。

（2）上暄下实

上暄有利于幼苗出土，减少下层土壤的水分蒸发；下实可使毛细管水能够达到湿润土层中，保证了种子萌发时对土壤水分的需求。上暄下实给种子的萌发创造了良好的土壤环境。春季或夏季播种前，土壤表面过于干燥时，应播前灌水（俗称泅地）或播后喷水。

播种前施入基肥有利于土壤改良和苗木的生长，一般在整地做床的同时施入足量的基肥。施肥时需注意：有机肥要打碎整细，撒肥须撒匀。

图3-1 整地

3.1.2.2　土壤处理

土壤处理的目的是消灭土壤中的病原菌和地下害虫，土壤处理可以有效地预防猝倒病、立枯病、枯萎病、根结线虫病等病害和减少地下害虫、杂草种子。采用的方法包括高温处理和药剂处理。

（1）高温处理

① 烧土法。国内应用这种方法较多，具体的操作方法是：在圃地上堆放较多的柴草进行焚烧，使土壤耕作层提高温度，以达到杀菌的目的。这种方法能起到杀灭细菌和提高土壤肥力的双重作用。在日本，烧土法是把土放在铁板上加热，可起到消毒作用。

② 火焰消毒机处理法。用特制的火焰土壤消毒机，以汽油作燃料进行加温，使温度达到79～87℃，但有机质不会燃烧。用加热土壤消毒的方法不仅可以消灭病原菌，而且能达到杀死有害的昆虫、土壤微生物和杂草种子的目的。

（2）药剂处理

① 溴灭泰（98%溴甲烷）。一种熏蒸剂，可杀死土壤中多种有害生物，如杂草、线虫、猝倒病菌、蝼蛄、蠕虫、蛴螬、蚂蚁等。具体的做法是：在整好的地块上搭拱棚，上面覆盖较厚的塑料，四周密闭，将溴灭泰放入苗床上的土坑中，让溴灭泰挥发为气体并散发到土壤与塑料之间的空间，然后穿透土壤杀灭土壤深层的有害生物。用药剂量一般为50～100g/m²。

② 硫酸亚铁（黑矾）：无雨时，可使用浓度为2%～3%的水溶液，均匀喷洒于苗床，用量为9L/m²。雨天可用细干土再加入2%～3%的硫酸亚铁粉末，制成药土，每公顷施药土1500～2250kg。

③ 福尔马林（甲醛）：每平方土壤用福尔马林（浓度40%）50mL兑水6～12L，于播种前10～20d洒在播种地上，用塑料布或草袋覆盖。在播种前一周打开覆盖物，等全部药味散尽后再播种。

④ 五氯硝基苯与敌克松（或代森锰锌）的混合物：以五氯硝基苯成分为主，其中五氯硝基苯比例为75%，敌克松（或代森锰锌）为25%，施用量为4～6g/m²。使用前将药配好后与细沙混匀做成药土。播种前先把药土撒于沟底，接着播种，再在种子上面覆盖一层药土。

⑤ 高锰酸钾：苗床整地后，用400～600倍高锰酸钾溶液喷洒，再用塑料薄膜覆盖密封，暴晒一周左右，即可揭膜播种。

3.1.2.3　做床和做垄

园林苗圃中的育苗方式（或作业方式）分为苗床式育苗和大田式育苗。在生产中，应根据自然条件、耕作习惯、育苗树种和繁殖方法，选择适宜的作业方式。

（1）苗床式育苗

苗床式育苗在园林苗圃的生产中应用很广泛，一些生长缓慢或种子量少且很珍贵以及种粒小需要精细管理的树种，可以用这种方式播种。在生产中应用这种方法播种的树种有红豆杉、珙桐、冷杉、银杉、云杉、落叶松、金钱松、马尾松、连翘、山梅花等。常用的苗床分为高床和低床两种（图3-2）。

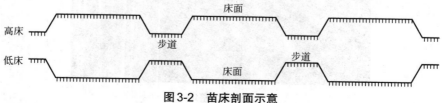

图3-2　苗床剖面示意

① 高床。床面高于地面的苗床称为高床。一般床高15～25cm，床面宽约1m，步道宽40～50cm，如果需要遮阴或埋土防寒，根据需要步道还可稍微加宽。苗床的长度可依据苗圃的实际地形和机械化程度而定，在灌溉和管理方便的条件下，越长土地利用率越高。一般用地面灌溉，如喷灌，其长度多为10～15m。高床增加了土壤肥土层的厚度，可提高土温，促进土壤通气，同时可采用侧方灌溉，床面不易板结，适合于我国南方多雨的地区。地势低、排水条件差或易积水的黏性土壤也采用高床作业比较好。另外，有些树种如落叶松、樟子松、油松、杉木等很多针叶树和玉兰、梅花等部分阔叶树种对土壤水分比较敏感，宜选用高床。做高床比较费工，前期工作会增加育苗成本。

② 低床。床面低于步道的苗床称为低床。一般床面低于步道15～25cm，床面宽1.0～1.2m，步道（床梗）的宽度为40cm，苗床的长度确定依据同高床。低床的保墒条件比较好，做床比高床省工，灌溉省水，但灌溉易使床面板结，增加松土的工作量。适用于一般降水量较少地区和无积水的地方。一些对土壤水分要求不严格的中、小粒树种如红豆杉、黑松、侧柏、水杉等多采用低床育苗。

（2）大田式育苗

大田式育苗利于机械化作业，工作效率高，节省劳力，成本低，被各苗圃普遍采用。但大田育苗行距较大，单位面积的产量较苗床式育苗低，一般适合于大量播种、容易发芽和出苗快的种子。大田育苗分高垄、低垄和平作，参见图3-3。

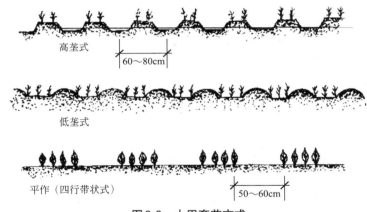

图3-3 大田育苗方式

① 高垄。垄底宽度一般为60～80cm，垄的宽度对垄内土壤水分影响很大，在干旱地区宜用宽垄，在湿润地区可用窄垄，一般垄面宽以30～40cm为宜，在干旱地区垄面宽为50～80cm，有利于保持土壤水分。垄高一般为15～20cm，高燥地可稍低些，水湿地可根据情况可垄高一些。垄长可根据苗圃地的地形、苗圃区划、育苗地的长度、灌溉条件和机械化作业强度确定。水源充足，灌溉条件较好，机械化强度大的地区可根据苗圃地的地形和地势适当延长高垄的长度。高垄加厚了土层，提高土温，通透性良好，苗木受光充足，因而有利于苗木生长，苗木根系发达，质量好，但耕作与管理不如苗床育苗精细，产量一般也低于苗床。

② 低垄。低垄即垄面低于地面的垄作方式。低垄灌水方便，节约用水，利于抗旱；垄背又可防风，保护幼苗。所以，干旱、多风而水源又不足的地区及幼苗需水较多的树种多用低垄。低垄的垄面低于地面10～15cm，类似于低床，只是床面窄小，垄背较床埂稍宽。

③ 平作。平作就是不做床或不做垄，将苗圃地直接整平后直接播种，适于多行式带播，

能提高土地利用率和单位面积的苗木产量，同时也便于机械化作业。多行式带播育苗是由几条播种行组成一个带。带宽取决于播种用的播种机和苗期管理使用的机器、机具的种类和灌溉方法等。带间距（指相邻两带的边行距到边行的距离）的大小主要取决于使用的动力和牲畜的种类等条件。带间距离一般为50～60cm，为了防止耕作时拖拉机轮带损害苗木，拖拉机轮带与播种行间要有8～10cm的距离以作保护；如使用牲畜中耕，带间距可根据实际情况适当变动。

3.2 播种育苗操作技术　<<<

3.2.1 播种时期

播种时期直接影响到苗木的生长期、出圃的年限、幼苗对环境条件的适应能力、土地的利用率以及苗木的养护管理措施等。适宜的播种时间能促使种子提前发芽，提高发芽率，播后出苗整齐，苗木具有较强的抗寒、抗旱和抗病能力，从而节约土地和人力。

播种时间的确定，要依据当地的土壤、气候条件和树种的生物学特性而定。我国园林树木种类繁多，各地树种的生物学特性和对气候条件的要求差异极大。同一地区，数种不同，其种子发芽所需的生物学最低温度也不同；同一季节，不同树种播种时间也有差异。通常来说，南方一年四季均有适播树种，而北方多数树种则多以春播为主。

3.2.1.1 春播

春季是主要的播种季节，大多数地区、大多数树种都可以在春季播种。一般在土壤解冻后至树木发芽前将种子播下去。我国南北各地气候有很大的差异。露地播种的适宜时期依气候条件而定。从南向北，随着纬度的增加，春播的时间越来越晚。在气候温暖的南方地区2～3月播种，华北地区多在3～4月，东北地区在4月下旬左右进行。春播时间宜早不宜迟，适当早播的幼苗抗性强、生长期长、苗木质量好。春播要注意防止晚霜危害，对一些发芽较晚、抗寒力强的植物（如松类、海棠等木本植物）可适当早播；对晚霜比较敏感的树种（如刺槐、臭椿等）不宜早播，应使幼苗在晚霜完全结束后再出土，以避免晚霜危害。

春播的时间因各地的气候条件而异，应根据树种和土壤条件适当安排播种顺序。一般针叶树种或未经催芽的种子应先播，阔叶或经过催芽处理的种子后播；地势高燥的地方、干旱的地区先播，低湿的地方后播。

春播的优点：从播种到出苗的时间短，节省圃地管理用工，减轻鸟、兽、虫等对种子的伤害；春播时土壤水分适宜、不板结，有利于种子萌发、出苗和生长；幼苗出土后，气温逐渐升高，可避免低温和霜冻危害。但春播时间较短，田间作业紧迫，易拖延播种期，为保证苗木质量，应及时做好催芽准备工作。

3.2.1.2 夏播

夏季播种适用于夏季成熟后一些不能贮藏、易丧失发芽力的植物种子，例如杨（图3-4）、柳、榆、蜡梅、檫木等。这些植物种子成熟后宜随采随播，种子发芽率高。夏播宜尽量提早，以延长苗木生长期，提高苗木质量，使其能安全越冬。

夏季气温高，土壤水分易蒸发，表土干燥，不利于种子发芽，干旱地区尤为严重。应在雨后进行播种或播前充分灌水，浇透底水有利于种子发芽，播后要加强管理，经常灌水，保持土壤湿润和降低地表温度，有利于幼苗成长。

图3-4　杨树

3.2.1.3　秋播

　　秋季是次于春季播种的重要播种季节，秋播是在秋末冬初土壤未冻结之前播种。一些大粒种子或种皮坚硬、有生理休眠特性的种子都可以在秋季播种，如核桃、山桃、山杏、元宝枫（图3-5）、白蜡、紫穗槐等。一般小粒种子、含水量大或易受冻害的种子不宜秋播。

图3-5　元宝枫

秋播的时间因树种特性和当地气候条件的不同而异。自然休眠的种子播种期应适当提早，可随采随播；被迫休眠的种子，应在晚秋播种，以防止当年发芽受到冻害。为减轻各种危害，秋播应掌握"宁晚勿早"的原则。

秋播的优点：秋播是符合自然规律的播种，种子在土壤中完成休眠、催芽过程，有些种皮厚的种子通过冬冻，春季化冻促使种皮开裂，便于种子吸胀发芽，翌年春季幼苗出土早而整齐，苗木生长健壮、扎根深，节省了种子贮藏和催芽工作费用。同时，秋播时间长便于安排劳动力。但秋播由于种子在土壤中时间长，易遭鸟、兽的危害或遭风蚀、土压、圃地冻裂（北方）等自然灾害，因此播种量较大。秋播翌春出苗早，要注意防范晚霜危害苗木。

3.2.1.4　冬播

我国南方冬季气候温暖，土壤不冻结，而且雨水充沛，可以进行冬播。冬播被视为是春播的提早、秋播的延续。如福建、广东、广西地区的杉木（图3-6）、马尾松等种子，常在初冬成熟后随采随播，可早发芽、扎根深，能提高苗木的生长量和成活率，幼苗的抗寒、抗旱、抗病能力也均较强。

图3-6　杉木

3.2.2　播种方法

3.2.2.1　撒播

撒播是将种子均匀地撒在播种的苗床上，适用于小粒种子，如杨树、泡桐、桑树、桉树、悬铃木、猕猴桃等。小粒种子、带茸毛的种子，撒播时可先混适量的细沙，利于均匀分布在苗床上。撒播播种简单并且可以充分利用土地，单位面积产苗量较高，苗木分布均匀，生长整齐。但撒播浪费种子，且不便于抚育管理，同时由于苗木密度大，光照不足，通风条件不好，苗木生长细弱，抗性差，易染病虫害。

3.2.2.2　点播

点播是按一定的株行距将种子播在苗床上，主要适用于大粒种子，如核桃、橡子、板栗、银杏、油桐等。点播的株行距应根据树种的特性、自然条件、技术措施及苗木的培育年限来确定。为利于出苗，种子应侧放，使种子的尖端与地面平行。点播出苗后生长健壮，一般不需间苗，但苗木产量较低、种子质量不好时，易造成缺株。

3.2.2.3 条播

条播是按一定的行距，将种子均匀地撒在播种沟中的播种方法，是应用最广泛的一种方法。优点是：苗木集中成条或成带，有一定的行间距，便于抚育管理及机械化作业，比撒播节省种子。幼苗间距较大，受光均匀，通风良好，能保证苗木质量。多数树种适合条播。

条播播幅（即播种沟宽度）有两种：一般播幅为2～5cm，行距10～25cm；宽幅条播播幅宽度为10～15cm，阔叶树一般为10cm，针叶树种为10～15cm。为适应机械化作业，可把若干播种行组成一个带，缩小行间距，加大带间距。由于组成的行数不同，可分为2～5行的带播。行距一般为10～20cm，带距30～50cm，距离的大小可根据苗木生长的快慢和播种机、中耕机的构造而定。

播种时苗行通常为南北方向，利于光照均匀。播种行的设置，可采用纵向条播（与床的长边平行），便于机械化作业；也可横向条播（与床的长边垂直），便于手工作业。

3.2.3 苗木密度与播种量的计算

3.2.3.1 苗木密度

（1）概念

苗木密度是指单位面积（或单位长度）上苗木的数量。为了实现苗木的优质高产，在保证苗木质量的前提下，要有相应的种植密度，也就是合理的种植密度。实际上就是合理安排苗木群体之间的相互关系，使其保证在每株苗木生长发育健壮的基础上，获得最大限度的单位面积的产苗量。这也正是苗木产量和质量之间存在的矛盾问题。如果苗木过密，每株苗木的营养面积过小，通风不良，光照不足，降低了光合作用的产物，表现为苗木细弱，叶量少，根系不发达，侧根少，顶芽不饱满，干物质重量小，移栽成活率不高，苗木分化严重，易受病虫害危害。而如果苗木过稀，不仅不能保证单位面积的苗木产量，而且苗木空间过大，土地利用率低，易滋生杂草，增加了土壤水分和养分的消耗，给管理工作带来困难。合理的密度可以克服苗木过密或过稀的缺点，从而获得优质高产的苗木。

（2）确定密度的原则

合理的密度是相对的，它因树种的特性、环境条件的差异而不同。育苗技术水平和经营集约化程度也会影响育苗密度。在确定某一树种的苗木密度时，应考虑以下原则，并结合本地区的具体情况而定。

① 树种的生物学特性。生长快、冠幅大的密度应稀，反之应密些。一般针叶树较阔叶树密一些。如针叶树一年生播种苗的产苗数为90～300株/m²；速生针叶树可达600株/m²，其中云杉苗可达700～800株/m²，需要进行幼苗移植的速生树如台湾相思、桉树等可达500～750株/m²。阔叶树一年生播种苗为大粒种子或速生树种25～120株/m²，生长速度中等的60～140株/m²。

② 苗龄及苗木种类。一般培育二年生苗的密度比一年生苗的小，年龄越大密度越小。

③ 苗圃地的环境条件。气候适宜，土壤水肥条件好的密度小，条件差的密度大。

④ 育苗方式及耕作机具。苗床育苗的密度比垄作育苗的密度大。另外，确定密度还必须考虑苗期管理所使用的机械、机具，以便确定合适的行（带）距。苗木密度的大小，取决于株行距，尤其是行距的大小。播种苗床一般行距为8～25cm，大田育苗一般为50～80cm，行距过小，不利于通风透光，也不利于管理。

3.2.3.2　播种量的计算

播种量指单位面积上播种的数量。播种量的原则是用最少的种子，达到最大的产苗量。播种量偏多会造成种子浪费，出苗过密，间苗又费工，增加育苗成本；播种量太少，产苗量低，造成土地利用率低，影响育苗效益。因此，播种量一定要适中。适宜的播种量，需经过科学的计算，计算播种量的依据为：

① 单位长度（或单位面积）的产苗量。

② 种子品质指标，包括种子纯度（净度）、千粒重、发芽势。

③ 种苗的损耗系数。

计算播种量可按下列公式：

$$X = C\frac{AW}{PG1000^2}$$

式中　X——单位长度（或单位面积）实际所需的播种量，kg；

　　　A——单位长度（或面积）的产苗数；

　　　W——种子千粒重，g；

　　　P——净度，%；

　　　G——发芽势，%；

　1000^2——常数；

　　　C——损耗系数。

C 值因树种、圃地的环境条件、育苗的技术水平和经验而异，同一种树，在不同条件下具体的数值可能不同，各地可通过实验来确定。C 值的变化范围大致为：

① 用于大粒种子（千粒重在700g以上），$C \geq 1$。

② 用于中、小粒种子（千粒重在3～700g），$1 < C \leq 5$，如油松种子 $1 < C < 2$。

③ 用于小粒种子（千粒重在3g以下）$C \geq 5$，如杨树种子 $C = 10 \sim 20$。

3.2.4　播种操作技术

播种是育苗工作的重要环节，播种工作做得好坏直接影响种子的场圃发芽率、出苗快慢和整齐程度，同时也影响到苗木的产量和质量。

播种分人工播种和机械播种。人工播种，播种作业环节分别进行；机械播种，这些环节连续进行。几个环节的工作质量的好坏与配合，对苗木质量和生长有直接的影响。

3.2.4.1　人工播种

播种过程包括划线、开沟、播种、覆土、镇压5个环节。

（1）划线与开沟

为使播种行通直，人工播种先划线，然后照线开沟。沟的深度对场圃发芽率的影响很大，过浅水分不足，不利于种子发芽；太深因覆土过厚，幼苗出土困难，也会降低场圃发芽率。播种沟的适宜深度要根据种粒的大小和覆土厚度而定。种粒大的种子要深一些，粒小的种子如泡桐、桉、落叶松等一般不开沟，可混细沙直接播种。开沟宽度一般为2～5cm，如采用宽幅条播，可依据具体要求来确定沟的宽度。开沟深浅要一致，沟底要平。

（2）播种

为了做到均匀播种、计划用种，人工播种在播种前应将种子按每床用量等量分开。开沟后应立即播种，不要使播种沟较长时间暴晒于阳光下失去水分，应做到边开沟，边播种，边覆土。播种要均匀，极小粒种子可用沙子或细泥土拌和后再播。播种前如果土壤过于干燥应先进行灌溉，然后再播种。

（3）覆土

覆土是播种后用土、细沙或腐殖质等覆盖种子。播种后应立即覆土，以免播种沟内的土壤和种子干燥。为了使播种沟中保持适宜的水分、温度，促进幼苗出土，要求覆土均匀，厚度适当。

① 覆土厚度。覆土是为了保水、保温，防止风干和鸟兽的危害等。覆土厚度对土壤水分、种子发芽率、出苗早晚和整齐度都有很大影响。覆土过薄，种子容易暴露，受风吹日晒，得不到发芽所必需的水分，而且容易遭受鸟、兽、虫的危害。覆土过厚，透气不良，土温较低，幼芽顶土困难，影响种子萌发。不同覆土厚度对幼芽出土的影响如图3-7所示。覆土不仅厚度应适当，而且要均匀一致，否则幼苗出土参差不齐，疏密不均，影响苗木的产量和质量。

图3-7 不同覆土厚度对幼芽出土的影响（单位：cm）

② 影响覆土厚度的因子

a.树种的生物学特性。大粒种子如板栗、核桃、油茶、银杏等发芽时需水量多，胚茎长，破土的力量强，覆土可厚些；小粒种子胚茎较短，破土力弱，故覆土要薄。子叶出土的种子，如许多针叶树和部分阔叶树（刺槐、漆树、元宝槭、白蜡、椴树等），因子叶出土的阻力大时出土难，覆土宜薄；子叶不出土的种子，覆土宜厚。一般覆盖厚度为种子直径的1～3倍。

b.土壤条件：沙土疏松幼苗易出土，覆土宜厚；质地黏重的土壤覆土宜薄。

c.播种季节：在其他条件相同的情况下，秋播比春播覆土厚，夏播一般覆土宜薄。

d.气候条件：干旱的地区覆土宜厚，湿润地区覆土宜薄。

e.覆盖材料：用沙或其他疏松材料覆盖种子时可厚，否则宜薄；大、中粒种子一般用播种地的土覆盖；较小的种子在土壤疏松的圃地也可用原土覆盖；极小粒种子如杨、柳、桉、桦等，一般用沙子、细沙土、锯末、糠皮等覆盖。生产中，中、小粒种子播种时，为防止土表干燥，板结，可用塑料小拱棚或地膜覆盖，有利于种子发芽和苗木生长。

（4）镇压

为了使种子与土壤紧密接触，使种子能顺利从土壤中吸取水分，在干旱地区或土壤疏松、土壤水分不足的情况下，覆土后要进行镇压。但对于较黏的土壤不宜镇压，以防止土壤板结，不利幼苗出土。对于不黏而较湿的土壤，需待其表面稍干后再进行镇压。

3.2.4.2 机械播种

机械播种下种均匀，覆土厚度一致，工作效率高，并且开沟、播种、覆土及镇压一次完成，既节省劳动力，又能使幼苗出土整齐一致。

采用机械播种，在选用播种机时应注意以下几点：播种时应能调节播种量，而且播下的种子在行内应均匀分布；播种器不能打碎或损伤种子；开沟、播种、覆土、镇压一次完成。另外还应注意播种机要与育苗地管理用的机具工作幅度相一致。

3.3 播后管理

3.3.1 播种苗的年生长发育特点

播种苗从种子发芽到当年停止生长进入休眠期为止是其第一个生长周期。生产上常将播种苗的第一个生长周期划分为出苗期、生长初期、速生期和生长后期四个时期。不同时期地上部分和地下部分发育特点不同，对环境条件的要求也不同。了解和掌握苗木的生长发育特点和对外界环境条件的要求，采取切实有效的抚育措施，才能培育出优质壮苗。

3.3.1.1 出苗期

从种子播种开始到长出真叶、出现侧根为止的时期称为出苗期。出苗期的长短因树种、播种期、当年气候等情况的不同而不同。春播需3～7周，夏播需1～2周，秋播则需几个月。播种后种子在土壤中先吸水膨胀，酶的活性增强，贮藏物质被分解成能被种胚利用的简单有机物。接着胚根伸长，突破种皮，形成幼根扎入土壤，最后胚芽随着胚轴的伸长，破土而出，成为幼苗。此时幼苗生长所需的营养物质全部来源于种子本身。此期主要的影响因素有土壤水分、温度、通透性和覆土厚度等。如果土壤水分不足，种子会发芽迟或不发芽；水分太多，通气不良，也会推迟种子发芽，时间一长会造成种子腐烂。土壤温度以20～26℃最为适宜出苗，温度太高或太低出苗时间都会延长。在其他条件满足时，温度往往是影响种子生根发芽的主导因素。一般种子在日平均温度5℃左右开始发芽，20～26℃时最适宜。覆土太厚或表土过于紧实，幼苗难出土，出苗速度和出苗率降低。覆土太薄，种子带壳出土，土壤过干也不利于出土。

出苗期育苗工作的要点是：采取有效措施，为种子发芽和幼苗出土创造良好的环境条件，满足种子发芽所需的水分、温度条件，促进种子迅速萌发，出苗整齐，生长健壮。因此要做到：种子要催芽，适期早播，下种均匀，提高播种技术，保持土壤湿度但不要大水漫灌，覆盖增温保墒，加强播种地的管理等。

3.3.1.2 生长初期

从幼苗出土后能够利用自己的侧根吸收营养和利用真叶进行光合作用维持生长，到苗木开始加速生长为止的时期称为生长初期。一般情况下，春播需5～7周后，夏播需3～5周后。幼苗的生长特点是地上部分的茎叶生长缓慢，而地下的根系生长较快。但是，由于幼根分布仍较浅，对炎热、低温、干旱、水涝、病虫等抵抗力较弱，易受害而死亡，对养分的需求虽不多，但很敏感，尤其对磷肥的需要量要适当增加。

生长初期育苗工作的要点是：采取一切有利于幼苗生长的措施，提高幼苗生存率。这一时期，水分是决定幼苗成活的关键因素。要保持土壤湿润，但又不能过湿，以免引起腐烂或徒长。要注意遮阳，避免温度过高或光照过强而引起烧苗。同时还要加强间苗、蹲苗、松土除草、施肥（磷和氮）、病虫防治等工作，为将来苗木快速生长打下良好基础。

3.3.1.3 速生期

从幼苗开始加速生长到生长速度明显下降的时期称为速生期。大多数园林植物的速生期是从6月中旬开始到9月初结束，持续70～90天。此期幼苗生长的特点是生长速度最快，生长量最大，表现为苗高和茎粗增加迅速，根系加粗、加深。有的树种出现两个速生阶段，一个在盛夏之前，一个在盛夏之后。盛夏期间，因高温和干旱，光合作用受抑制，生长速度下降，出现暂缓生长现象，此期生长发育状况基本上决定苗木的质量。

速生期育苗工作的重点是：在前期加强施肥、灌水、松土除草、病虫防治（防食叶害虫）工作，以水肥管理为主，结合运用新技术如生长调节剂、抗蒸腾剂等，促进幼苗迅速而健壮地生长。在速生期的末期，应停止施肥和灌溉，防止贪青徒长，使苗木充分木质化，以利于越冬。

3.3.1.4　生长后期

从幼苗速生期结束到落叶进入休眠为止的时期称为生长后期，也叫苗木硬化期或成熟期。此期一般持续1～2个月的时间。幼苗生长后期的生长特点是幼苗生长渐慢，地上部分生长量不大，但地下部分根系的生长仍可延续一段时间，叶片逐渐变红、变黄，而后脱落，幼苗木质化并形成健壮的顶芽，植株体内营养物质进入贮藏状态，从而提高越冬能力。

生长后期育苗工作要点是：停止一切促进幼苗生长的措施，如追肥、灌水等，设法控制幼苗生长，为幼苗越冬做好营养贮藏和休眠准备，有些不耐寒的树种要注意做好防寒工作。

3.3.2　播后管理技术

为了给苗木生长发育提供良好的栽培环境，使苗木生长健壮，及早达到苗木规格，促使苗木提前出圃和提高出圃率，必须对苗期实行科学、有效的管理。

3.3.2.1　出苗前圃地的管理

从播种时开始到出土为止，这期间播种地的管理工作主要包括：覆盖保墒、灌溉、松土、除草、防鸟兽等。

（1）覆盖保墒（图3-8）

播后对播种地要进行覆盖，可防止表土干燥、板结，减少灌溉次数，并防鸟害。特别是对小粒种子，覆土厚度在1cm以内的树种都应该加以覆盖。

覆盖材料应就地取材、经济实用，以不妨碍幼苗出土、不给播种地带来病虫害和杂草种子为前提。目前常用的覆盖材料有塑料薄膜、秸秆、竹帘、锯末、苔藓以及松树、云杉的枝条等。播种后及时覆盖，在种子发芽、幼苗大部分出土后，要分期、分批撤除，同时适当灌水，以保证苗床中的水分。

图3-8　覆盖保墒

（2）灌溉

播种后由于气候条件的影响或出苗时间较长，易造成床面干燥，妨碍种子发芽，应适当补充水分。对不同树种，覆土厚度不同，灌水的方法和数量也不同。在土壤水分不足的地区或季节，对覆土厚度不到2cm又不加任何覆盖的播种地要进行灌溉。播种中、小粒种子，最好在播前灌足底水，播后在不影响种子发芽的前提下尽量不灌水或减少灌水次数。注意：水分过多易使种子腐烂；灌溉用细雾喷水，以防冲走覆土或冲倒幼苗。

（3）松土、除草

土壤板结会大大降低场圃发芽率，因此要及时松土。如有杂草，应及时用除草剂或人工除草。除草与松土应结合进行。

3.3.2.2　苗期管理

苗期管理是从播种后幼苗出土，一直到冬季苗木生长结束，对苗木及土壤进行管理，主要包括以下内容。

（1）遮阴

遮阴可使苗木不受阳光直接照射，降低地表温度，防止幼苗遭受日灼危害，保持适宜的土壤温度，减少土壤和幼苗的水分蒸发，同时起到了降温保墒的作用。一般树种在幼苗期都不同程度地喜欢庇阴环境，特别是喜阴树种，如云杉、红松、白皮松等松柏类及小叶女贞、椴树、含笑等阔叶树种都需要遮阴，防止幼苗灼伤。一般可用苇帘、竹帘设活动阴棚，帘子的透光度依当地的条件和树种的不同而异，透光度以50%～80%较宜，阴棚一般高40～50cm，每日上午9时至下午5时左右进行放帘遮阴，其他早晚弱光时间或阴天可把帘子卷起。苗木受弱光照射，可增强光合作用，提高幼苗对外界环境的适应能力，促使幼苗生长健壮，也可采用插荫枝或间种等办法进行遮阴。

（2）间苗和补苗

间苗是为了调整幼苗的疏密度，使苗木之间保持一定的间隔距离，保持一定的营养面积、空间位置和光照范围，使根系均衡发展，苗木生长整齐健壮。间苗次数应依苗木的生长速度确定，一般间苗1～2次即可。速生树种或出苗较稀的树种，可行一次间苗，也就是定苗，一般在幼苗高度达10cm左右时进行间苗。对生长速度中等或慢长树种，出苗较密的，可行两次间苗，第一次间苗在幼苗高达5cm左右时进行，当苗高达10cm左右时再进行第二次间苗，即为定苗。间苗的数量应按单位面积的产苗量的指标进行留苗，其留苗数可比计划产苗量增加5%～15%，作为损耗系数，以保证产苗计划的完成。但留苗数不宜过多，以免降低苗木质量。间苗时，应间除有病虫害的、发育不正常的、弱小的、徒长的劣苗以及过密苗。补苗是补救缺苗断垄的一项措施，是弥补产苗数量不足的方法之一。补苗时期越早越好，以减少对根系的损坏，早补不但成活率高，且后期生长与原来苗无显著差别。补苗可结合间苗同时进行，最好选择阴天或傍晚，以减少强光的照射，防止萎蔫。

（3）截根和幼苗移栽

一般在幼苗长出4～5片真叶，苗根尚未木质化时进行截根。截根深度以10～15cm为宜，可用锐利的铁铲、斜刃铁片进行，将主根截断。截根目的是控制主根的生长，促进苗木的侧根、须根生长，加速苗木的生长，提高苗木质量，同时也提高移植后的成活率。截根适用于主根发达、侧根发育不良的树种，如核桃、橡栎类、梧桐、樟树等。

结合间苗进行幼苗移栽，可提高种子的利用率。对珍贵或小粒种子的树种，可进行苗床育苗或室内盆播等，待幼苗长出2～3片真叶后，再按一定的株、行距进行移植，移栽的同时也起到了截根的效果，促进了侧根的发育，提高了苗木质量。幼苗移栽后应及时进行灌水和给以适当遮阴。

（4）中耕除草

中耕就是松土，主要是为了疏松表土层，增加土壤保水蓄水能力，减少水分蒸发，促进土壤空气流通，加速微生物的活动和根系的生长发育，加速苗木生长，提高苗木质量。中耕和除草二者相结合进行，但意义不同，操作上也有差异。一般除草较浅，以能铲除杂草、切断草根为度；中耕则在幼苗初期浅些，以后可逐渐增加达10cm左右。在干旱或盐碱地，雨后或灌水后，都应进行中耕，以保墒和防止返碱。

（5）灌水与排水

灌水和排水就是调节土壤湿度，使之满足不同树种在不同生长时期对土壤水分的要求。

出土后的幼苗组织嫩弱，对水分要求严格，略有缺水即易发生萎蔫现象，水大又会发生烂根涝害，因此幼苗期间灌水工作是一项重要的技术措施。灌水量及灌水次数应根据不同树种的特性、土质类型、气候季节及生长时期等具体情况来确定。一些常绿针叶树种，性喜干、不耐湿，灌水量应小；也有些阔叶落叶树种，水量过大易发生黄化现象，如山楂、海棠、玫瑰及刺槐等。在土质和季节上，沙质土比黏质土灌水量要大，次数要多；春季为多风季节，气候干旱，比夏季灌水量要大，次数要多。

幼苗在不同的生长时期对水的需求量也不同。生长初期，幼苗小、根系短浅，需水量不大，只要经常保持土壤上层湿润，就能满足幼苗对水分的需要，因此灌水量宜小，但次数应多。在速生期，苗木的茎、叶急剧生长，蒸腾量大，对水量的吸收量也大，故灌水量应大，次数应增多。生长后期，苗木生长缓慢，即将进入停止生长期，正是充实组织、枝干木质化、增加抗寒能力阶段，应抑制其生长，要减少灌水、控制水分、防止徒长。

灌水方法目前多采用地沟灌水，床灌时要注意防止冲刷，灌水时进水量要小，水流要缓；高垄灌水让水流入垄沟内，浸透垄背，不要使水面淹没垄面，防止土面板结。有条件的地区可采用喷灌。喷出的水点要细小，防止将幼苗砸倒、根系冲出土面或将泥土溅起，污染叶面，妨碍光合作用的进行，致使苗木窒息枯死。

（6）施肥

肥料可分为有机肥料和无机肥料两大类。有机肥料如人粪尿、绿肥、堆肥、饼肥、垃圾废弃物等，一般营养元素全面，故称完全肥料。无机肥料包括各种化肥、微量元素肥（铁、硼、锰、镁等），一般成分单纯、含量高、肥效快，也叫矿质肥料。另外，有一些细菌和真菌在土壤中活动或共生，供给植物所需的营养元素，刺激植物生长，与其他肥料具有同样的效能，这些被称为细菌肥料，如根瘤剂、固氮菌剂、磷化菌剂等。

按施肥的时间分为基肥和追肥两种。基肥多随耕地时施用，以有机肥料为主，适当配合施用不易被土壤固定的矿质肥料如硫酸铵、氯化钾等。也可在播种时施用基肥，称种肥。种肥常施用腐熟的有机物或颗粒肥料，撒入播种沟中或与种子混合在播种时一并施入。苗木在生长初期对磷敏感，用颗粒磷肥做种肥最为适宜。施用追肥的方法有土壤追肥和根外追肥两种。根外追肥是利用植物的叶片能吸收营养元素的特点而采用液肥喷雾的施肥方法。对需要量不大的微量元素和部分化肥做根外追肥，其效果较好，既可减少肥料流失，又可收效迅速。在根外追肥时，应注意选择适当的浓度，一般微量元素浓度采用0.1%～0.2%，一般化肥采用0.2%～0.5%。

不同的树种在不同的生长时期所需肥料的种类和肥量差异很大。苗木的生长期中氮的吸收比磷、钾都多，所以应在速生期施大量氮肥；在秋初以后，为了防止苗木徒长，应停止施氮肥，以利安全越冬。

（7）病虫害防治

对苗木生长过程中发生的病虫害，其防治工作应遵循"防重于治"和"治早、治小、治了"的原则，以免扩大成灾。

栽培技术上的预防：实行秋耕和轮作；选用适宜的播种时期；适当早播，提高苗木抵抗力；做好播种前的种子处理工作。合理施肥，精心培育，使苗木生长健壮，增强对病虫害的抵抗能力。施用腐熟的有机肥，以防病虫害及杂草的滋生。在播种前，使用甲醛等对土壤进行必要的消毒处理。

药剂防治和综合防治：苗木的病虫害常见的有猝倒病、立枯病、锈病、褐斑病、白粉病、腐烂病、枯萎病等，虫害主要有根部害虫、茎部害虫、叶部害虫等，当发现后要注意及时进行药物防治。

生物防治：保护和利用捕食性、寄生性昆虫和寄生菌来防治害虫，可以达到以虫治虫、以菌治病的效果，如用大红瓢虫可有效地消灭苗木中的吹绵介壳虫，效果很好。

（8）越寒防冻

苗木的组织幼嫩，尤其是秋梢部分，入冬时不能完全木质化，抗寒力低，易受冻害；早春幼苗出土或萌芽时，也最易受晚霜的危害，要注意苗木的防冻。

适时早播，可延长苗木生长期，促使苗木生长健壮；在生长后期多施磷、钾肥，减少灌水，促使苗木及时停长，枝条充分木质化，可提高组织抗寒能力。冬季用稻草或落叶等把幼苗全部覆盖起来，次春撤除覆盖物；入冬前将苗木灌足冻水，增加土壤湿度，保护土壤温度。注意灌冻水不宜过早，一般在土壤封冻前进行，灌水量也要大。另外，可结合翌春移植，将苗木在入冬前掘出，按不同规格分级埋入假植沟或在地窖中假植，可有效防止冻害。

（9）轮作换茬

在同一块圃地上，用不同的树种，或用苗木与农作物、绿草等按照一定的顺序和区域划分进行轮换种植的方法称为轮作，也叫换茬。轮作可以充分利用土壤的养分，增加土壤中的有机质，提高土壤肥力，加速土壤熟化，同时有利于消除杂草和病虫害的中间寄主，有利于控制病虫害的滋生蔓延。所以，在制定育苗计划时，应尽可能合理调换各树种的育苗区，或轮作一些绿草，或种植豆科作物，以提高圃地的土壤肥力。

3.4 播种育苗操作注意问题 ‹‹‹

① 一般催芽的种子在催芽前进行消毒，催芽后由于种子萌发，种皮开裂，药物对幼芽有影响，不宜再进行消毒。水浸催芽，水质要清洁，防止盆面长出青苔，影响种子发芽，一般浸种超过24h要换水。

② 播种工序包括播种、覆土、镇压、覆盖等几个环节。一般播种细小粒种子或土壤松散干燥时才需要镇压。

③ 播种的深度是由种子的大小和种子发芽的需光性决定的。一般种子的播种深度为种子直径的2～3倍，干旱地区可略深一些。

④ 覆盖增加了育苗成本，加大了劳动强度。所以，中、大粒种子，在土壤水分条件好，播前底水充足时，多不进行覆盖。

⑤ 遮阳的苗木由于阳光较弱，对苗木质量影响较大。因此，能不遮阳即可正常生长的植物种，就不要遮阳；需要遮阳的植物种，在幼苗木质化程度提高以后，一般在速生期的中期可逐渐取消遮阳。

⑥ 松土要注意深度，防止伤及苗木根系。土表已严重板结时要先灌溉再进行松土除草，否则会因松土造成幼苗受伤。

⑦ 除草剂和农药使用要注意人畜的安全。有些除草剂或农药毒性很高，施药时要根据使用说明，做好保护工作，避免对人畜的伤害。在池塘、河流附近使用除草剂或农药要注意防止污染水体。一些低毒除草剂，也应避免接触皮肤尤其是眼睛，防止造成伤害。

⑧ 间苗和补苗时，为了防止土壤干燥，不伤幼苗和便于作业，间、补苗前后都应该灌水。间、补苗工作应尽量利用阴雨天气或在晴天的早晨和傍晚进行。

⑨ 苗木追肥应注意掌握肥料用量，用量过大不但造成浪费，而且会引起"烧苗"现象，特别是根外追肥。因为根外施肥叶面喷洒后肥料溶液或悬液容易干燥，浓度稍高就会灼伤叶子，在施用技术方面也比较复杂，效果又不太稳定，所以目前根外追肥一般只作为辅助的补肥措施，不能完全代替土壤施肥的作用。

复习思考题

1. 种子休眠的原因具体包括哪些方面？
2. 对种子进行催芽常用的方法有哪些？层积处理又应如何操作？
3. 园林树木在播种时期的选择上有哪些不同？
4. 为使苗木生长健壮，提高出圃率，应采取哪些播后管理技术？

4

营养繁殖育苗技术

园林苗圃的主要工作就是繁殖和生产优良观赏苗木供应园林绿化。种子繁殖在苗圃生产中起到了非常重要的作用，绝大多数园林苗木通过种子进行繁殖。但是有些园林苗木通过种子繁殖，其后代的观赏性状会发生分离，也就是说，不能保持原有的品种特性。而通过营养体繁殖，即可保持观赏苗木的种性，如一些优良观赏植物新品种如优良芽变新品种、杂交选育出的新品种的遗传组成多为杂合的，通过营养体繁殖可保持优良品种种苗的一致性，迅速增殖，投放市场。

营养繁殖是利用植物的营养器官如枝、根、茎、叶等，在适宜的条件下，培养成一个独立个体的育苗方法。营养繁殖也叫无性繁殖。用营养繁殖方法培育出来的苗木称为营养繁殖苗或无性繁殖苗。通过营养体繁殖，可缩短苗木的幼年期，使苗木提前开花，如腊梅、桂花、木兰类通过嫁接繁殖即可保持其优良的种性，又可使苗木提前开花；还可解决那些结实晚、结实困难或不结实的优良观赏苗木品种的繁殖问题，如牡丹、月季、重瓣碧桃等。营养体繁殖方法主要有扦插、嫁接、压条、分株等，在园林生产中，主要采用的营养体繁殖方式为扦插和嫁接及压条繁殖。

4.1　扦插育苗技术　　

扦插是植物无性繁殖的重要手段之一，通常包括茎插、根插、叶插和微扦插，扦插是目前花木繁殖时最常用的方法。

4.1.1　扦插成活原理

扦插繁殖的生理基础是植物的再生作用（植物细胞全能性）。切口部位的分生组织细胞分裂，形成新的不定根和不定芽，称为植物的再生作用。

（1）皮部生根

植物枝条在生长期间能形成大量薄壁细胞群，这就是不定根的原始体，这种薄壁细胞多位于枝条内最宽髓射线与形成层的结合点上。插穗入土后，在适宜的温度、湿度条件下，根原始体先端不断生长发育，并穿越韧皮部和皮层长出不定根，迅速从土壤中吸收水分、养分，成活也就有了保证。

（2）愈伤组织生根

愈伤组织生根类型许多都是生根困难的植物种，生根期长，枝条内缺乏现成的根原体，这类植物种要等到插穗基部愈伤组织形成，再在其内部分化出根原始体，根原始体进一步发育才能形成不定根。难生根的植物种，往往在漫长的生根过程中，插穗不能忍受水和营养的亏缺而导致死亡。愈伤组织有保护伤口，进而分化出不定根帮助吸收水分和养分的作用。

切口位置受愈伤激素刺激，薄壁细胞分裂，形成一种半透明的、不规则的瘤状突起物，这是具有明显细胞核的薄壁细胞群，称为初生愈伤组织，进一步分化出与插穗组织相联系的形成层韧皮部、木质部，起保护伤口的作用，同时吸收水分、养分，在适宜的水分、温度条件下，从生长点或形成层中分化出根原始体，进一步发育成不定根。

（3）嫩枝扦插成活的原理

嫩枝插穗在扦插时尚无根原基，插穗下切口先形成愈伤组织，从愈伤组织长出不定根，当插穗下切口的细胞被剪破时，便流出细胞液，并充满细胞间隙，细胞液与空气接触很快就被氧化，而形成一层保护薄膜，其内部逐渐形成木栓层，由保护膜的新生细胞形成愈伤组织，愈伤组织不断分裂，分化形成输导组织与形成层，再进一步分化，从生长点中长出不定根。嫩枝扦插易于成活，是因为嫩枝生长素多，半木质化枝条可溶性糖和氨基酸含量高，组织幼嫩，分生组织细胞分裂能力强，酶的活性强，有利于形成愈伤组织和生根。

（4）插根成活的原理

由根穗中原有根原基长出新根或由愈伤组织长出新根，由根部微管束鞘发生的不定芽，发育成新梢。

插穗上、下两端具有形态上和生理上的不同特征，即极性现象。插穗有两个切口，形态学上端称茎极——长枝叶，形态学下端称根极——长根。极性现象产生的原因主要与植物体内生长素转移有关，生长素在顶端形成，有规律地向下运输（极性运输）刺激下切口细胞活动和分裂，从而促进愈伤组织和不定根的形成。根插也有极性，靠根尖部位长根，靠茎干位置长枝叶，故枝插、根插都不能倒插。

4.1.2 影响插条生根的因素

4.1.2.1 外在因素

影响插条生根的外因主要有温度、湿度、通气、光照、基质等，其因素之间相互影响、相互制约。因此，扦插时必须使各种环境因子有机协调地满足插条生根的各种要求，以达到提高生根率、培育优质苗木的目的。

（1）温度

插穗生根的适宜温度因树种而异。多数树种生根的最适温度为 15 ～ 25℃，以 20℃ 最适宜，然而很多树种都有其生根的最低温度，如杨、柳在 7℃ 左右即开始生根。一般规律为发芽早的如杨、柳要求温度较低；发芽萌动晚的及常绿树种如桂花、栀子、珊瑚树等要求温度较高。此外，处于不同气候带的植物，其扦插的最适宜温度也不同。

不同树种插穗生根对土壤的温度要求也不同，一般土温高于气温 3 ～ 5℃ 时，对生根极为有利。这样的温度有利于不定根的形成而不适于芽的萌动，集中养分在不定根形成后芽再萌发生长。在生产上可用马粪或电热线等作酿热材料增加地温，还可利用太阳光的热能进行倒插催根，提高其插穗成活率。

温度对嫩枝扦插更为重要，30℃以下有利于枝条内部生根促进物质的利用，因此对生根有利。但温度高于30℃，会导致扦插失败。一般可采取喷雾方法降低插穗的温度。插穗活动的最佳时期，也是病菌猖獗的时期，所以在扦插时应特别注意病虫害的防治。

（2）湿度

在插穗生根过程中，空气的相对湿度、插壤湿度以及插穗本身的含水量是扦插成活的关键，尤其是嫩枝扦插，应特别注意保持合适的湿度。

① 空气的相对湿度。空气的相对湿度对难生根的针叶树种、阔叶树种的影响很大。插穗所需的空气相对湿度通常为90%左右，硬枝扦插可稍低一些，但嫩枝扦插空气的相对湿度一定要控制在90%以上，使枝条蒸腾强度最低。生产上可采用喷水、间隔控制喷雾等方法提高空气的相对湿度，使插穗易于生根。

② 插壤湿度。插穗最容易失去水分平衡，所以要求插壤有适宜的水分。插壤湿度取决于扦插基质、扦插材料及管理技术水平等。插壤中的含水量一般以20%～25%为宜。含水量低于20%时，插条生根和成活都受到影响。此外，插条由扦插到愈伤组织产生和生根，各阶段对插壤含水量要求不同，通常以前者为高，后者依次降低。尤其是在完全生根后，应逐步减少水分的供应，以抑制插条地上部分的旺盛生长，增加新生枝的木质化程度，更好地适应移植后的田间环境。

（3）通气条件

插穗生根时需要充足的氧气，插条生根率与插壤中的含氧量成正比。所以，扦插时插穗基质要求疏松透气，尤其对需氧量较多的树种，更要选择疏松透气的扦插基质，同时浅插。如基质为壤土，每次灌溉后必须及时松土，否则会降低成活率。

（4）光照

光照能促进插穗生根，对常绿树及嫩枝扦插是不可缺少的，但强烈的光照又会使插穗干燥或灼伤，降低成活率。在实际工作中，可采取喷水降温或适当遮阴等措施来维持插穗水分平衡。夏季扦插时，最好的方法是应用全光照自动间歇喷雾法，既保证了供水又不影响光照。

（5）扦插基质

不论何种基质，只要能满足插穗对基质水分和通气条件的要求，都有利于生根。目前所用的扦插基质分为以下3种状态。

① 固态。生产上最常用的基质，一般有河沙、蛭石、珍珠岩、泥炭土炉渣、炭化稻壳、花生壳等。这些基质的通气、排水性能良好，但反复使用后，颗粒往往破碎，粉末成分增加，因而要定时更换新基质。

a.河沙。河沙是一种石英岩或花岗岩等经风化和水力冲刷的不规则颗粒，它本身无孔隙，但颗粒之间通气性好，无菌、无毒，无化学反应，由于通气性好，导热快，取材容易，使用方便，夏季扦插效果好，是目前广泛采用的生根基质，特别是在弥雾条件下，多余的水分能及时排出，以防因积水引起腐烂，是夏季嫩枝扦插育苗的优良基质。

b.蛭石。蛭石是一种单斜晶体天然矿物，产于蚀变的黑云母或金云母的岩脉中，是黑云母或金云母变化的产物。但用于基质的蛭石是经过焙烧而成的膨化制品，膨化后体积增大15～25倍，体质轻，孔隙度大，具有良好的保温、隔热、通气、保水、保肥的作用。因为其经高温燃烧，无菌、无毒且化学稳定性好，为国内外公认的最理想的扦插基质。

c.珍珠岩。珍珠岩是铝硅天然化合物，先将珍珠岩轧碎并加热到1000℃以上，经过高温燃烧而成的膨化制品，具有封闭的多孔性结构，化学结构稳定，不像蛭石长期使用会溃碎。

由于珍珠岩的结构是封闭的孔隙，水分只能保持在聚合体的表面或聚合体之间的孔隙中，故珍珠岩有良好的排水性能，与蛭石一样有良好的保温、隔热、通气、保肥等性能，是全光雾插育苗冬季采用的最好基质。

d.泥炭土。也叫草炭，是古代湖泊沼泽植物埋藏于地下，在缺氧条件下，分解不完全的有机物，内含大量未腐烂的植物质，干后呈褐色，通过酸性反应而得，质地疏松，有团粒结构，保水能力强。但其含水量较高，通气性差，吸热力也差，故常和其他基质混合使用。

e.炉渣。是煤经高温燃烧后剩下的矿质固体，由于颗粒大小和形状不一，需要筛制后作为扦插基质。煤渣颗粒具有很多微孔，颗粒间隙也很大，具有良好的通透性，保肥、保水、保温效果好。此外，其无毒、无菌，来源广泛，价格低廉，是较好的扦插基质。

f.炭化稻壳、花生壳。该物具有透水通气、吸热保温等优点，而且稻壳、花生壳经高温炭化后，不但灭了杂菌，还能提供丰富的磷、钾元素，是冬季或早春、晚秋时期进行扦插育苗的良好基质。此外，常用的基质还有棉子壳、秸秆、火山灰、刨花、锯末、蔗糖渣、苔藓、泡沫塑料等。

② 液态。把插穗插于水或营养液中使其生根成活，称为液插，常用于易生根的树种。由于营养液作基质，插穗易腐烂，一般应慎用。

③ 气态。把空气造成水汽弥雾状态，将插穗吊于雾中使其生根成活，称为雾插或气插。雾插只要控制好温度和空气相对湿度就能充分利用空间，插穗生根快，缩短育苗周期。但由于插穗在高温、高湿的条件下生根，炼苗就成为雾插成活的重要环节之一。

基质的选择应根据树种的要求，选择最适基质。在露地进行扦插时，大面积更换扦插土实际上是不可能的，故通常选用排水良好的沙质壤土。

4.1.2.2　内在因素

（1）树种的生物学特性

不同树种的生物学特性不同，因而它们的枝条生根能力也不一样。根据插条生根的难易程度可分为以下几种。

① 易生根的树种。如柳树、青杨派、黑杨派、水杉、池杉、杉木、柳杉、小叶黄杨、紫穗槐、连翘、月季、迎春、紫薇、金银花、常春藤、卫矛、南天竹、红叶小檗、黄杨、金银木、葡萄、穗醋栗、无花果和石榴等。

② 较易生根的树种。如侧柏、扁柏、花柏、铅笔柏、相思树、罗汉柏、罗汉松、刺槐、国槐、茶、茶花、樱桃、野蔷薇、杜鹃、珍珠梅、水蜡树、白蜡、悬铃木、五加、接骨木、女贞、刺楸、慈竹、夹竹桃、金缕梅、柑橘、猕猴桃等。

③ 较难生根的树种。如金钱松、圆柏、日本五针松、梧桐、苦楝、臭椿、君迁子、米兰、秋海棠、枣树等。

④ 极难生根的树种。如黑松、马尾松、赤松、樟树、板栗、核桃、栎树、鹅掌楸、柿树、榆树、槭树等。

不同树种生根的难易，只是相对而言的，随着科学研究的深入，有些很难生根的树种可能成为扦插容易的树种，并在生产上加以推广和应用。所以，在扦插育苗时，要注意参考已证实的资料，没有资料的品种要进行试插，以免走弯路。在扦插繁殖工作中，只要在方法上注意改进，就可能提高成活率：如一般认为扦插很困难的赤松、黑松等，通过萌芽条的培育和激素处理，在全光照自动喷雾扦插育苗技术条件下，生根率能达到80%以上；一般属于扦插容易的月季品种中，有许多优良品系生根很困难，如在扦插时期改为秋后带叶扦插，在保温和喷雾保湿条件下，生根率可达到95%以上。可见许多难生根的树种或花卉，在科技不断进步的情况下，根据亲本的遗传特性，采取相应的措施，可以找到生根的好办法。

（2）年龄

一般称为年龄效应，包括两种含义：一是所采枝条的母树年龄；二是所采枝条本身的年龄。

① 母树年龄。插穗的生根能力是随着母树年龄的增长而降低的，在一般情况下母树年龄越大，植物插穗生根就越困难，而母树年龄越小则生根越容易。由于树木的新陈代谢作用是随着发育阶段变老而减弱的，因此，其生活力和适应性也逐渐降低。相反，幼龄母树的幼嫩枝条，其皮层分生组织的生命活动能力很强，所采下的枝条扦插成活率高。所以，在选条时应采自年幼的母树，特别是对许多难以生根的树种，应选用一至二年生实生苗上的枝条，扦插效果最好。母树随着年龄的增加而插穗生根能力下降的原因，除了生活力衰退外，生根所必需的物质减少，而阻碍生根的物质增多，如在赤松、黑松、扁柏、落叶松、柳杉等树种扦插中，发现有生根阻碍物质或单宁类物质。此外，随着年龄的增加，母树的营养条件可能更坏，特别是在采穗圃中，由于反复采条，地力衰竭，母体的枝条内营养不足，也会影响插穗生根能力。

② 插穗年龄。插穗年龄对生根的影响显著，一般以当年生枝的再生能力为最强，这是因为嫩枝插穗内源生长素含量高、细胞分生能力旺盛，促进了不定根的形成。1年生枝的再生能力也较强，但具体年龄也因树种而异。例如，杨树类一年生枝条成活率高，二年生枝条成活率低，即使成活，苗木的生长也较差。水杉和柳杉一年生的枝条较好，基部也可稍带一段二年生枝段；而罗汉柏二至三年生的枝段生根率高。

（3）枝条着生位置

一般称为扦插的位置效应，是指来自母树不同部位的枝条，在形态和生理发育上存在潜在差异，这些差异是受位置的影响产生的。有些树种树冠上的枝条生根率低，而树根和干基部萌发条的生根率高，这是因为母树根颈部位的一年生萌蘖条其发育阶段最年幼，再生能力强，萌蘖条生长的部位靠近根系，得到了较多的营养物质，具有较高的可塑性，扦插后易于成活。干基萌发枝生根率虽高，但来源少，所以，作插穗的枝条用采穗圃的枝条比较理想，如无采穗圃，可用插条苗、留根苗和插根苗的苗干，其中以后两者更好。

针叶树母树主干上的枝条生根力强，侧枝尤其是多次分枝的侧枝生根力弱，若从树冠上采条，则从树冠下部光照较弱的部位采条较好。在生产实践中，有些树种带一部分二年生枝，即采用"踵状扦插法"或"带马蹄扦插法"常可以提高成活率。

硬枝插穗的枝条，必须发育充实、粗壮、充分木质化、无病虫害。

（4）枝条的不同部位

同一枝条的不同部位根原基数量和贮存营养物质的数量不同，其插穗生根率、成活率和苗木生长量都有明显的差异，但具体哪一部位好，还要考虑植物的生根类型、枝条的成熟度等。一般来说，常绿树种中上部枝条较好，这主要是因为中上部枝条生长健壮，代谢旺盛，营养充足，且中上部新生枝光合作用也强，对生根有利；落叶树种硬枝扦插中下部枝条较好，中下部枝条发育充实，贮藏养分多，为生根提供了有利因素；若落叶树种嫩枝扦插，则中上部枝条较好，由于幼嫩的枝条，中上部内源生长素含量最高，而且细胞分生能力旺盛，对生根有利，如毛白杨嫩枝扦插，梢部最好。

（5）插穗的粗细与长短

插穗的粗细与长短对于成活率、苗木生长有一定的影响。对于绝大多数树种来讲，长插条根原基数量多，贮藏的营养多，有利于插条生根。插穗长短的确定要以树种生根快慢和土壤水分条件为依据，一般落叶树硬枝插穗10～25cm，常绿树种10～35cm。随着扦插技术的提高，扦插逐渐向短插穗方向发展，有的甚至一芽一叶扦插，如茶树、葡萄采用3～5cm的短枝扦插，效果很好。

一般来讲，粗插穗所含的营养物质多，对生根有利。插穗的适宜粗细因树种而异，多数针叶树种直径为0.3～1cm，阔叶树种直径为0.5～2cm。

在生产实践中，应根据实际情况，采用适当长度和粗细的插穗，合理利用枝条，应掌握粗枝短截、细枝长留的原则。

（6）插穗的叶和芽

插穗上的芽是形成茎、干的基础。芽和叶能供给插穗生根所必需的营养物质和生长激素、维生素等，对生根有利，尤其对嫩枝扦插及针叶树种、常绿树种的扦插更为重要。插穗留叶多少一般要根据具体情况而定，一般留叶2～4片，若有喷雾装置，定时保湿，则可留较多的叶片，以便加速生根。

另外，从母树上采集的枝条或插穗，对干燥和病菌感染的抵抗能力显著减弱，因此，在进行扦插繁殖时，一定要注意保持插穗自身的水分。生产上，可用水浸泡插穗下端，不仅增加了插穗的水分，还能减少抑制生根物质。

4.1.3　促进插穗生根的技术

4.1.3.1　机械处理

（1）剥皮

有些树种的枝条表皮木栓组织较发达，影响枝条吸水和生根。对这类树种的枝条，扦插前先将表皮木栓层剥掉，可促进发根，例如葡萄。

（2）纵划伤

在插穗基部1～2节的节间沿纵向划伤数道，深达韧皮部（见到绿色皮为度），划伤后再进行扦插，可促使插条在节间部位发根，增加生根数量。

（3）环剥、环割及绞缢

在生长季节，将枝条基部环剥、环割或用铁丝、细绳等捆扎使枝条略出现绞缢现象，可阻止枝条上部的碳水化合物和生长素向下运输，促使养分在其上部积累，休眠期再将枝条从基部剪下进行扦插，能显著促进生根。

4.1.3.2　生长调节剂处理

（1）生长素类调节剂处理

常用的生长素类调节剂有萘乙酸（NAA）、吲哚乙酸（IAA）、吲哚丁酸（IBA）、2，4-D等。使用方法如下。

① 低浓度浸渍法。使用时先用少量酒精溶解，再配成一定浓度的药液。硬枝扦插时，可用25～100mg/L的药液浸渍插穗基部12～24h；嫩枝扦插时，一般用5～25mg/L的药液浸渍12～24h。

② 高浓度速蘸法。一般可用500～10000mg/L的药液处理插穗基部5～60s。

③ 蘸粉法。一般用滑石粉作稀释填充剂，配合量为500～2000mg/kg，混合2～3h后即

可使用。先将插穗基部用清水浸湿，然后蘸粉即可扦插。

（2）生根促进剂处理

目前使用比较广泛的复合型生根剂有：中国林业科学院研制的"ABT生根粉"系列，华中农业大学研制的"植物生根剂HL-43"，山西农业大学研制的"根宝"等，使用方法可参照药剂的"使用说明"。

4.1.3.3　加温催根处理

（1）温床催根

在温床内用酿热物造成升温条件，促进生根。催根前，先在地面挖床坑，坑底中间略高，四周稍低，然后装入20～30cm厚的生马粪，边装边踏实，踩平后浇水使马粪湿润，盖上塑料薄膜，促使马粪发酵生热，数天后温度上升到30～40℃时，再在马粪上面铺5cm左右厚的细土，待温度下降并稳定在30℃左右时，将准备好的插条整齐直立地排列在上面。枝条间填入湿沙或湿锯末，以防热气上升和水分蒸发。插条下部土温保持在22～30℃。注意插条顶端的芽切勿埋入沙中，以免受高温影响过早萌发。催根期间要保持沙或锯末的湿润，并注意控制床面气温，白天将覆盖温床的塑料薄膜揭开，利用早春冷空气来降低床面温度，防止芽眼过早萌发。

（2）火炕催根

通常采用回龙火炕，半地下式或地上式均可。炕宽1.5～2m，长度根据需要而定。先在炕床下挖2～3条小沟，小沟深20cm，宽15cm。小沟上面用砖或土坯铺平，这就是第一层烟道即主烟道。烟道出口处至入口处应有一定的角度，倾斜向上，再在第一层烟道上面用砖或土坯砌成花洞，即为第二层烟道。抹泥修成炕面，周围用砖砌成矮墙。火炕修好后，要先进行试烧，温度过高处应适当填土。在炕面各处温度均匀时（25℃）铺10cm厚的湿沙或湿锯末，上面摆放插条进行催根，并覆盖塑料薄膜防止插条失水干燥。

（3）电热催根

电热线加热催根是一种效率高、容易集中管理的催根方法。一般用DV系列电加热线埋入催根苗床内，用以提高地温。DV系列电加热线的功率有400W、600W、800W和1000W 4种，可根据处理插条的多少灵活选用。

电加热线的布线方法：首先测量苗床面积，然后计算布线密度，如床长3m，宽2.2m，电加热线采用800W（长100m），其：

$$布线道数 = （线长 - 床宽）/床长 = （100 - 2.2）/3 = 32.6$$

$$布线间距 = 床宽 / 布线道数 = 2.2/32m ≈ 0.06m$$

要注意的是布线道数必须取偶数，这样两根接线头才可在一头，然后用木板做成长3m、宽2.2m的木框，框的下面和四周铺5～7cm的锯末做隔热层，木框两端按布线距离各钉上一排钉子，使电热线来回布绕在加热床上，再用塑料薄膜覆盖，膜的上面铺5～7cm的湿沙，最后将催根用的插条剪好并用化学催根剂处理后按品种捆成小捆埋在湿沙中，床上再用塑料薄膜覆盖。一般1m²苗床可摆放6000根左右的插条。

4.1.3.4　药剂处理

①将插条基部在0.1%～0.5%的高锰酸钾溶液中浸泡10～12h，取出后立即扦插，加速根的发生，还可起到消毒杀菌作用。对女贞、柳树、菊花和一品红等有明显的生根效果。

②用蔗糖溶液处理插条，浓度为5%～10%，不论单独使用还是与生长素混用，一般浸渍10～24h，有较好的生根效果。

③ 用维生素 B_{12} 的针剂加 1 倍清水稀释，将插条浸 5min 后取出，稍稍晾干后扦插。

④ 用 1×10^{-6} 的维生素 B_1 或维生素 C 等浸插穗基部 12h，再进行激素处理，即使是生根困难的柿、板栗都有 50% 以上的生根率。

⑤ 对提供扦插材料的母株多施用磷钾肥和钙物质，如过磷酸钙和磷酸二氢钾，避免使用铵类和硝酸盐。因为氮元素对生根有一定的抑制作用，同时钾和磷对生根有促进作用，钙离子对后期维管束的形成是必要的。

⑥ 防霉粉处理。防霉粉是一种具有高度脱水效果的钙制剂，目的就是为了让伤口快速脱水，同时产生抑制细菌生长作用。它的生理学作用主要有：快速干燥伤口，防止材料过度脱水，缩短后期恢复生长时间；抑制细菌生长，碱性的钙盐具有抑制细菌生长的作用，在扦插中尤为重要；促进生长素向生根区富集；协同硼元素，增强启动晚期生根作用。

4.1.3.5 洗脱处理

洗脱处理不仅能降低枝条内抑制物质的含量，同时还能增加枝条内的含水量，激活细胞。

（1）温水洗脱

将插穗下端置于 $30 \sim 35℃$ 的温水中浸泡几个小时或更长时间（因植物种类而异），起脱脂作用（松树、落叶松、云杉等），有利于切口愈合和生根。

（2）流水洗脱

将插穗放入流动的水中，一般浸泡 $12 \sim 24h$，也有些树种时间更长。

（3）酒精洗脱

一般使用浓度为 $1\% \sim 3\%$ 的酒精，或用 1% 的酒精和 1% 的乙醚的混合液，浸泡插条 6h 左右，如杜鹃类，可有效地降低插穗中的抑制物质，提高生根率。

4.1.3.6 黄化处理

在新梢生长初期用黑布或黑色塑料薄膜条等材料将枝条的下部包裹起来，使枝条黄化，皮层增厚，薄壁细胞增多，有利于根原体的分化和生根。黄化处理约 3 周后即可将枝条剪下来扦插。

4.1.4 扦插时期和插条的选择及剪截

4.1.4.1 扦插时期

通常植物扦插繁殖，一年四季皆可进行。适宜的扦插时期，因植物的种类和特性、扦插的方法等而异。

（1）春季扦插

春插适宜大多数植物。它是利用前一年生休眠枝直接进行或经冬季低温贮藏后进行扦插。其枝条内的生根抑制物质已经转化，营养物质丰富，容易生根。但在相同的条件下，易因地上、地下部分发育不协调而引起枝条内代谢作用失调。因而春季扦插宜早，并要创造条件，首先打破枝条下部的休眠，保持上部休眠，待不定根形成后芽再萌发生长。所以该季节扦插育苗的技术关键是采取措施提高地温。春季扦插生产上采用的方法有大田露地扦插和塑料小棚保护地扦插。

（2）夏季扦插

夏插是利用当年旺盛生长的嫩枝或半木质化枝条进行扦插。夏插枝条处于旺盛生长期，细胞分生能力强，代谢作用旺盛，枝条内源生长素含量高，这些因素都有利于生根。但夏季由于气温高，枝条幼嫩，易引起枝条蒸腾失水而枯死。所以，夏插育苗的技术关键是提高空气的相对湿度，减少插穗叶面蒸腾强度，提高离体枝叶的存活率，进而提高生根成活率。夏季扦插常采用的方法有荫棚下塑料小棚扦插和全光照自动间歇喷雾扦插。

（3）秋季扦插

秋插是利用发育充实、营养物质丰富、生长已停止但未进入休眠期的枝条进行扦插。其枝条内抑制物质含量未达到最高峰，可促进愈伤组织提早形成，有利于生根。秋插宜早，以利物质转化完全，安全越冬。所以秋插育苗的技术关键是采取措施提高地温。秋季扦插常用塑料小棚保护地扦插育苗，北方还可采用阳畦扦插育苗。

（4）冬季扦插

冬插是利用打破休眠的休眠枝进行温床扦插。北方应在塑料棚或温室进行，在基质内铺上电热线，以提高扦插基质的温度。南方则可直接在苗圃地扦插。

不同的地区对于不同的树种可选择不同的时期。落叶树的扦插，春、秋两季均可进行。但以春季为多，春季扦插宜在芽萌动前及早进行。北方在土壤开始化冻时即可进行，一般在3月中下旬至4月中下旬。秋插宜在土壤冻结前随采随插，我国南方温暖地区普遍采用秋插。在北方干旱寒冷或冬季少雪地区，秋插时插穗易遭风干和冻害，故扦插后应进行覆土，待春季萌芽时再把覆土扒开。为解决秋插困难，减少覆土等越冬工作，可将插条贮藏至翌春进行扦插，极为安全。落叶树的生长期扦插，多在夏季第一期生长终了后的稳定时期进行。生产实践证明，在许多地区，许多树种在四季均可进行扦插，如蔷薇、野蔷薇、石榴、栀子、金丝桃及松柏类等。

南方常绿树种的扦插，多在梅雨季节进行。一般常绿树发根需要较高的温度，故常绿树的插条宜在第一期生长终了、第二期生长开始之前剪取。此时正值南方5～7月梅雨季节，雨水多，湿度较高，插条不易枯萎，易于成活。

4.1.4.2 插条的选择及剪截

插条因采取的时期不同分为休眠期与生长期两种，休眠期插条为硬枝插条，生长期插条为软（嫩）枝插条。

（1）硬枝插条的选择及剪截

① 插条的剪取时间。插条中贮藏的养分，是硬枝扦插生根发枝的主要能量来源。剪取的时间不同，贮藏养分的多少也不同，应选择枝条含蓄养分最多的时期进行剪取，这个时期树液流动缓慢，生长完全停止，即落叶树种在秋季落叶后或开始落叶时至翌春发芽前剪取。

② 插条的选择。根据扦插成活的原理，应选用优良幼龄母树上发育充实、已充分木质化的一至二年生枝条或萌生条；选择健壮、无病虫害且粗壮、含营养物质多的枝条。

③ 枝条的贮藏。北方地区采条后若不立即扦插，应将插条贮藏起来待翌春扦插，其方法有露地埋藏和室内贮藏两种。露地埋藏是选择高燥、排水良好而又背风向阳的地方挖沟，沟深一般为50～60cm（依各地的气候而定，但深度须在冻土层以下），将枝条每50～100根捆成捆，立于沟底，用湿沙埋好，中间竖立草把，以利通气。每月应检查1～2次保持适合的温湿度条件，保证安全过冬。枝条经过埋藏后皮部软化，内部贮藏物质开始转化，给春季插条生根打下良好基础。在室内贮藏也是将枝条埋于湿沙中，要注意室内的通气透风和保持适当温度，堆积层数不宜过高，多以2～3层为宜，过高则会造成高温，引起枝条腐烂。南方若枝条少，需要贮藏，可放在冰箱贮藏室中。在园林实践中，还可结合整形修剪时切除的枝条选优贮藏待用。

④ 插条的剪截。一般长穗插条长15～20cm，保证插穗上有2～3个发育充实的芽，单

芽插穗长3～5cm。剪切时上切口距顶芽1cm左右，下切口的位置依植物种类而异，一般在节的附近薄壁细胞多，细胞分裂快，营养丰富，易于形成愈伤组织和生根，故插穗下切口宜紧靠节下。下切口有平切、斜切、双面切、踵状切等几种切法（图4-1）。一般平切口生根呈环状且均匀分布，便于机械化截条，对于皮部生根型及生根较快的树种应采用平切口；斜切口与插穗基质的接触面积大，可形成面积较大的愈伤组织，利于吸收水分和养分，提高成活率，但根多生于斜口的一端，易形成偏根，同时剪穗也较费工。双面切与插壤的接触面积更大，在生根较难的植物上应用较多。踵状切口，一般是在插穗下端带二至三年生枝段时采用，常用于针叶树。

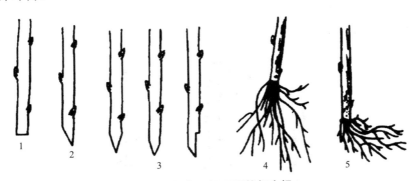

图4-1　插条下切口形状与生根

1—平切；2—斜切；3—双面切；4—下切口平切生根均匀；5—下切口斜切根偏于一侧

（2）嫩枝插条的选择及剪截

① 嫩枝插条的剪取时间。嫩枝扦插是随采随插。最好选自生长健壮的幼年母树，并以开始木质化的嫩枝为最好，内含充分的营养物质，生命力强，容易愈合生根。但太幼嫩或太木质化的枝条均不宜采用。嫩枝采条，应在清晨日出以前或在阴雨天进行，不要在阳光下、有风或天气很热的时候采条。

② 嫩枝插条的选择。一般针叶树如松、柏、桧等，扦插以夏末剪取中上部半木质化的枝条较好。实践证明，采用中上部的枝条进行扦插，其生根情况大多数好于基部的枝条。针叶树对水分的要求不太严格，但应注意保持枝条的水分。落叶阔叶树及常绿阔叶树嫩枝扦插，一般在生长最旺盛期剪取幼嫩的枝条进行，对于大叶植物，当叶未展开成大叶时采条为宜。采条后应及时喷水，注意保湿。对于嫩枝扦插，枝条插前的预处理很重要，含单宁高和难生根的植物可以在生长季以前进行黄化、环剥、捆扎等处理。

③ 嫩枝插条的剪截。枝条采回后，在阴凉背风处进行剪截。一般插条长10～15cm，带2～3个芽，插条上保留叶片的数量可根据植物种类与扦插方法而定。下切口剪成平口或小斜口，以减少切口腐烂。

4.1.5　扦插的种类和方法

在植物扦插繁殖中，根据使用繁殖的材料不同，可分为枝插、芽插、根插、叶插、果实插等。其中，最常用的是枝插，其次是根插和叶插。

4.1.5.1　枝插

根据枝条的成熟度与扦插季节，枝插又可分为休眠枝扦插与生长枝扦插。按使用材料的形态及长短不同而分出各种枝插。

（1）休眠枝扦插

休眠枝扦插是利用已经休眠的枝条作插穗进行扦插，由于休眠枝条已木质化，故也叫硬枝扦插。通常分为长穗插和单芽插两种。长穗插是用两个以上的芽进行扦插，单芽插是用一个芽的枝段进行扦插，由于枝条较短，故也叫短穗插。

适合硬枝扦插的植物有：墨西哥落羽杉、圆柏、落羽杉、池杉、水杉、桧柏、翠柏、匍地柏、日本花柏、金叶桧、紫杉、罗汉松、罗汉柏等松柏类苗木和柳树类、杨树类、悬铃木、结香、木香、野蔷薇、雪松、龙柏、七叶树、木兰、白杨类、木槿、石榴、无花果、棣棠、金丝桃、连翘、迎春、金钟、凌霄、山梅花、月季、锦鸡儿、木芙蓉、贴梗海棠、郁李、紫荆、紫藤等阔叶类苗木。

① 长穗插。通常有普通插、踵形插、槌形插等（见图4-2）。

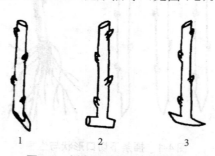

图4-2　插条的剪取与硬枝扦插
1—踵形插；2，3—槌形插

a.普通插。是木本植物扦插繁殖中应用最多的一种，适用于大多数树种。既可采用插床扦插，也可采用大田扦插，如平作或垄作。一般插穗长度10～20cm，插穗上保留2～3个芽，将插穗插入土中或基质中，插入深度为插穗长度的2/3。凡插穗较短的宜直插，既避免斜插造成偏根，又便于起苗。

b.踵形插。插穗基部带有一部分二年生枝条，形同踵足，这种插穗下部养分集中，容易发根，但浪费枝条，即每个枝条只能取一个插穗，适用于松、柏类、桂花等难成活的树种。

c.槌形插。属于踵形插的一种，基部所带的老枝条部分较踵形插多，一般长2～4cm，两端斜削，成为槌状。

除以上3种扦插方法外，为了提高生根成活率，在普通插的基础上，采取各种措施形成的几种扦插方法如下。

a.割插。插穗下部自中间劈开，夹以石子等。利用人为创伤的办法刺激伤口愈合组织产生，扩大插穗的生根面积。多用于生根困难且以愈伤组织生根的树种，如桂花、茶花、梅花等。

b.土球插。将插穗基部裹在较黏重的土壤球中，再将插穗连带土球一同插入土中，利用土球保持较高的水分。此法多用于常绿树和针叶树，如雪松、竹柏等。

c.肉瘤插。是在枝条未剪下树之前的生长季中以割伤、环剥等办法造成插穗基部形成以愈伤组织突起的肉瘤状物，增大营养贮藏，然后切取进行扦插。此法程序较多，且浪费枝条，但利于生根困难的树种繁殖，因此多用于珍贵树种的繁殖。

d.长干插。即用长枝扦插，一般用50cm长，也可用长达1～2m的1年至多年生枝干作为插穗，多用于易生根的树种。用这种方法可在短期内得到有主干的大苗，或直接插于欲栽处，减少移植。

e.漂水插。此法利用水作为扦插的基质，即将插条插于水中，生根后及时取出栽植。水插的根较脆，过长易断。

② 单芽插（短穗插）。用只具有一个芽的枝条进行扦插，选用枝条短，一般不足10cm，较节省材料，但插穗内营养物质少，且易失水，因此，下切口斜切，扩大枝条切口吸水面积和愈创面，有利于生根，并需要喷水来保持较高的空气相对湿度和温度，使插穗在短时间内生根成活。单芽插多用于常绿树种进行扦插繁殖。用此法扦插白洋茶，枝条长2.5cm左右，2～3个月生根，成活率可达90%，桂花扦插的成活率达70%～80%。

休眠枝扦插前要整理好插床。露地扦插要细致整地，施足基肥，使土壤疏松，水分充足，必要时要进行插壤消毒。扦插密度可根据树种生长快慢、苗木规格、土壤情况和使用的机具等而定，一般株距10～50cm，行距30～80cm。在温棚和繁殖室，一般密插，插穗生根发芽后，再进行移植。插穗扦插的角度有直插和斜插两种，一般情况下，多采用直插，斜插的扦插角度不应超过45°。插入深度应根据树种和环境而定。落叶树种插穗全插入地下，上露一芽或与地面平。露地扦插在南方温暖湿润地区，可使芽微露。在温棚和繁殖室内，插穗上端一般都要露出扦插基质。常绿树种插入地下的深度应为插穗长度的1/3～1/2。

（2）生长枝扦插

在生长季中，用生长旺盛的幼嫩枝或半木质化的枝条作插穗进行扦插，嫩枝薄壁细胞多，细胞生命力强，分生组织能力也较强，且嫩枝中含水量高，可溶性营养物质多，酶的活性强，新叶能生产部分光合产物，很多树种都适宜利用幼嫩枝扦插。插穗长度一般比硬枝插穗短，多数带1～4个节间，长5～20cm，保留部分叶片，叶片较大的剪去一半。下切口位于叶及腋芽下，以利生根，剪口可平可斜，然后扦插于插壤上，常见嫩枝扦插方法如图4-3所示。

图4-3　常见嫩枝扦插方法

适合嫩枝扦插的植物有红叶石楠、月季、木香、绣球、蔷薇、桂花、月桂、火棘、小檗、石榴、锦鸡儿、迎春、金钟花、连翘、南天竺、十大功劳、栀子、山茶、常春藤、圆柏等苗木。

生长枝扦插在南方春、夏、秋3季均可进行，北方则主要在夏季进行，具体插条时间为早晚进行，随采随插，多在疏松通气、保湿效果较好的扦插床上扦插，扦插深度3cm左右，密度以两插穗之叶片互不重叠为宜，以保持足够的光合作用。扦插角度通常为直插，深度一般为其插穗长度的1/3～1/2，如能人工控制环境条件，扦插深度越浅越好，为0.5cm左右，不倒即可。生长枝扦插要求空气湿度高，以避免植物体内大量水分蒸腾，目前多采用全光照自动间隔喷雾扦插设备、荫棚内小塑料棚扦插，也可采用大盆密插、水插等方法，以保证适宜的空气湿度。此类扦插在插床上穗条密度较大，多在生根后立即移植到圃地生产。

4.1.5.2　根插

对于一些枝插生根较困难的树种，可用根插（图4-4）进行无性繁殖，以保持其母本的优良性状，方法如下。

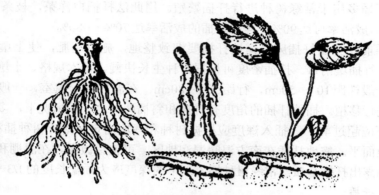

图4-4　根插示意图

（1）采根

一般应选择健壮的幼龄树或生长健壮的一至二年生苗作为采根母树，根穗的年龄以一年生为好。若从单株树木上采根，一次采根不能太多，否则影响母树的生长，采根时还应注意勿伤根皮。采根一般在树木休眠期进行，采后及时埋藏处理。在南方最好早春采根，随即进行扦插。

（2）根穗的剪截

根据树种的不同，可剪成不同规格的根穗。一般根穗长度为15～20cm，大头粗度为0.5～2cm。为区别根穗的上下端，可将上端剪成平口，下端剪成斜口。此外，有些树种如香椿、刺槐、泡桐等也可用细短根段，长3～5cm，粗0.2～0.5cm。

（3）扦插

在扦插前将插壤细致整平，灌足底水，将长15～20cm的根插穗垂直或倾斜插入土中，插时注意根的上下端，不要倒插。插后到发芽生根前最好不灌水，以免地温降低和由于水分过多引起根穗腐烂。有些树种的细短根段还可以用播种的方法进行育苗。

4.1.5.3　叶插

由于叶子有再生和愈伤能力，所以可利用叶片进行繁殖培育成新植株。这类植物有秋海棠类、景天类、虎尾兰类、百合类（鳞片插）、大岩桐和非洲紫罗兰等叶片肥厚的植物。多数木本植物叶插苗的地上部分是由芽原基发育而成。因此，叶插穗应带芽原基，并保护其不受伤，否则不能形成地上部分。其地下部分（根）是愈伤部位诱生根原基而发育成根的。木本植物叶插主要有针叶束水插育苗，针叶束育苗的程序如下。

（1）采叶

秋冬季节，选择生长健壮的二年生苗木或幼龄枝的当年生粗壮针叶束作繁殖材料。

（2）针叶束处理

采回的针叶束洗净，然后将叶束贮藏在经过消毒的纯沙中（叶束埋深2/3即可），并浇透水，经常保持湿润，温度控制在0～10℃，约1个月。沙藏起脱脂作用。沙藏后的叶束，可用快刀片在生长点以下将叶束基部切去（勿伤生长点），造成一新鲜伤口，有利于愈合生根。切基后的叶束再进行激素处理。

（3）水插

水插并不是插在水中，而是插在一定的营养液中，营养液的基本配方为硼酸50～70mg/L、硝酸铵20mg/L、维生素B_1 20mg/L，还可以根据树种不同加其他药品如维生素B_6等。营养液用井水配置即可，pH值在7以下，将经过切基、激素处理的针叶束插入水培营养液中并固定。温度控制在10～28℃，空气相对湿度在80%左右，积温达到1000℃左右，生根加快。一般1周左右要冲洗叶束，清洗水培容器，并更换营养液一次。

（4）移植

当叶束根长到1～2cm时，即可进行移植，同时接种菌根。移植时用小铲开孔，插入带根叶束，深度以掩埋住根即可，轻轻压实，要经常保持土壤的湿润。移植初期，中午前后阳光太强，要适当遮阴。移植后最关键的问题是促进生长点的萌动、发芽、抽茎生长。叶束发芽与叶束的质量有密切关系，如果叶束健壮，质量大，易发芽。此外接种菌根对促进发芽有作用。有时为促进发芽，还可喷洒赤霉素等。

叶束苗长出新根、发芽、抽茎以后的管理，与一般的育苗方法相同。

4.1.6 扦插后的管理

插条生根前的管理是要调节好温、光、水等条件，促使尽快生根（图4-5）。其中以保持高空气湿度不使其萎蔫最重要。一般扦插后应立即灌一次透水，以后注意经常保持插壤和空气的湿度，做好保墒及松土工作。插条上若带有花芽应及早摘除。当未生根之前地上部已展叶，则应摘除部分叶片，在新苗长到15～30cm时，应选留一个健壮直立的枝条，其余抹去，必要时可在行间进行覆草，以保持水分和防止雨水将泥土溅于嫩叶上。硬枝扦插对不易生根的树种，生根时间较长，应注意必要时进行遮阴，嫩枝露地扦插也要搭荫棚遮阴降温，每天上午10点以后至下午4点以前遮阴降温，同时每天喷水，以保持湿度。用塑料棚密封扦插时，可减少灌水次数，每周1～2次即可，但要及时调节棚内的温度和湿度，插条扦插成活后，要经过炼苗阶段，使其逐渐适应外界环境再移到圃地。在温室或温床中扦插时，当生根展叶后，要逐渐开窗流通空气，使其逐渐适应外界环境，然后再移至圃地。

在空气温度较高而且阳光充足的地区，可采用全光照间歇喷雾扦插床进行扦插。

图4-5 容器中扦插繁殖的幼苗生长苗壮

4.1.7 扦插育苗常用技术

4.1.7.1 全光照自动喷雾技术

（1）插床的建立及设备安装

插床应设在地势平坦、通风良好、日照充足、排水方便及靠近水源、电源的地方。按半径0.6m、高40cm做成中间高、四周低的圆形插床。在底部每隔1.5m留一排水口，插床中心安装全光照自动间歇喷雾装置。该装置由叶面水分控制仪和对称式双长臂圆周扫描喷雾机械系统组成。插床底下铺15cm的鹅卵石，上铺25cm厚的河沙，扦插前对插床利用0.2%的高锰酸钾或0.01%的多菌灵溶液喷洒消毒。

（2）全光照喷雾扦插育苗操作要领

① 插穗剪切及处理。通常扦插木本花卉时，采用带有叶片的当年生半木质化的嫩枝做插穗，扦插草本花卉时，采用带有叶片的嫩茎做微插穗。剪切插穗时，先将新梢顶端太幼嫩的部分剪除，再剪成长8～10cm的插穗，上部留2个以上的芽，并对插穗上的叶片进行修剪。叶片较大的只需留一片叶或更少，叶片较小的留2～3片叶，注意上切口平，下切口稍斜，每50根一捆。扦插前将插穗浸泡在0.01%～0.125%的多菌灵液中，然后，基部速蘸ABT生根粉。

② 扦插及插后管理。扦插时间为5月下旬～9月中旬，扦插深度2～3cm，扦插密度6000～7500株/hm^2。扦插完后，立即喷1次透水，第2天早上或晚上喷洒0.01%的多菌灵溶液，避免感染发病。在此之后，每隔7d喷1次，开始生根时，可喷洒质量浓度为0.1%磷酸二氢钾，生根后，喷洒磷酸二氢钾的质量浓度可为1%，以促进根系木质化，与此同时还应随时清除苗床上的落叶、枯叶。

采用全光照自动喷雾技术育苗，三角梅、茉莉和米兰25～30d后开始生根，生根率达90%以上；橡皮树、扶桑、月季和荷兰海棠15～20d后开始生根，生根率达95%以上；菊花、一串红、万寿菊和金鱼草7～10d生根，生根率达98%以上。

（3）移栽

移栽时间宜在傍晚5:00以后，早晨10:00以前，阴天全天可移栽。为了提高移栽的成活率，在栽植前停水3～5d炼苗，要随起苗随移栽，移栽后将花盆放在遮阳网下遮阳，7d后浇第2次水，15d以后逐渐移至阳光下进行日常的管理培植。

4.1.7.2 基质电热温床催根育苗技术

电热温床育苗技术是利用植物生根的温差效应，创造植物愈伤及生根的最适温度而设计的。因其利用电热加温，目标温度可以通过植物生长模拟计算机人工控制，又能保持温度稳定，有利于插穗生根。其方法是：先在室内或温棚内选一块比较高燥的平地，用砖砌宽1.5m的苗床，底层铺一层黄沙或珍珠岩。在床的两端和中间，放置7cm×7cm的方木条各1根，再在木条上每隔6cm钉上小铁钉，钉入深度为小铁钉长度的1/2，电加温线即在小铁钉间回绕，电加温线的两端引出温床外，接入育苗控制器中。其后再在电加温线上铺以湿沙或珍珠岩，将插穗基部向下排列在温床中，再在插穗间填铺湿沙（或珍珠岩），以盖没插穗顶部为度。苗床中要插入温度传感探头，感温头部要靠近插穗基部，以正确测量发根部的温度。通电后，电加温线开始发热，当温度升为28℃时，育苗控制器即可自动调节进行工作，以使温床的温度稳定在28℃范围内。温床每天开启弥雾系统喷水2～3次以增加湿度，使苗床中插穗基部有足够的湿度。苗床过干，插穗皮层干萎，就不会发根；水分过多，会引起皮层腐烂。一般植物插穗在苗床保温催根 10～15d，插穗基部愈伤组织膨大，根原体露白，生长出 1mm 左右长的幼根突起，此时即可移入田间苗圃栽植。过早、过迟移栽，都会影响插穗的成活率。移栽时，苗床要筑成高畦，畦面宽 1.3m，长度不限，可因地形而定。先挖与畦面垂直的扦插沟，深 15cm，沟内浇足底水，插穗以株距 10cm 的间隔，将其竖直在沟的一边，然后用细土将插穗用壅土压实，顶芽露在畦面上，栽植后畦面要盖草保温保湿。全部移栽完毕后，畦间浇足一次定根水。

电热温床催根育苗技术特别适用于冬季落叶的乔灌木枝条，通过枝条处理后打捆或紧密竖插于苗床，调节最适的枝条基部温度，使伤口受损细胞的呼吸作用增强，加快酶促反应，愈伤组织或根原基尽快产生。如杨树、水杉、桑树、石榴、桃、李、葡萄、银杏、猕猴桃等植物皆可利用落叶后的光秃硬枝进行催根育苗，具有占地面积小、高密度的特点（1m² 可排放插穗 5000～10000 株）。

4.1.8　扦插设备

北美苗圃业已经生产出苗木扦插生产流水作业设备（图4-6），可以大大提高扦插繁殖的工作效率。

图4-6　植物扦插设备

4.2　嫁接育苗技术

嫁接育苗是把优良母本的枝条或芽嫁接到遗传特性不同的另一植株上，使其愈合生长成为一株苗木的方法。供嫁接用的枝或芽称为接穗，而承受接穗的植株称为砧木，用嫁接方法繁殖所得的苗木称为嫁接苗。

4.2.1　嫁接成活的原理和过程

接穗和砧木嫁接后，成活的关键在于二者的组织是否愈合，而愈合的主要标志是维管组织系统的联结。嫁接成活，主要是依靠砧木和接穗之间的亲和力以及结合部位伤口周围的细胞生长、分裂和形成层的再生能力。形成层是介于木质部与韧皮部之间再生能力很强的薄壁细胞层（图4-7）。在正常情况下薄壁细胞层进行细胞分裂，向内形成木质部，向外形成韧皮部，使树木加粗生长，在树木受到创伤后，薄壁细胞层还具有形成愈伤组织把伤口保护起来的功能。所以，嫁接后，砧木和接穗结合部位各自的形成层薄壁细胞进行分裂，形成愈伤组织，逐渐填满接合部的空隙，使接穗与砧木的新生细胞紧密相接，形成共同的形成层，向外产生韧皮部，向内产生木质部，两个异质部分从此结合为一体。这样，由砧木根系从土壤中吸收水分和无机养分供给接穗，接穗的枝叶制造有机养料输送给砧木，二者结合而形成了一个能够独立生长发育的新个体。

由此可见，在技术措施上，除了根据树种遗传特性考虑亲和力外，嫁接成活的关键是接穗和砧木二者形成层的紧密接合，其接合面越大，越易成活。实践证明，要使两者的形成层紧密接合，嫁接时必须使它们之间的接触面平滑，形成层对齐、夹紧、绑牢。

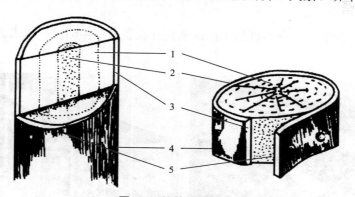

图4-7　枝的纵横断面

1—木质部；2—髓；3—韧皮部；4—表皮；5—形成层

4.2.2　影响嫁接成活的因素

4.2.2.1　嫁接成活的内因

嫁接成活的内因包括砧木和接穗的亲和力，砧木、接穗的生活力及树种的生物学特性等。

（1）砧木和接穗的亲和力

嫁接亲和力即接穗与砧木经嫁接而能愈合生长的能力。也就是接穗和砧木在形态、结构、生理和遗传性方面彼此相同或相近，因而能够互相亲和而结合在一起的能力。嫁接亲和力的大小表现在形态、结构上，是彼此形成层和薄壁细胞的体积、结构等相似度的大小；表现在生理和遗传性上，是形成层或其他组织细胞生长速率、彼此代谢作用所需的原料和产物的相似度的大小。

嫁接亲和力是嫁接成活最基本条件。不论用哪种植物，也不论用哪种嫁接法，砧木和接穗之间都必须具备一定的亲和力。亲和力高嫁接成活率也高，反之嫁接成活的可能性小。亲和力的强弱与树木亲缘关系的远近有关，一般规律是亲缘关系越近，亲和力越强。所以品种间嫁接最易接活，种间次之，不同属之间又次之，不同科之间则较困难。

亲和不良的表现为：植株矮化，生长势弱，叶早落，枯尖，嫁接口肿大，砧木和接穗粗细不一，接合处易断裂，树寿命短等。

（2）砧木、接穗的生活力及树种的生物学特性

愈伤组织的形成与植物种类和砧、穗的生活力有关。通常，砧、穗生长健壮，营养器官发育充实，体内营养物质丰富，生长旺盛，形成层细胞分裂最活跃，嫁接就容易成活。所以砧木要选择生长健壮、发育良好的植株，接穗也要从健壮母树的树冠外围选择发育充实的枝条。如果砧木萌动比接穗稍早，可及时供应接穗所需的养分和水分，嫁接易成活；如果接穗萌动比砧木早，则可能因得不到砧木供应的水分和养分"饥饿"而死；如果接穗萌动太晚，砧木溢出的液体太多，又可能"淹死"接穗。有些树种如柿树、核桃富含单宁，切面易形成单宁氧化隔离层，阻碍愈合；松类富含松脂，处理不当也会影响愈合。

接穗的含水量也会影响嫁接的成功。如果接穗含水量过少，形成层就会停止活动，甚至死亡，一般接穗含水量应在50%左右。所以接穗在运输和贮藏期间，不要过干或过湿。嫁接后也要注意保湿，如低接时要培土堆，高接时要绑缚保湿物，以防水分蒸发。

此外，如果砧木和接穗的细胞结构、生长发育速度不同，嫁接则会形成"大脚"或"小脚"现象。如在黑松上嫁接五针松，在女贞上嫁接桂花，在梓树上嫁接楸树等均会出现"小脚"现象。除影响美观外，生长仍表现正常。因此，在没有更理想的砧木时，在园林苗木的培育中仍可继续采用上述砧木。

4.2.2.2　影响嫁接成活的外因

主要是温度和湿度的影响。在适宜的温度、湿度、光照和良好的通气条件下进行嫁接，有利于愈合成活和苗木的生长发育。

（1）温度

温度对愈伤组织形成的快慢和嫁接成活有很大的关系。在适宜的温度下，愈伤组织形成最快且易成活，温度过高或过低，都不适宜愈伤组织的形成，一般植物在25℃左右嫁接最适宜。但不同物候期的植物，对温度的要求也不一样，物候期早的比物候期迟的适温要低，如桃、杏在20～25℃最适宜，而山茶则在26～30℃最适宜。春季进行枝接时，各树种安排嫁接的次序主要依此来确定。

（2）湿度

一方面嫁接愈伤组织的形成需具有一定的湿度条件；另一方面，保持接穗的活力亦需一定的空气湿度。大气干燥则会影响愈伤组织的形成和造成接穗失水干枯。土壤湿度、地下水的供给也很重要，嫁接时，如土壤干旱，应先灌水增加土壤湿度。

（3）光照

光照对愈伤组织的形成和生长有明显抑制的作用。在黑暗的条件下，有利于愈伤组织的形成，因此，嫁接后一定要遮光。低接可以采用土埋，既保湿又遮光。

除此之外，通气对愈合成活也有一定影响。给予一定的通气条件，可以满足砧木与接穗接合部形成层细胞呼吸作用所需的氧气。生产上常用既透气又不透水的聚乙烯膜封扎嫁接口和接穗，是较方便的理想方法。

4.2.2.3　嫁接质量与嫁接后管理

在所有嫁接操作中，用刀的技术和速度是最重要的。

（1）接穗的削面是否平滑

嫁接成活的关键因素是接穗和砧木两者形成层的紧密结合，这就要求接穗的削面一定要平滑，这样才能和砧木紧密贴合。如果接穗削面不平滑，嫁接后接穗和砧木之间的缝隙就大，需要填充的愈伤组织就多，就不易愈合。因此，削接穗的刀要锋利，削时要做到平滑。

（2）接穗削面的斜度和长度是否适当

嫁接时，接穗和砧木间同型组织接合面愈大，二者的疏导组织愈易沟通，成活率就愈高；反之，成活率就愈低。

（3）接穗、砧木的形成层是否对准

大多数植物的嫁接成活是接穗、砧木的形成层积极分裂的结果。因此，嫁接时二者的形成层对得越准，成活率就越高。

（4）嫁接后包扎、封伤口是否及时

嫁接后应尽快用塑料带进行包扎，并用油漆或液体石蜡等涂抹伤口，防止失水。

嫁接速度快而熟练，可避免削面风干或氧化变色，从而提高成活率。熟练的嫁接技术和锋利的接刀是嫁接成功的基本条件。

4.2.2.4 影响嫁接成活因素间的相互关系

嫁接成活与否是各因素间相互作用的结果。相互关系见图4-8。

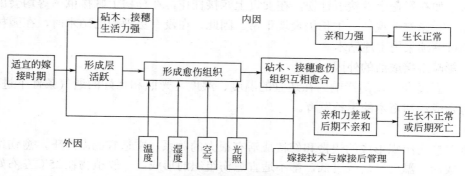

图4-8　影响嫁接成活的各因素间的关系

4.2.3 砧木的选择与培育

4.2.3.1 砧木的选择

砧木除影响嫁接成活率之外，还对嫁接苗以后的生长发育、株型大小、开花结果的早晚、花果产量及品质等都有重要影响。砧木的选择一般应考虑以下几个因素：

① 与接穗的亲和力强，对接穗的生长、开花、结果、寿命等有良好影响。

② 能适应当地的环境条件，本身生长健壮、根系发达，具有较强的抗逆性和抗病虫害能力。

③ 繁殖技术简单，繁殖材料资源丰富。

④ 具有特殊的功能，如使植株矮化或乔化等。

4.2.3.2 砧木苗的培育及规格

砧木苗可通过播种、扦插等方法培育。生产中大多以实生苗作砧木，春季播种时期宜早不宜晚，以尽早达到嫁接的粗度。一些矮化砧木、特殊抗性（如抗根结线虫、耐盐碱等）的砧木往往通过扦插或压条的方法培育。在天气干旱时，应提前1周对砧木苗灌水，提高砧木的离皮程度，便于进行嫁接，提高成活率。

不同嫁接方法对砧木规格的要求是：地面嫁接通常以1～2年生、地径1.0～2.0cm的砧木为宜。高接培育大苗时，如龙爪槐、龙爪榆、龙爪柳、红花刺槐等的高接，一般以砧木干高2.2m以上、胸径3.0～5.0cm最合适。核桃子苗嫁接要求用刚刚萌芽的砧木幼苗。总之，不同的植物种类、不同的嫁接方法对砧木规格有不同的要求，但均要求生长健壮、无病虫害。

4.2.4　接穗的采集与贮藏

（1）接穗的采集

采集接穗时，应从性状优良、生长健壮、无病虫害的母株上选取发育充实的1～2年生枝条，以生长健壮、节间短、发育充实、芽体饱满、无病虫害的一年生枝最好。但有些树种采用二年生以上的枝条也能取得较好的效果，如无花果、油橄榄等。

生长季嫁接时，通常选用当年新梢，随接随采集，采后去叶片留叶柄，并剪掉枝条梢端的过嫩部分，暂时用湿毛巾包严或按极性方向插于盛有少量水的桶中，置于较阴凉处，随用随取。休眠期的接穗可结合冬季修剪采集，采集后打捆，并挂上标牌，写明树种、品种、数量、采集日期等。

（2）接穗的保存和贮藏

生长季的接穗一般不进行贮藏，但有时可进行短时间的保存，用湿毛巾将接穗包严置于冰箱的冷藏室内，或用湿布（湿麻袋）包严悬吊于井内，不能淹没于水中。若从外地远距离批量采集接穗，要用湿麻袋包严，用冷藏车运输。

休眠期的接穗采集后一般要进行贮藏，待翌年春砧木发芽前取出使用。一般采用湿沙埋藏法：挖60～80cm深的坑或沟，底部铺10～15cm厚的湿沙，再将捆好的接穗平铺于沟内，用湿沙填埋（接穗捆的高度最好低于当地冻土层），地面封土呈丘状或屋脊形即可。

4.2.5　嫁接方法

嫁接方法按所取材料不同可分为枝接、芽接、根接三大类。

4.2.5.1　枝接

枝接多用于嫁接较粗的砧木或在大树上改换品种。枝接时期一般在树木休眠期进行，特别是在春季砧木树液开始流动，接穗尚未萌芽的时期最好。此法的优点是接后苗木生长快，健壮整齐，当年即可成苗，但需要接穗的数量大，可供嫁接的时间较短。枝接常用的方法有切接、腹接、劈接和插皮接等。

（1）切接法

切接法一般用于直径2cm左右的小砧木，是枝接中最常用的一种方法（图4-9）。嫁接时先将砧木距地面5cm左右处剪断、削平，选择较平滑的一面，用切接刀在砧木一侧（略带木质部，在横断面上为直径的1/5～1/4）垂直向下切，深2～3cm。削接穗时，接穗上要保留2～3个完整饱满的芽，将接穗从距下切口最近的芽位背面，用切接刀向内切达木质部（不要超过髓心），随即向下平行切削到底，切面长2～3cm，再于背面末端削成0.8～1cm的小斜面。将削好的接穗，长削面向里插入砧木切口，使双方形成层对准密接。接穗插入的深度以接穗削面上端露出0.2～0.3cm为宜，俗称"露白"，有利愈合成活。如果砧木切口过宽，可对准一边形成层，然后用塑料条由下向上捆扎紧密，使形成

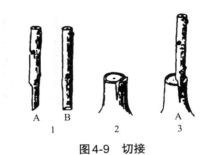

图4-9　切接

1—削接穗；2—稍带木质部纵切砧木；3—砧穗结合
A—接穗侧面；B—接穗背面

层密接和伤口保湿。必要时可在接口处涂接蜡或封泥，可减少水分蒸发，达到保湿的目的。嫁接后为保持接口湿度，防止失水干萎，还可采用套袋、封土和涂接蜡等措施。

（2）劈接

劈接适用于大部分落叶树种，通常在砧木较粗、接穗较小时使用（图4-10）。将砧木在离地面5～10cm处锯断，用劈接刀从其横断面的中心直向下劈，切口长约3cm，接穗削成楔形，削面长约3cm，接穗外侧要比内侧稍厚。接穗削好后，把砧木劈口撬开，将接穗厚的一侧向外，窄面向里插入劈口中，使两者的形成层对齐，接穗削面的上端应高出砧木切口0.2～0.3cm。当砧木较粗时，可同时插入2个或4个接穗。一般不必绑扎接口，但如果砧木过细，夹力不够，可用塑料薄膜条或麻绳绑扎。为防止劈口失水影响嫁接穗成活，接后可培土覆盖或用接蜡封口。

接炮捻是劈接的一种。此方法是利用毛白杨不易生根，而和毛白杨有较强亲和力的加拿大杨等黑杨派树种容易生根的特点，用毛白杨一年生枝条作接穗，用加拿大杨等黑杨派树种的一年生枝条作砧木，进行劈接。接穗长8～10cm，有2～3个饱满芽，砧木长10cm左右。冬闲时在室内进行劈接，接后不包扎，50～100根捆成一捆，竖立于坑中沙藏，来年春天扦插育苗。

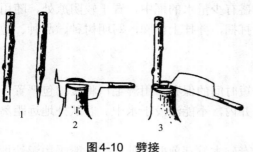

图4-10 劈接

1—削接穗；2—劈砧木；3—插入接穗

（3）插皮接

插皮接是枝接中最易掌握，成活率最高，应用也较广泛的一种。要求在砧木较粗并易剥皮的情况下采用。在园林树木培育中用此法高接和低接的都有。一般在距地面5～8cm处断砧，削平断面，选平滑处，将砧木皮层划一纵切口，长度为接穗长度的1/2～2/3。接穗削成长3～4cm的单斜面，削面要平直并超过髓心，厚0.3～0.5cm，背面末端削成0.5～0.8cm的一小斜面或在背面的两侧再各微微削去一刀。接时，把接穗从砧木切口沿木质部与韧皮部中间插入，长削面朝向木质部，并使接穗背面对准砧木切口正中，接穗上端注意"留白"。如果砧木较粗或皮层韧性较好，砧木也可不切口，直接将削好的接穗插入皮层即可，最后用塑料薄膜条（宽1cm左右）绑扎。此法也常用于高接，如龙爪槐的嫁接和花果类树木的高接换种等。如果砧木较粗可同时接上3～4个接穗，均匀分布，成活后即可作为新植株的骨架（图4-11）。

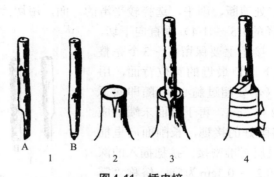

图4-11 插皮接

1—削接穗；2—切砧木；3—插入接穗；4—绑扎

A—接穗侧面；B—接穗正面

（4）舌接

舌接适用于砧木和接穗直径为 1～2cm，且大小粗细差不多的砧木嫁接。舌接砧木，接穗间接触面积大，结合牢固，成活率高，在园林苗木生产上用此法高接和低接的都有。将砧木上端削成3cm长的削面，再在削面由上往下1/3处，顺砧干往下切1cm左右的纵切口，或舌状。在接穗平滑处顺势削3cm长的斜削面，再在斜面由下往上1/3处同样切1cm左右的纵切口，和砧木斜面部位纵切口相对应。将接穗的内舌（短舌）插入砧木的纵切口内，使彼此的舌部交叉起来，互相插紧，然后绑扎（图4-12）。

（5）插皮舌接

插皮舌接多用于树液流动、容易剥皮而不适于劈接的树种。将砧木在离地面5～10cm处锯断，选砧木平直部位，削去粗老皮，露出嫩皮（韧皮）。将接穗削成5～7cm长的单面马耳形，捏开削面皮层，将接穗的木质部轻轻插于砧木的木质部与韧皮部之间，插至微露接穗削面，然后绑扎（图4-13）。

（6）腹接

腹接分普通腹接和皮下腹接两种，是在砧木腹部进行的枝接。常用于针叶树的繁殖，砧木不去头或仅剪去顶梢，待成活后再剪去接口以上的砧木枝干。

① 普通腹接。接穗削成偏楔形，长削面长3cm左右，削面要平而渐斜，背面削成长2.5cm左右的短削面。砧木切削应在适当的高度，选择平滑的一面，自上而下深切一口，切口深入木质部，但切口下端不宜超过髓心，切口长度与接穗长削面相当。将接穗长削面朝里插入切口，注意形成层对齐，接后绑扎保湿。

② 皮下腹接。皮下腹接即砧木切口不伤及木质部，将砧木横切一刀，再竖切一刀，呈"T"字形切口，切口不伤或微伤。接穗长削面平直斜削，背面下部两侧向尖端各削一刀，以露白为度。撬开皮层插入接穗，绑扎即可（图4-14）。

（7）靠接

靠接是特殊形式的枝接。靠接成活率高，可在生长期内进行，但要求接穗和砧木都要带根系，愈合后再剪断，操作麻烦。多用于接穗与砧木亲和力较差、嫁接不易成活的观赏树和柑橘类树木。

嫁接前使接穗和砧木靠近。嫁接时，按嫁接要求将二者靠拢在一起，选择粗细相当的接穗和砧木，并选择

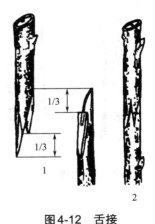

图4-12 舌接

1—砧穗切削；2—砧穗结合

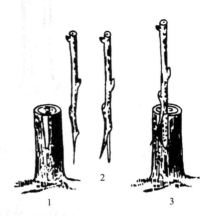

图4-13 插皮舌接

1—剪砧；2—削接穗；3—插接穗

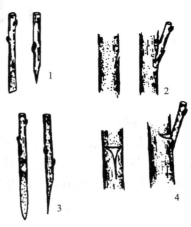

图4-14 腹接

1—削（普通腹接）接穗；2—普通腹接；
3—削（皮下腹接）接穗；4—皮下腹接

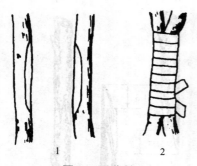

图4-15　靠接

1—砧穗削面；2—接合后绑严

二者靠接部位。然后将接穗和砧木分别朝结合方向弯曲，各自形成"弓背"形状，用利刀在"弓背"上分别削1个长椭圆形平面，削面长3～5cm，削切深度为其直径的1/3，二者的削面要大小相当，以便于形成层吻合。削面削好后，将接穗、砧木靠紧，使二者的削面形成层对齐，用塑料条绑缚（图4-15）。愈合后，分别将接穗下段和砧木上段剪除，即成1棵独立生活的新植株。

（8）其他枝接方法

其他枝接方法包括桥接（图4-16）与髓心形成层对接（图4-17）。

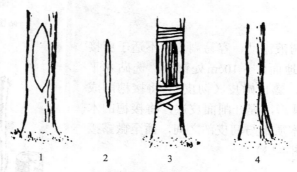

图4-16　桥接

1—伤口修整；2—削接穗；3—绑扎；4—小苗桥接

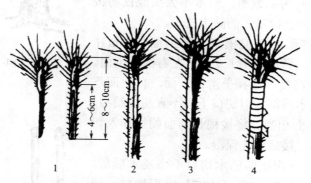

图4-17　髓心形成层对接

1—削接穗；2—削砧木；3—接后状况；4—绑扎

4.2.5.2　芽接

芽接是苗木繁殖应用最广的嫁接方法。芽接是用生长充实的当年生发育枝上的饱满芽做接芽，于春、夏、秋三季皮层容易剥离时嫁接，其中秋季是主要时期。根据取芽的形状和结合方式不同，芽接的具体方法有嵌芽接、丁字形芽接、方块芽接、环状芽接等。而苗圃中较常用的芽接主要为嵌芽接和"丁"字形芽接。

（1）嵌芽接

嵌芽接也叫带木质部芽接。此法不受树木离皮与否的季节限制，且嫁接后接合牢固，利于成活。嵌芽接适用于大面积育苗。其具体方法如图4-18所示。

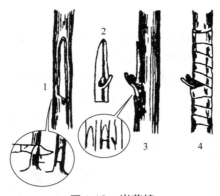

图4-18 嵌芽接

1—取芽片；2—芽片形状；3—插入芽片；4—绑扎

切削芽片时，自上而下切取，在芽的上部1～1.5cm处稍带木质部往下切一刀，再在芽的下部1.5cm处横向斜切一刀，即可取下芽片，一般芽片长2～3cm，宽度不等，依接穗粗度而定。砧木的切法是在选好的部位自上向下稍带木质部削一与芽片长、宽均相等的切面，将此切开的稍带木质部的树皮上部切去，下部留0.5cm左右，接着将芽片插入切口使两者形成层对齐，再将留下部分贴到芽片上，用塑料袋绑扎好即可。

（2）"丁"字形芽接

"丁"字形芽接也叫盾状芽接、"T"字形芽接，是育苗中芽接最常用的方法。砧木一般选用一至二年生的小苗。砧木过大，不仅皮层过厚不便于操作，而且接后不易成活。芽接前采当年生新鲜枝条为接穗，立即去掉叶片，留有叶柄。削芽片时先从芽上方0.5cm左右处横切一刀，刀口长0.8～1cm，深达木质部，再从芽片下方1cm左右处连同木质部向上切削到横切口处取下芽，芽片一般不带木质部，芽居芽片正中或稍偏上一点。砧木的切法是在距地面5cm左右，选光滑无疤部位横切一刀，深度以切断皮层为准，然后从横切口中央切一垂直口，使切口呈"T"字形，把芽片放入切口，往下插入，使芽片上边与"T"字形切口的横切口对齐（图4-19）。然后用塑料带从下向上一圈压一圈地把切口包严，注意将芽和叶柄留在外面，以便检查成活。若将砧木的切口做成"⊥"形，则称为倒"T"形芽接。

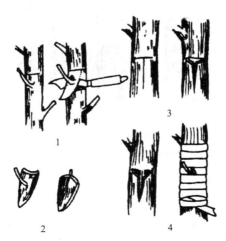

图4-19 "T"字形芽接

1—削取芽片；2—芽片形状；3—切砧木；4—插入芽片与绑扎

（3）方块芽接

方块芽接也叫块状芽接。此法芽片与砧木形成层接触面积大，成活率较高，多用于柿树、核桃等较难成活的树种。因其操作较复杂，工效较低，一般树种多不采用。其具体方法是取长方形芽片，再按芽片大小在砧木上切开皮层，嵌入芽片。砧木的切法有两种，一种是切成"]"字形，称"单开门"芽接；一种是切成"I"字形，称"双开门"芽接。注意嵌入芽片时，使芽片四周至少有两面与砧木切口皮层密接，嵌好后用塑料薄膜条绑扎即可（图4-20）。

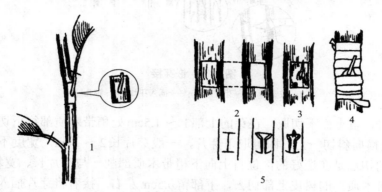

图4-20　方块芽接

1—接穗去叶及削芽；2—砧木切削；3—芽片嵌入；4—绑扎；5—"I"字形砧木切削及芽片插入

（4）套芽接

套芽接也叫环状芽接，其接触面积大，易于成活。主要用于皮部易于剥离的树种，在春季树液流动后进行。具体方法是先从接穗枝条芽的上方1cm左右处剪断，再从芽下方1cm左右处用刀环切，深达木质部，然后用手轻轻扭动，使树皮与木质部脱离，抽出管状芽套。选粗细与芽套相同的砧木，剪去上部，呈条状剥离树皮，随即把芽套套在木质部上，对齐砧木切口，再将砧木上的皮层向上包合，盖住砧木与接芽的接合部，用塑料薄膜条绑扎即可（图4-21）。

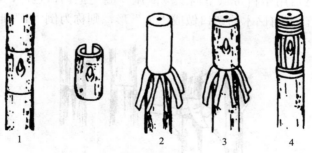

图4-21　套芽接

1—取套状芽片；2—削砧木树皮；3—接合；4—绑扎

另外，生产上也有芽苗嫁接、种胚嫁接。

4.2.5.3　根接

根接用树根作砧木，将接穗直接接在根上。各种枝接法均可采用。根据接穗与根砧的粗度不同，可以正接，即在根砧上切接口；也可倒接，即将根砧按接穗的削法切削，在接穗上进行嫁接（图4-22）。

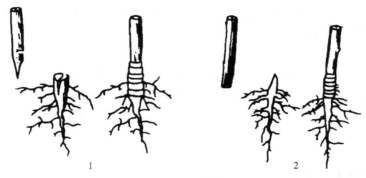

图4-22　根接

1—正接；2—倒接

4.2.6　保证嫁接成活五字真言

无论哪种方法，要掌握五个字："齐"、"平"、"快"、"紧"、"净"。

"齐"是指在嫁接时首先要使砧木和接穗的形成层对齐，这样砧木和接穗的形成层所产生的愈伤组织才能尽快形成和愈合在一起，分化出各种必要的组织以保证营养的运输和接穗的发育。

"平"是指要使砧木和接穗形成层对齐，一定要使接穗和砧木的切口平滑，尽量减少破损，砧木和接穗的切口斜度要一致，最好使砧木和接穗的直径相同，这样才有利于砧木和接穗的吻合，有利于形成层对齐和尽快愈合。

"快"是指砧木和接穗备好后应快速嫁接，避免接穗和砧木切口失水和污染，影响成活率。

"紧"是指砧木和接穗的切面要靠紧，接后包扎要紧，也可以避免接穗活动，影响愈伤组织的愈合。

"净"是指嫁接刀要干净，切口要干净，避免杂菌污染，影响嫁接苗的成活。

总之，嫁接时砧木和接穗的形成层对齐、靠紧且不被损坏是嫁接成活的关键，接后套袋或包扎保湿也是保证形成层形成愈伤组织和分化其他组织的必要条件。因此，就需要有良好的嫁接技术和嫁接工具。

4.2.7　嫁接后管理

（1）检查成活、解除绑缚物及补接

枝接和根接一般在接后20～30d可进行成活率的检查。成活后接穗上的芽新鲜、饱满，甚至已经萌发生长；未成活则接穗干枯或变黑腐烂。芽接一般7～14d即可进行成活率的检查，成活者的叶柄一触即掉，芽体与芽片呈新鲜状态；未成活则芽片干枯变黑。检查时如发现绑缚物太紧，要松绑或解除绑缚物，以免影响接穗的发育和生长。一般当新芽长至2～3cm时，即可全部解除绑缚物，生长快的树种，枝接最好在新梢长到20～30cm长时解绑，如果过早，接口仍有被风吹干的可能。嫁接未成活应在其上或其下错位及时进行补接。

（2）剪砧、抹芽、除蘖

嫁接成活后，凡在接口上方仍有砧木枝条的，要及时将接口上方砧木部分剪去，以促进接穗的生长。一般树种大多可采用一次剪砧，即在嫁接成活后，春季开始生长前，将砧木自接口处上方剪去，剪口要平，以利愈合。对于嫁接难成活的树种，可分两次或多次剪砧。

嫁接成活后，砧木常萌发许多蘖芽，为集中养分供给新梢生长，要及时抹除砧木上的萌芽和根蘖，一般需要去蘖2～3次。

（3）立支柱

嫁接苗长出新梢时，遇到大风易被吹折或吹弯，从而影响成活和正常生长。故一般在新梢长到5～8cm时，紧贴砧木立一支柱，将新梢绑于支柱上。在生产上，此项工作比较费工，通常采用如降低接口、在新梢基部培土、嫁接于砧木的主风方向等其他措施来防止或减轻风折。

4.3　分株育苗技术　

分株繁殖是利用某些树种能够萌生根蘖或灌木丛生的特性，把根蘖或丛生枝从母株上分割下来，进行栽植，使之形成新植株的一种繁殖方法。有些园林植物如臭椿、刺槐、枣、黄刺玫、珍珠梅、绣线菊、玫瑰、蜡梅、紫荆、紫玉兰、金丝桃等，能在根部周围萌发出许多小植株，这些萌蘖从母株上分割下来就是一些单株植株，本身均带有根系，容易栽植成活。

4.3.1　分株时期

分株主要在春、秋两季进行，由于分株法多用于开花灌木的繁殖，因此要考虑到分株对开花的影响。一般春季开花植物宜在秋季落叶后进行，而秋季开花植物应在春季萌芽前进行。

4.3.2　分株方法

（1）灌丛分株

灌丛分株是将母株一侧或两侧土挖开，露出根系，将带有一定茎干（一般1～3个）和根系的萌株带根挖出，另行栽植（图4-23）。挖掘时注意不要对母株根系造成太大的损伤，以免影响母株的生长发育，减少以后的萌蘖。分株法移栽成活率高，但苗木大小不一，繁殖系数比较低。

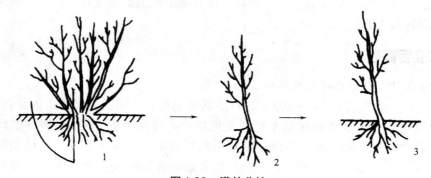

图4-23　灌丛分株

1—切割；2—分离；3—栽植

（2）根蘖分株

根蘖分株是将母株的根蘖挖开，露出根系，用利斧或利铲将根蘖株带根挖出，另行栽植（图4-24）。根蘖苗一般大小不整齐，有时须根少，直接定植成活率较低，生长不整齐，难以管理。可分级在苗圃大苗区培育后再出圃。

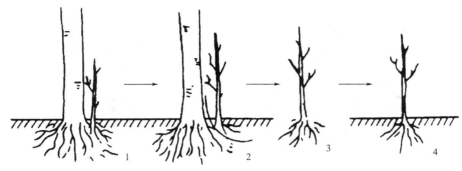

图4-24　根蘖分株

1—长出的根蘖；2—切割；3—分离；4—栽植

（3）掘起分株

掘起分株是将母株全部带根挖起，用利斧或利刀将植株根部分成有较好根系的几份，每份地上部分均应有1～3个茎干（图4-25），这样有利于幼苗的生长。该法移栽成活率高，但苗木大小不一，繁殖系数比较低。

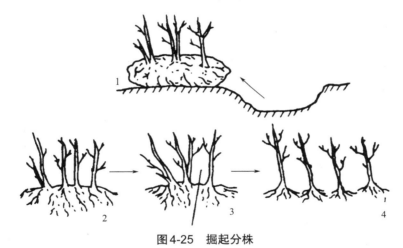

图4-25　掘起分株

1，2—挖掘；3—切割；4—栽植

4.4 ┃ 压条、埋条育苗技术

4.4.1　压条育苗

压条繁殖是将未脱离母体的枝条压入土内或空中包以湿润物，待生根后把枝条切离母体，成为独立新植株的一种繁殖方法。压条繁殖只需要在茎上产生不定根即可成苗。该法多用于扦插繁殖不容易生根的树种，如玉兰、蔷薇、桂花、樱桃、龙眼等。

4.4.1.1　压条的种类及方法

（1）低压法

低压法根据压条的状态不同分为普通压条、水平压条、波状压条及堆土压条等方法（图4-26）。

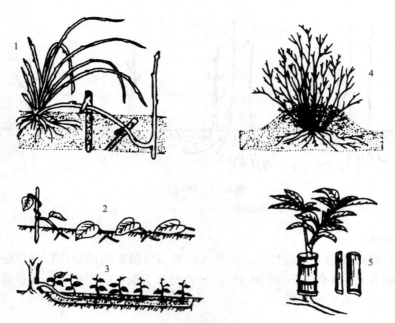

图4-26 压条的各种形式

1—普通压条；2—波状压条；3—水平压条；4—堆土压条；5—空中压条

① 普通压条法。普通压条法是最常用的方法。适用于枝条离地面比较近而又易于弯曲的树种，如迎春、木兰、大叶黄杨等。具体方法为：在秋季落叶后或早春发芽前，利用一至二年生的成熟枝进行压条。雨季一般用当年生的枝条进行压条。常绿树种以生长期压条为好。将母株上近地面的一至二年生的枝条弯到地面，在接触地面处，挖一深10～15cm、宽10cm左右的沟，靠母树一侧的沟挖成斜坡状，相对的壁挖垂直。将枝条顺沟放置，枝梢露出地面，并在枝条向上弯曲处，插一木钩固定。待枝条生根成活后，从母株上分离即可，一根枝条只能压一株苗。对于移植难成活或珍贵的树种，可将枝条压入盆中或筐中，待其生根后再切离母株。

② 波状压条法。波状压条法（图4-27）适用于枝条长而柔软或为蔓性的树种，如紫藤、荔枝、葡萄等。即将整个枝条波浪状压入沟中，枝条弯曲的波谷压入土中，波峰露出地面，使压入地下部分产生不定根，而露出地面的芽抽生新枝，待成活后分别与母株切离成为新的植株。

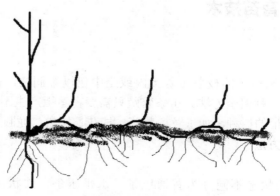

图4-27 波状压条法

③ 水平压条法。水平压条法适用于枝长且易生根的树种，如连翘、紫藤、葡萄等，通常仅在早春进行。即将整个枝条水平压入沟中，使每个芽节处下方产出不定根，上方芽萌发新枝，待成活后分别切离母体栽培，一根枝条可得多株苗木。

④ 堆土压条法。堆土压条法也叫直立压条法，适用于丛生性和根蘖性强的树种，如杜鹃、木兰、贴梗海棠、八仙花等。于早春萌芽前，对母株进行平茬截干，灌木可从地际处抹头，乔木可于树干基部刻伤，促其萌发出多根新枝，待新枝长到30～40cm高时，即可进行堆土压埋。一般经雨季后就能生根成活，翌春将每个枝条从基部剪断，切离母体进行栽植。

（2）高压法

高压法也叫空中压条法。凡是枝条坚硬不易弯曲或树冠太高枝条不能弯到地面的树枝，可采用高压繁殖，如佛手、桂花、荔枝、山茶、米兰、龙眼等，一般在生长期进行。压条时先进行环状剥皮或刻伤等处理，然后用疏松、肥沃的土壤或苔藓、蛭石等湿润物敷于枝条上，外面再用塑料袋或对开的竹筒等包扎好。压条以后注意保持袋内土壤的湿度，适时浇水，待生根成活后即可剪下定植。

4.4.1.2 促进压条生根的方法

对于不易生根或生根时间较长的树种，为了促进压条快速生根，可采用刻伤法、软化法、生长刺激法、扭枝法、缢缚法、劈开法及土壤改良法等阻滞有机营养向下运输而不影响水分和矿物质向上运输，使养分集中于处理部位，刺激不定根的形成。

4.4.1.3 压条后的管理

压条之后应保持土壤的合理湿度，调节土壤通气和适宜的温度，适时灌水，及时中耕除草。同时要注意检查埋入土中的压条是否露出地面，若露出则需重压，留在地上的枝条如果太长，可适当剪去部分顶梢。

4.4.2 埋条育苗

埋条繁殖是将剪下的一年生生长健壮的发育枝或徒长枝全部横埋于土中，使其生根发芽的一种繁殖方法，实际上就是枝条脱离母体的压条法。

4.4.2.1 埋条方法

埋条多在春季进行，方法有以下几种。

（1）平埋法

在做好的苗床上，按一定的行距开沟，沟深3～4cm，宽6cm左右，将枝条平放沟内。放条时要根据条的粗细、长短、芽的情况等搭配得当，并使多数芽向上或位于枝条两侧。为了避免缺苗断垄，在枝条多的情况下，最好双条排放，并尽可能地使有芽和无芽的地方交错开，以免发生芽的短缺现象，造成出苗不均。然后用细土埋好，覆土1cm即可，切不可太厚，以免影响幼芽出土（图4-28）。

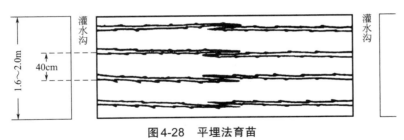

图4-28　平埋法育苗

（2）点埋法

按一定行距开一深3cm左右的沟，种条平放于沟内，然后每隔40cm，横跨条行堆成一长20cm、宽8cm、高10cm左右的长圆形土堆。两土堆之间的枝条上应有2～3个芽，利用外面较高的温度发芽生长，土堆处生根。土堆埋好后要踩实，以防灌水时土堆塌陷。点埋法出苗快且整齐，株距比平埋法规则，有利于定苗，且保水性能也比平埋法好。但点埋法操作效率低，较费工。

4.4.2.2　埋条后的管理

埋条后应立即灌水，以后要保持土壤湿润。一般在生根前每隔5～6d灌一次水。在埋条生根发芽之前，要经常检查覆土情况，扒除厚土，掩埋露出的枝条。

（1）培土与间苗

埋入的枝条一般在条基部较易生根，而中部以上生根较少但易发芽长枝，因而容易造成根上无苗、苗下无根的偏根现象。因此，当幼苗长至10～15cm高时，结合中耕除草，于幼苗基部培土，促使幼苗新茎基部发生新根。待苗高长至30cm左右时，即进行间苗，一般分两次进行，第一次间去过密苗或有病虫害的弱苗，第二次按计划产苗量定苗。

（2）追肥及培垄

当幼苗长至40cm左右时，即可在苗行间施肥。结合培垄，将肥料埋入土中，以后每隔20d左右追施人粪尿一次，一直持续到雨季到来之前。这样前期促进苗木快长，后期停止追肥，使其组织充实，枝条充分木质化，可安全越冬。

（3）修剪除蘖及抚育管理

当幼苗生长至40cm左右时，腋芽开始大量萌发，为使苗木加快生长，应该及时除蘖。一般除蘖高度为1.2～1.5m，不可太高，以防干茎细弱。

另外，中耕除草、病虫害防治等抚育工作也要跟上。

复习思考题

1. 影响插条生根的因素有哪些？
2. 简述扦插的种类及具体方法。
3. 影响嫁接成活的因素有哪些？
4. 简要说明嫁接的方法。
5. 压条生根的方法有哪些？

5

大苗培育技术

大苗培育是园林苗圃区别于林业苗圃的重要特点。采用大规格苗木在城镇、企事业单位、旅游区、风景区、公园、道路等绿化美化中栽植，可以收到立竿见影的效果，很快满足绿化功能、防护功能及起到美化环境、改善环境的作用。同时由于城市绿化环境复杂、人类对园林植物的影响和干扰很大，栽植地土壤、空气、水源不同程度地被污染或毒化，建筑密集、拥挤等都极大地影响园林植物的生长和发育，而选用大苗栽植有利于抵抗这些不良影响。

5.1 苗木移植技术

5.1.1 苗木移植的作用

苗木移植是指在苗木生长到一定时期时，由于原来的株、行距已经不能满足苗木冠形正常生长的需要，空间变得拥挤，所以将苗木按预先计算好的株、行距重新种植。这是苗圃培育具有良好冠形、适合工程应用的园林绿化苗木的必要一步，主要具有以下作用。

（1）有利于苗木的生长发育

苗木在播种繁育阶段主要遵循"密植养干"的原则，为培养苗木良好的干形奠定了基础。但是在以后的苗木生长过程中，过密的株、行距影响了苗木的生长发育，因此通过移栽扩大株、行距，为苗木的地上和地下部分提供了充分的生长空间，增加了苗木制造营养和吸收营养的面积，促进了苗木的健康生长。

（2）培育优美的树形

在"密植养干"过程之后，苗木必然要经历"疏植养冠"的阶段，疏植为苗木冠形的正常发展提供了空间，苗木只有具有优美的树形才能达到美化绿地的要求和具备较高的经济效益。

（3）培育壮苗

在苗木移植过程中，应及时淘汰差苗，保留优质苗。这样，苗木才能有足够的生长空间，使得苗木的树干充分生长，提高苗圃苗木的壮苗率。

（4）提高苗木的出圃成活率

苗圃苗木经过数次移植之后，抑制了主根的生长，促进了苗木侧根和须根等吸收水分营养的有效根系形成，提高了苗圃的移栽成活率。

5.1.2　移植成活的基本原理和技术措施

（1）移植成活的基本原理

树木栽植成活的原理是保持和恢复树体以水分为主的代谢平衡。苗木的树冠和根系之间的水分营养处于动态平衡状态，苗木才能正常生长发育。然而移植通常会让苗木的根系受到大量损伤，从而打破了原来地上部分和地下部分的供需平衡，如果这种平衡不能迅速恢复，苗木就有死亡的危险。所以，相应地对所移植苗木进行枝条和叶片的修剪抽疏，成为必须进行的工作，以促进苗木建立新的平衡，保证苗木移植成活。

（2）移植成活的技术措施

对落叶树种而言，秋季落叶后至春季发芽前移植最好，特别是春季发芽前移植成活率最高。因为这个时候苗木枝叶量小，容易平衡地上部与地下部的关系。在实际生产中，如果要在生长期进行移植，要对地上部分实行强修剪，少留枝叶，争取带大土球移植，或多带根系少带土，移植后经常给地上部枝叶喷雾，生长期也能移植成活。

常绿树种移植的季节以休眠期为佳，因为这时树木的气孔、皮孔处于关闭状态，叶表皮细胞角质层增厚，生命活动减弱，消耗的水分与营养物质少，移植成活率高。常绿树种移植时，为了保持其冠形，一般地上部分较少修剪。实际上，地上部枝叶外表面积远大于地下部分根系外表面积，移植后水分和营养物质的供给与消耗是不平衡的。移植时为了达到平衡，尽可能多带根系、保留原有根系，起苗时的土球尽可能大些（土球直径为地径的10～12倍），栽植后为了保持树冠对水分的需求，要经常往树冠上喷水，维持一段时间后，地上与地下部都逐渐恢复生长，常绿树种就能移植成活。

常绿树种如果在生长季节移植时，一般采用搭遮阳网的方法来减少阳光照射，从而减少树冠水分蒸腾量。在树冠四周安装移动喷头喷水。待恢复到正常生长（1个月左右），逐渐去掉遮阳网，减少喷水次数，使移植成功。中、小常绿苗成片移植可全部搭上遮阳网，浇足水，过渡一段时间后逐渐去掉，也可在阳光强的中午盖上，早晚撤去。

5.1.3　苗木移植的时间和密度

5.1.3.1　移植时间

移植的最佳时间是树木的休眠期。下面我们分别讲解四季移植要求。

（1）春季移植

春季气温回升，雨水较多，空气湿度大，土壤水分条件好，地温转暖，有利于根系的主动吸水，从而保持水分的平衡。从这个意义上说，北方地区应以早春土地解冻后立即进行移植最为适合。

（2）夏季（雨季）移植

夏季移植最不保险，但如果是冬春雨水很少、夏季雨水很多的地方，如华北、西北及西南等春季干旱的地区，在雨季移植成活率会比较高。

（3）秋季移植

秋季移植的时期较长，从落叶盛期以后至土壤冻结之前都可进行。应在苗木地上部分生长缓慢或停止生长后进行，即落叶树开始落叶、常绿树生长高峰过后进行。常绿树一年四季都可以移植，甚至秋天和晚春移植的成活率比同期移植的落叶树成活率还高。秋季移植一般适宜在冬季气温较暖的地区。北方冬季寒冷，秋季移植应尽早。冬季过分寒冷和冻拔严重的地区不适合进行秋季移植。

（4）冬季移植

在南方气候温暖、湿润、多雨、土壤不冻结的地方，就可进行冬季移植。但是，在华北北部、东北大部分地区，冬季寒冷，土壤冻结较深，可采用带冻土球的方法移植。

5.1.3.2　移植密度

移植的株行距应根据树种的生长速率、移植苗的大小、移植后培育的年限、苗木的用途、当地气候和土壤肥力等条件来确定。乔木树种以养干为目的时应密植，苗木在群体较密的条件下，争光、争空间，促使苗木向上生长，树干高而直立；而以养树冠为目的时，应适当稀疏，使侧枝有发展的空间。此外移植苗的密度还应该与苗木移植后培育的年限有关，如经1次移植的生长快速的树种，移植后第一年应明显感觉稀疏；生长1～2年后，密度正合适；第三年经修剪整枝仍能维持1年；第四年达出圃规格要求。对生长慢的树种需经过2次移植，第一次移植后要求第一年株行距稍大，第二年正合适，第三至四年树冠枝叶相接，然后进行第二次移植，扩大株行距，移植生长2～3年后即可出圃。

5.1.4　苗木移植操作流程

5.1.4.1　移植地准备

按照移植床的规格，做好圃地的区划、定点、划印，组织好人力、物力。苗床要求平整，施足基肥，土壤干燥时，可预先灌好底水，使土壤湿润，再行移植。并根据待移植苗木的大小及生长速率确定栽植点。移植规格较大的苗木时，采用沟植法或穴植法。挖沟一般为南北向，挖坑挖沟的时候表土、心土应分别堆放，栽植时将表土回填坑底。坑和沟的四壁要垂直，不能挖成上大下小的锅底形。

5.1.4.2　起苗

起苗前几天应事先浇水，使土地相对疏松，便于起苗；同时可增加苗木含水量，提高移栽成活率。常用的起苗方法有以下几种。

（1）裸根起苗（图5-1）

大多数落叶植物和常绿植物小苗，在休眠期均可采用裸根起苗。起苗时，视苗木根系大小和深浅来确定留根幅度，一般二三年生苗木保留根幅直径为30～40cm，在此范围之外下锹，切断周围根系，再切断主根，提苗干。苗木起出后，抖去根部宿土，尽量保留完整的须根。

（2）带宿土起苗

落叶针叶植物及部分移植成活率不高的落叶阔叶植物需带宿土起苗，起苗时保留根部护心土及根毛集中区的土块，以提高移植成活率。起苗方法同裸根起苗。

图5-1　裸根起苗

（3）带土球起苗（图5-2）

常绿植物及裸根移植不易成活的植物种采用带土球起苗。方法是先铲除苗木根系周围的表土，以见到须根为度。然后按一定的土球规格（一般2～3年生的小苗土球直径可以冠幅作为参照，或略大于冠幅；较大的苗木可以干径的8～10倍作为参考标准）顺次挖去规格范围以外的土壤。四周挖好后，根据具体情况确定包扎。一般土球直径在20～30cm，且须根较多不易散坨者可不加包扎；土球直径超过30cm时，可用草绳包扎，包好后再把主根切断，将带土球的苗木提出坑外。

图5-2　带土球起苗

5.1.4.3　苗木的处理

起苗后栽植前，要对苗木进行修根、剪枝、截干、浸水、蘸浆和埋土等处理。

（1）修根

裸根苗起苗后应剪去过长根系和损伤劈裂部分，保留一定长度的根系，一般小苗15～20cm，苗龄较大时可适当加长。深根性苗木可将主根剪短，以促发更多的侧根和须根，便于移植。带土球的苗木可将土球外露出的较大根段的伤口剪齐，过长的须根也要剪短。

（2）剪枝

修根后根据情况对枝条进行适当修剪，以保持根系吸收与树冠蒸腾的平衡。对萌芽力强的植物种，可将地上部枝条短截、缩剪或疏枝，甚至可截干移植。对萌芽力弱的针叶树要保护好顶芽和针叶。

（3）栽前处理

修根剪枝后最好马上栽植，否则裸根苗根系需浸入水中或埋入湿土中保存，带土球苗将土球用湿草帘覆盖或用土堆围住保存。栽植前裸根苗根系可蘸泥浆或用生根粉、根宝等处理，以提高移植成活率。

修根、剪枝过程中，将苗木按粗细、高度进行分级，并分区移植，便于抚育管理。

5.1.4.4　移植方法

根据苗木大小、根系状况及苗圃地情况的不同，苗木栽植方法可分为以下几种。

（1）缝植（或孔植）法

缝植（或孔植）法适用于小苗和主根发达而侧根不发达的苗木。移植时用铁锹或移植锥按株行距开缝或锥孔，将苗木放入缝（或孔）的适当位置，尽量使苗根舒展，压实土壤，勿使苗根悬空。

（2）沟植法

沟植法适用于根系较发达的小苗移植。移植时按行距开沟，沟深大于苗根长度，再将苗木按要求的株距排放于沟内，然后覆土踏实。

（3）穴植法

穴植法适用于大苗、带土移栽苗或较难成活的苗木移植。移植时按预定的株行距挖穴，穴的直径和深度应略大于苗木的根系。移植时先在穴内填放表土，把苗根放在适当位置上，再填土至穴深1/3～1/2时，将苗木轻轻上提，使苗木的根系在穴内舒展，不窝根。填土至穴深2/3时，将土壤踏实，最后用土填平，并在表面撒些疏松土壤。带土球苗移栽时，必须根据土球高度调整已掘好的树坑，两者相适应后再定植，若有包扎物应拆除，将土球苗放入穴中并回填土壤，不要用脚踏实土壤，防止踩裂土球，应用锹柄捣实土球与穴壁之间的松土层。

5.1.4.5　移植苗抚育管理

苗木移植后，为了确保移植成活率，促进苗木快速生长，在生产方面应做好以下管理工作。

（1）灌水和排水

灌水是保证苗木成活的关键。苗木移植后要立即灌水，最好能连灌3次水。一般要求栽后24h内灌第一次透水，使坑内或沟内水不再下渗为止，隔2～3d再灌第二次水，再隔4～7d灌第三次水（俗称连三水）。以后视天气和苗木生长情况而定，灌水不能太频繁，否则地温太低，不利于苗木生长。灌水一般应在早晨或傍晚进行。

排水也是水分管理的重要环节。雨季来临之前，应全面清理排水沟，保证排水畅通。雨后应及时清沟培土，平整苗床。

（2）扶苗整床

移植苗经灌水或降雨后，因填土或踏实不够或受人为、大风等影响容易出现露根、倒伏，一旦出现应及时将苗木扶正，并在根际培土踏实，否则会影响苗木正常生长发育。苗床出现坑洼时，应及时进行平整。

（3）遮阳护苗

北方气候干旱，空气湿度偏低，对移植小苗，尤其对常绿小苗的缓苗极为不利。为了提高小苗的移植成活率，根据需要可加设遮阳帘，控制日光强烈照射。如全光雾插生产的小苗，出床栽植时必须采取这个措施。确定缓苗成活后，适时撤帘见光。

（4）中耕除草

在苗木生长期中，由于降雨或灌溉等原因，会造成土壤板结，通气不良，使苗木根系发育不好。加之杂草与苗木竞争养分，严重影响苗木生长，因此应及时中耕除草。中耕除草的次数，应根据土壤、气候、苗木生长状况以及杂草滋生状况而定。一般移植苗每年3～6次。中耕和除草通常结合进行，但草多而土层疏松时，可以只除草而不中耕松土，大面积除草还可采用化学除草剂，此法省时、省工、高效。当土壤板结严重时，即使无杂草也要中耕松土。中耕深度一般随苗木的生长可逐渐加深。为了不伤苗根，中耕应注意苗根附近宜浅，行间、带间宜深。

（5）施肥

施肥是培育壮苗的一项重要措施，施肥可补充土壤中植物生长所需的各种元素的不足，满足苗木对养分的需求。不同的植物种，不同的生长期，所需的肥料种类和数量差异很大。

一般速生植物种需肥量远大于慢生植物种；针叶植物种因其生长缓慢，对肥料的需求少于苗龄相同的阔叶植物种。又如同一植物种在不同生长期施肥也有差异。生长初期（一般在五月中、下旬），应薄肥勤施，以氮肥为主；速生期（一般在 6～8 月）需加大施肥量，增加施肥次数；加粗生长期（一般在 8～9 月）应以磷肥为主；生长后期应以钾肥为主，磷肥为辅。此外，施肥还应考虑到气候条件及苗圃地的土壤条件等，以便发挥最大肥效。

（6）病虫害防治

防治苗圃病虫害是培育壮苗的重要措施，其防治工作必须贯彻"防重于治"和"治早、治小、治了"的原则。加强苗木田间抚育管理，促使苗木生长健壮，增强抵抗能力，可减少病虫害的发生。一旦发现苗木病虫害，应立即采取措施，以防蔓延。

（7）防寒越冬

防寒越冬是对耐寒能力较差的观赏苗木进行的一项保护措施，特别是在北方，由于气候寒冷和早晚霜等不稳定因素，苗木很容易受到低温伤害。生产上常采取的防寒措施有培土、覆盖、设风障、灌冻水、熏烟、涂白和喷抑制蒸腾剂等。

5.2　园林苗圃的灌溉、排水与施肥　‹‹‹

5.2.1　园林苗圃的灌溉

5.2.1.1　合理灌溉的依据

（1）依树种的生物学特性及其年生长规律确定灌溉方法

① 树种。树木是园林绿化的主体，其特征为数量大，种类多，具有不同的生态习性，对水分的要求不同，有的高，有的低，应该区别对待。如观花观果树种，灌水次数均比一般树种多；油松、马尾松、圆柏、侧柏、刺槐等为耐旱树种，灌水量和灌水次数较少，甚至不用灌水，且应注意及时排水；而对于枫杨、垂柳、落羽杉、水松、水杉等喜欢湿润土壤的树种应注意灌水，对排水则没有严格要求；还有一些对水分条件适应性强的树种，如旱柳、乌桕等，既耐干旱又耐水湿，对排灌均没有严格要求。

② 物候期。树木在不同的物候期对水分的要求不同。一般认为在树木生长前期，应保证水分供应，利于生长与开花结果；后期则应控制水分，使树木及时停止生长，适时进行休眠，做好越冬准备。根据各地的条件，不管在发芽期还是开花期，新梢生长期还是幼果膨大期，都应及时灌溉。

（2）依气候条件确定灌溉方法

气候条件对于灌水和排水的影响，主要是年降水量、降水强度、降水频度与分布。在干旱的气候条件下或干旱时期，灌水量应多，反之应少，甚至要注意排水。例如在江南地区 4～6 月正处于梅雨季节，不宜多灌水。某些花木如梅花、碧桃等于 6 月底以后形成花芽，所以在 6 月应进行短时间扣水（减少浇水量），以促进花芽的形成。

（3）土壤条件确定灌溉方法

不同土壤具有不同的质地与结构，保水能力也不同。保水能力较好的，灌水量应大一些，间隔期长一些；保水能力较差的，每次灌水量应酌减，间隔期应短一些。对于盐碱地，要灌水与中耕松土相结合；沙地容易漏水，保水能力差，灌水次数应适当增加，要"小水勤浇"，同时施用有机肥增加其保水保肥性能。低洼地要小水勤浇，避免积水，并注意排水防碱。较黏重的土壤保水能力强，灌水次数和灌水量应适当减少，并施入有机肥和河沙增加通透性。此外，地下水位的深浅也是灌水和排水的重要参考。

（4）经济与技术条件确定灌溉方法

园林树木的栽培种类多、数量大，所处立地的可操作性不同，加之目前园林机械化水平不高，人力不足，经济有限，很难做到全面普遍灌水排水使所有树木的水分平衡处于最适范围，因此应该保证重点，对有明显水分过剩或亏缺的树木进行排水、灌水。

5.2.1.2　灌水量

最适宜的灌水量，应在一次灌溉中，使树木根系分布范围内的土壤湿度达到最有利于树木生长发育的程度。只浸润表层或上层根系分布的土壤，不能达到灌水要求，且由于多次补充灌溉，容易引起土壤板结和土温下降，因此灌水必须一次灌透。根据不同土壤的持水量、灌水前的土壤湿度、土壤容重、要求土壤浸湿的深度计算灌水量，即：

灌水量＝灌溉面积×土壤浸湿深度×土壤容重×（田间持水量－灌溉前土壤湿度）

灌溉前的土壤湿度需要在每次灌水前测定，田间持水量、土壤容重、土壤浸湿深度等项，可数年测定一次。

在应用上述公式计算出灌水量后，还可根据树种、不同生命周期、物候期，以及日照、温度、风、干旱期持续的长短等因素进行调整，酌情增减，以符合实际需要。

5.2.1.3　灌水方法

（1）盘灌

盘灌也叫围堰灌水。它是以干基为圆心，在树冠投影以内的地面筑埂围堰，形似圆盘，深15～30cm，在盘内灌水。灌水前应松土，其特点是用水较经济，但浸湿土壤的范围较小，由于树木根系通常可大于冠幅1.5～2.0倍，所以并不能完全浸湿根系周围的土壤，易破坏土壤结构，使表土板结。

（2）穴灌

穴灌是指在树冠投影外侧挖穴，将水灌入穴中，以灌满为度。穴的数量根据树冠大小而定，一般为8～12个，直径约为30cm，穴深以不伤粗根为度，灌后将土还原。干旱期穴灌，也可长期保留灌水穴而暂不覆土。现代先进的穴灌技术是在离干基一定距离垂直埋置2～4个直径10～15cm、长80～100cm的毛蕊管或瓦管等永久性灌水设施。若为瓦管，管壁布满许多渗水小孔，埋好后内装碎石或炭末等填充物，有条件时还可在地下埋置相应的环管并与竖管相连。灌溉时从竖管上口注水，灌足以后将顶盖关闭，必要时再打开。这种方法适用于地面铺装的街道、广场等。穴灌的优点是用水经济，浸湿根系范围的土壤较宽而均匀，不会引起土壤板结，特别适用于水源缺乏的地区。

（3）沟灌

沟灌也叫侧方灌溉。成片栽植的树木，可每隔100～150cm开一条深20～25cm的长沟，在沟内灌水，慢慢向沟底和沟壁渗透，灌溉完毕将沟填平。沟灌能够比较均匀地浸湿土壤，水分的蒸发与流失量较小，可以节省用水量，并防止土壤结构的破坏，有利于土壤微生物的活动；还可以减少平整土地的工作量，便于机械化耕作。因此沟灌是地面灌溉的一种较为合理的方法。

（4）漫灌

漫灌多用于平畦或低畦，灌水量大，效果明显，但灌后床面易板结，要及时中耕松土。此外在灌水时，水面不能淹没苗木下层叶片，以防叶面粘土，妨碍光合作用和呼吸作用。

（5）喷灌

喷灌包括人工降雨及对树冠喷水等。人工降雨是灌溉机械化中比较现代的一种技术，但需要人工降雨机及输水管道等全套设备。

（6）滴灌

滴灌是近年发展起来的机械化与自动化的现代灌溉技术，是以水滴或小水流缓慢施于植物根区的灌水方法。

滴灌的时间、次数及用水量，因气候、土壤、树种、树龄而异。如以达到浸湿根系分布的土层为目的，特别是深土层，可以每天进行，也可以隔几天进行一次。灌水量应以根系浸润为宜。

（7）地下灌溉（鼠道灌溉）

地下灌溉（鼠道灌溉）是指利用埋在地下的多孔管道输水，水从管道的孔眼中渗出，浸润管道周围的土壤。用此法灌水不会引起土壤流失或板结，便于耕作，节约用水，较地面灌水优越。但要求设备条件较高，而且需经费多，现在在生产上使用不多。在碱性土壤中须注意避免"泛碱"。

5.2.2　园林苗圃的排水

排水是大苗培育过程中一项必不可少的工作。排水工作除在建圃时建立配套的排水体系外，主要是雨季来临时的排水工作。北方雨季降水量大而集中，特别容易造成短时期水涝灾害，因此在雨季来临之前应将排水系统疏通，将各育苗区的排水口打开，做到大雨过后地表不存水。在我国南方地区降雨量较多，要经常注意排水工作，尽早将排水系统和排水口打开以便排除积水。

5.2.3　园林苗圃的施肥

5.2.3.1　合理施肥的依据

（1）明确施肥目的

施肥目的不同，所采用的施肥方法也不同。为了使苗木获得丰富的矿质营养，促进苗木生长，施肥要尽可能集中分层施用，使肥料集中靠近苗木根系，有利于苗木吸收和避免土壤固定；还应迟效与速效肥料配合，有机与矿质肥料配合，基肥与追肥配合，以保证稳定和及时供应苗木吸收，避免淋失。根据土壤中矿质营养的总量及其有效性，苗木的需肥量、需肥时期以及营养诊断与施肥试验得出的合适施肥量、施肥时期等资料，使氮、磷、钾和其他营养元素适当配合施用。

（2）施肥要根据苗圃的土壤养分状况

土壤状况和施肥措施之间存在密切联系。土壤是否需要施肥，施何种肥及施肥量多少，都视土壤性质和肥力而定。如沙性土壤质地疏松，通气性好，温度较高，湿度较低，宜用半腐熟的有机肥料或腐植酸类肥料，施肥宜深不宜浅；黏性土壤质地紧密，通气性较差，温度低，湿度小，宜使用充分腐熟的有机肥料，施肥宜浅不宜深。

酸性土壤要选用碱性肥料，氮素肥料宜选用硝态氮。在酸性土壤中的磷更易被土壤固定，钾、钙和氧化镁等元素易流失，因此应施用钙镁磷肥和磷矿粉等肥料以及草木灰可溶性钾盐或石灰等。碱性土壤要选用酸性肥料。氮素肥料以铵态氮肥（如硫酸铵或氯化铵等）效果好。在碱性土壤中磷也容易被固定，不易被苗木吸收利用，选用肥料时，宜采用水溶性磷肥，如过磷酸钙或磷酸铵等。在碱性土壤中的铁易形成难溶性的氧化物或碳酸盐状态，苗木不易利用，如刺槐等苗木常出现缺铁失绿症。在碱性土壤上除选用酸性肥料外，还要配合多施有机肥料或施用土壤调节剂（如硫黄或石膏等），在中性或接近中性、物理性质也很好的土壤，适用肥料较多，但也要避免使用碱性肥料。

（3）合理搭配有机肥和无机肥

化肥具有有效养分含量高、体积小、运输和施用方便等优点。但是如果长期单一地施用化肥，会造成土壤结构变差，保水、保肥、供水、供肥能力下降，如果施用化肥太多，还会导致环境的污染，而治理环境污染和改良土壤所需要的费用，要远远大于化肥的投入。

有机肥虽然速效养分含量少，肥劲缓，但是持效时间长，而且能改善土壤理化状况，提高土壤保肥、供肥能力，防止或降低土壤污染，这是化肥所不具备的。实践证明，只要用量不会造成对苗木生长的不利影响，且不会造成土壤和地下水的污染，有机肥与化肥配合施用可以互相取长补短，促进肥效的发挥。随着有机肥的不断施入，土壤的肥力状况不断改善，化肥的用量也可以逐渐减少。

（4）苗木特性

苗木在不同物候期所需的营养元素也是不同的。在水分条件充足的情况下，新梢的生长在很大程度上取决于氮的供应，其需氮量是从生长初期到生长旺盛期逐渐提高的。随着新梢生长的结束，苗木的需氮量尽管有很大程度的降低，但是蛋白质的合成仍在进行，树干的加粗生长一直延续到秋季，并且还在迅速积累对下一年春新梢生长和开花有着重要作用的蛋白质及其他营养物质。所以苗木的整个生长期都需要氮肥，但需要量的多少是不同的。

在新梢缓慢生长期，除需要氮、磷外，还需要一定数量的钾肥。在保证氮、钾供应下，多施磷肥可以促使芽迅速通过各个生长阶段，有利于花芽分化；开花、坐果和果实发育时期，树木对各种营养元素的需要都十分迫切，对钾肥的需要量更大。在结果当年，钾肥能加强树木的生长和促进花芽分化。苗木生长后期，对氮和水分的需要一般很少，但在此时土壤可供吸收的氮及土壤水分都很高，所以应控制灌水和土壤中氮素的含量。

（5）各种肥料配合施用

氮、磷、钾和有机肥料配合使用的效果比较好，如磷能促进根系生长，利于苗木吸收氮素，还能促进氮的合成作用。速效氮、磷与有机肥料混合作为基肥，可以减少磷被土壤固定，提高磷肥的肥效，又能减少氮被淋失，提高氮的肥效。混合肥料必须注意各种肥料的相互关系，不是任何肥料都能混合施用，有些肥料不能同时混在一起施用，一旦混用会降低肥效。

（6）气候条件

确定施肥措施后，要考虑栽植地的气候条件，生长期的长短，生长期中某一个时期温度的高低，降水量的多少及分配情况，以及苗木越冬条件等。不考虑苗木越冬情况，盲目增加施肥量和追肥次数，可能会造成苗木冻害。在生长期内，温度的高低、土壤温度的大小，都直接影响苗木对营养元素的吸收。当温度低时，苗木吸收的养分少，特别是对氮、磷养分的吸收受到了限制，而对钾的吸收影响小；温度高时，苗木吸收的养分多。另外，夏季大雨后，土壤中硝态氮大量淋失，这时追施速效氮肥，肥效比雨前好；根外追肥宜选在清晨或傍晚进行，雨前或雨天根外追肥无效。

5.2.3.2 施肥量

肥料的施用量应以园林苗木在不同时期从土壤中吸收所需肥料的状况为基础，通常确定施肥量的方法有下列两种。

① 计算理论施肥量。确定施肥量前，测定苗木各器官每年对土壤中主要营养元素的吸收量、土壤中的可供量及肥料的利用率，再计算其施肥量，可用下列公式计算：

施肥量=（苗木吸收肥料的元素量－土壤可供应的元素量）÷肥料元素的利用率

② 根据经验确定施肥量。一般可按苗木每厘米胸径施180～1400g化肥使用，这一用量对任何大苗不会造成伤害。如果施用后效果不佳，可以在一两年内重新追肥。普遍使用的最安全用量处于以上用量之间，即每厘米胸径施350～700g完全肥料。胸径不大于15cm的树木，施肥量应该减半。另外，有些苗木对化肥比较敏感，施用量也应酌情减少。此外还应根据配方的标准、树冠大小和土壤类型，对施肥量加以调整。

5.2.3.3　施肥期的选择

施肥的时间应掌握在苗木最需要的时候，以使有限的肥料能被苗木充分利用。具体施用的时间应视苗木生长的情况和季节而定。在生产上根据施肥时期将肥料分为基肥和追肥。基肥施用要早，追肥要巧。由于苗木的生长期长，苗圃生产中很重要的一条经验就是施足基肥，以保证在整个生长期间苗木能获得充足的矿质养料。秋施基肥，有机质腐烂分解的时间较充分，可提高矿质化程度，第二年春可及时供给苗木吸收和利用，促进根系生长；春施基肥，如果有机物没有充分分解，肥效发挥较慢，早春不能及时供给根系吸收，到生长后期肥效才发挥作用，往往会造成新梢的二次生长，对苗木生长发育不利。一般认为，苗圃追氮肥的时间最迟不能超过8月。个别树种在南方可推迟至9月，北方为了苗木越冬，施肥时间不可太晚。

5.2.3.4　施肥方法

施肥从大方向上可以分为土壤施肥和根外施肥两种。有机肥和多数无机肥（化肥）用土壤施肥的方式。土壤施肥应施入土表层以下，这样有利于根系的吸收，也可以减少肥料的损失。有些化肥是易挥发性的，如不埋入土中损失很大，如碳酸氢铵，撒在地表，一天损失很多，土壤越干旱损失越大。土壤施肥可采用下列几种方法。

（1）环状（轮状）施肥

环状沟应开于树冠外缘投影下，施肥量大时沟可挖宽挖深一些，施肥后及时覆土。适用于幼树和初结果树，太密植的树不宜用。其优点是断根较少。

（2）放射沟（辐射状）施肥

树冠下向外开沟，里面一端起自树冠外缘投影下稍内，外面一端延伸至树冠外缘投影以外。沟的条数为4～8条，宽与深由肥料多少而定，施肥后覆土。这种施肥方法伤根少，能促进根系吸收，适用于成年树，太密植的树也不宜用。第二年施肥时，沟的位置应错开。

（3）地表施肥

生长在裸露土壤上的小树，可以撒施，但必须同时松土或浇水，使肥料进入土层才能获得比较满意的效果。因为肥料中的许多元素，特别是磷和钾不容易在土壤中移动而保留在施用的地方，会诱使苗木根系向地表伸展，从而降低了苗木的抗性。要特别注意的是不要在距树干30cm范围以内施化肥，会造成根颈和干基的损伤。

5.3　各类大苗培育技术

5.3.1　乔木大苗培育

5.3.1.1　落叶乔木大苗培育技术

落叶乔木大苗培育的规格为：有高大通直的主干，干高2.0～3.5m；胸茎5～15cm；具有完整、紧凑、匀称的树冠；具有强大的根系。

　　常见的落叶乔木有杨树、柳树、榆树、国槐、香椿、栾树、法桐、白蜡、泡桐、核桃、杜仲、三角枫、白玉兰、合欢、银杏、水杉、落叶松、枫杨、椴树等，参见图5-3。对于乔木来说，无论是扦插苗还是播种苗，第一年生长的高度（抚育正常，肥、水、间苗等管理正常）一般可达1.5m左右。第二年以后采取两种方法，其中的一种是留床养护1年，因苗木未移植，没有受到损伤，生长很快，再加强肥、水等管理，留床生长1年的苗木，一般可长到2.5m左右；第三年以60cm×120cm株行距移植；第四年不动；第五年将株距扩大，每隔一株移出一株，行距不变，株行距变成120cm×120cm，加强抚育管理，速长1年；第六年或第七年即可长成大苗出圃。另一种是将一年生苗移植，株行距为60cm×60cm，尽量多保留地上部枝干，加强肥水管理，促进根系生长，这一年重点是养根；第三年于地面平茬剪截，只留一芽，当年可长到2.5m以上，具有通直树干的苗木；第四年不动；第五年隔行去行，隔株去株，变成120cm×120cm株行距；第六年速长1年；第七或第八年即可长成大苗。移植出的苗木还以120cm×120cm定植，第五年或第六年速长2年；第七年或第八年也可长成大苗出圃。

图5-3　常见落叶乔木

落叶树种中的银杏、枣树、水杉、落叶松等乔木，在培育过程中干性比较强，又不易弯曲，但是生长速度较慢，每向上长一节非常不容易，不能采用先养根后养干的培育方法，而只能采用逐年养干的方法。逐年养干必须注意保护好主梢的绝对生长优势，当侧梢太强，超过主梢，与主梢发生竞争时，要抑制侧梢的生长，可以采用摘心、拉枝等办法来进行抑制，同时也要防止病、虫和人为等损坏主梢。在培育期间，树干2m以下的萌芽要全部清除，每年都要加强肥水管理和病虫害的防治，否则没有效果。

落叶乔木大苗培育的株行距是上述众多树种的平均值，具体某一树种最适合的移植株行距，还应当根据该树种的生长速度而定，快长树可适当加大，慢长树可适当减小。

5.3.1.2 常绿乔木大苗培育技术

常绿乔木大苗培育的规格要求为：具有该树种本来的冠形特征，如尖塔形、胖塔形、圆头形等。树高3～6m，若有枝下高应为2m以上，方便树下行人通过。不缺分枝，冠形匀称。

（1）轮生枝明显的常绿乔木大苗培育技术

此类树种主要有油松、华山松、白皮松、黑松、云杉、辽东冷杉等。这类树种大都具有明显的主干和中心主梢，主梢每年向上长一节，同时分生一轮分枝，幼苗期生长速度慢，每节只有几厘米、十几厘米。随着苗龄渐大，生长速度逐渐加快，每年每节达40～50cm。培育一株高3～6m的大苗需15～20年时间，甚至更长。这类树种具有明显的主梢，一旦遭到损坏，整株苗将失去培育价值，因此要特别注意在培养过程中保护主梢。

一般一年生播种苗留床保养1年；第三年苗高15～20cm时开始移植，株行距定为50cm×50cm；从第四至第六年速长3年不移植，第六年时苗的高度为50～80cm；第七年株行距已减小，以1.2m×1.2m株行距进行移植；第八至第十年又速长3年，这时的苗木高度达1.5～2m；第十一年以3m×4m株行距进行第三次移植；第十二至第十五年速长4年不移植，这时的苗木高度可达3.5～4m。注意从第十一年开始，每年从树干基部剪除一轮分枝，以促进高生长。

（2）轮生枝不明显的常绿乔木大苗培育技术

主要树种有侧柏、龙柏、铅笔柏、杜松、雪松等。这些树种幼苗期的生长速度比轮生枝明显的常绿树种稍快，因此在培育大苗时有所不同。一年生播种苗或扦插苗可留床保养1年；第三年苗高为20cm左右时移植，株行距可定为60cm×60cm；第四至第五年速长2年，第五年时苗高1.5～2m；第六年进行第二次移植，生长速度较快的常绿树种可3年进行一次移植，株行距定为1.3m×1.5m；第七至第八年速长2年，苗木长成高度达3.5～4m的大苗。在培育的过程中要注意剪除与主干竞争的枝梢或摘去竞争枝的生长点，培育单干苗。同时还要加强肥水管理，防治病虫草害。

5.3.1.3 落叶垂枝类大苗培育技术

这类大苗的规格要求为：具有圆满匀称的馒头形树冠，主干胸径为5～10cm，树干通直并有发达的根系。这类树种主要有龙爪槐、垂枝榆、垂枝碧桃等（图5-4），而且都是高接繁殖的苗木，枝条全部下垂。

（1）高接繁殖苗木

这些树种都是原树种的变种，如龙爪槐是国槐的变种，垂枝榆是榆树的变种，垂枝碧桃是碧桃类的变种。要繁殖这些苗木，首先是繁殖嫁接的砧木，就是原树种。原树种都是采用播种繁殖，一至三年生的幼苗不能嫁接，因为砧木的粗度不够，操作困难，成活率低，即使嫁接成活了，由于砧木较弱，接穗生长慢，树冠成形也慢。具体生产时一般先把砧木培育

龙爪槐

垂枝榆

垂枝碧桃

图5-4　落叶垂枝类苗木

到一定粗度，然后才开始嫁接。接口直径要达到3cm以上，这样操作起来比较容易，嫁接成活率高。由于砧木较粗，所以接穗生长势很强，生长快，树冠成形也快。嫁接高度有2.2m、2.5m、2.8m不等，还有采用低接（在80cm或100cm处），嫁接后供盆栽观赏。嫁接的方法有插皮接和劈接，其中以插皮接操作方便快捷，成活率高。对培养多层冠形可采用腹接和插皮接。

（2）嫁接成活养冠

要培养圆满匀称的树冠，必须对所有下垂枝进行修剪整形。垂枝类一般夏剪很少，夏剪培养的冠枝往往过于细弱，不能形成牢固的树冠。生长季主要是积累养分阶段，培养树冠主要是进行冬季修剪。枝条的修剪方法是在接口位置画一平行于地面的平行线，沿平行线剪截各枝条；或向上向下略有错动，几乎剪掉枝条的90%，均采用重短截法。剪口芽要选留向外生长的芽，以便芽生出后向外生长，逐步扩大树冠。冠内小于1.5cm直径的细弱枝条全部剪掉，枝条都要呈向外放射状生长，交叉比较严重的枝条也要从基部去掉。经过2～3年培育即可形成圆头形树冠。生长季应注意清除接口处和砧木树干上的萌条。

5.3.2 灌木大苗培育

5.3.2.1 落叶灌木大苗培育技术

（1）落叶主干灌木大苗培育技术

这类大苗培育的规格是：主干高度一般不高（60～80cm），定干部位直径为3～5cm；具有完整、紧凑、匀称的树冠；具有强大的根系。

落叶灌木常见的有桃、梨、苹果、樱桃、樱花、紫叶桃、紫叶李、杏、枣、石榴、海棠、梅等。这些树种有些是播种苗，有些是嫁接苗，也有扦插苗。无论是哪种苗，在第一年培育过程中，都可在苗长至80～100cm时摘心定干，留20cm整形带，促生分枝，增加干粗，整形带中多余的萌芽和整形带以下的萌芽全部清除；第二年可按50cm×60cm株行距定植，移植后注意除去多余萌芽并加强肥水管理；第三年让其速长1年；第四年可隔行去行，隔株移出一株，变成100cm×120cm株行距。移出的苗木也以同样的株行距定植，再培养1～2年即可养成定干粗3～5cm的大苗。

这类大苗树冠冠形常有两种：一种是开心形树冠，定干后只留整形带内向外生长的3～4个主枝，交错选留，与主干呈60°～70°开心角。各主枝长至50cm时摘心促生分枝，培养二级主枝，即培养成开心形树形。另一种是疏散分层形树冠，有中央主干，主枝分层分布在中央主干上，一般一层主枝3～4个，二层主枝2～3个，三层主枝1～2个。层与层之间主枝错落着生，夹角角度相同，层间距80～100cm。层间辅养枝要保持弱或中庸生长势，不能影响主枝生长，多余辅养枝全部清除。

（2）落叶丛生灌木大苗培育技术

这类大苗的规格要求为每丛3～7枝，每枝粗1.5cm以上，具有丰满匀称的灌木丛和须根系。主要植物有丁香、连翘、紫珠、紫荆、贴梗海棠、锦带花、蔷薇、木槿、金银木、紫薇、迎春、探春、珍珠梅、玫瑰、太平花、杜鹃、蜡梅、牡丹及竹类等，参见图5-5举例图示。这些树种大都是以播种、扦插、分株、压条等方法进行繁殖。一年生苗大小不均匀，特别是分株繁殖的苗木差异更大，在定植时注意分级。播种和扦插苗一般第二年应留床保养1年，第三年以60cm×60cm株行距定植，培育1～2年即成大苗。分株苗直接以60cm×60cm株行距移植，直至出圃。

在培育过程中，注意每丛所留主枝数量，不可留得太多，否则易造成主枝过细，达不到应有的粗度，多余的丛生枝从基部全部清除。丛生灌木不能太高，一般1.2～1.5m即可。

丛生灌木如果在一定的栽培管理和整形修剪措施下培养成单干苗，其观赏价值和经济价值都会大大提高，如单木槿、连翘、金银木、干紫薇、丁香、太平花等。培育的方法另选健壮、直立的枝作为主干，若有的主枝易弯曲下垂，可立支柱培育，将枝干绑在支柱上，将其基部萌生的芽或其他枝条全部剪掉。培养单干苗要在整个生长季经常剪除萌生的芽或多余枝条，以便集中养分供给单干或单枝生长发育。

5.3.2.2 常绿灌木大苗培育技术

常绿灌木类树种很多，主要有大叶黄杨、小叶黄杨、冬青、火棘、女贞、千头柏、花柏、侧柏、龙柏、沙地柏、铺地柏等。这类树种的大苗规格为：株高1.5m以下，冠径50～100cm，具有一定造型、冠型或冠丛，主要用作绿篱、孤植、造型，以扦插和播种繁殖为主。一年生苗高为10cm左右；第二年即可移植，株行距为30cm×50cm；第三至第四年速长两年不移植，此时苗高和冠径可达25cm左右，这期间要注意短截促生多分枝，一般每年要修剪

图 5-5 落叶丛生灌木举例

3 ～ 5 次，生长快的树种南方可修剪 5 次，北方可修剪 3 次；第五年以 100cm×100cm 株行距进行第二次移植；第六至第七年养冠两年或造型，注意生长季剪截冠枝，增加分枝数量，这时株高和冠径均可在 60cm 以上，即可出圃。

5.3.3 攀缘植物大苗培育

攀缘植物有紫藤、常春藤、蔷薇、地锦、凌霄（图 5-6）、葡萄、猕猴桃、铁线莲等。这类树种的大苗要求规格是：地径大于 1.5cm，有强大的须根系。

培育的方法是先做立架，按 80cm 行距立水泥柱，深栽 60cm，上露 150cm，桩距 300cm，桩之间横拉 3 道铁丝连接各水泥桩，每行两端用粗铁丝斜拉固定，把一年生苗栽于立架之下，株距 15 ～ 20cm。当爬蔓能上架时，全部上架，随枝蔓生长再一层一层向上放，直至第三层为止，培养 3 年即成大苗。利用建筑物四周或围墙栽植小苗来培养大苗，既节省架材，又不占地方。现有许多苗圃是利用平床来养大苗的，由于枝蔓顺地表爬生，节间易生根，苗木根基增粗很慢，需用很长时间才能养成大苗。

图5-6 凌霄

复习思考题

1.简述苗木移植的作用及移植成活的基本原理。

2.苗木移植的时间和密度如何确定?

3.苗木移植常用的起苗方法有哪些?

4.园林苗圃的灌溉可采取哪些灌水方法?

5.简要说明各类乔木大苗的培育技术。

现代化育苗技术

随着科学技术的不断发展，国内外园林苗木生产及销售市场规模不断扩大，等级不断提高，园林苗木生产技术水平也不断提高，现代化育苗技术已经成为衡量当今苗木生产技术水平的标志。现代化育苗技术主要表现在以下几个方面。

（1）高效、快速、省力地育成壮苗

现代化的育苗技术及设施，可自动调节苗木的生长发育环境条件，有效地保证和控制植物的温度、光照、通风、水肥等条件，使苗木能在适宜的条件下生长，因而显著提高育苗效果。应用流水线机械操作，大大降低劳动力成本，提高工作效率。如在容器育苗上，每小时可制成基质1万～3万块，同时还可将小苗移到基质中，可省去起苗、假植等作业。另外组织培养所应用试管苗，能使繁殖系数大大提高。

（2）自动化、专业化、规范化生产苗木

随着园林生产技术要求的不断提高，合作销售体系逐步健全，育苗技术的分工越来越细。在较发达的欧美国家，育苗分工已非常明确，专业化是这种行业的必然产物，种苗生产已成为一个独立的行业。工厂化育苗生产的各个阶段都是系统地进行的，各个环节已成为专业生产中有机配套的工艺流程。如温室中控制系统可由电脑软件自动操作，加上自动播种机、发芽室的雾控器、自走式浇水机、自动喷雾系统等的应用，能根据生产要求，提供不同季节、不同栽培方式所需要的不同种类、苗龄的幼苗。

（3）使原来难以繁殖的材料在控制条件下繁殖成功

因人为控制环境，提供了生长发育所需要的最佳条件，使少量在常规下难以成苗的珍贵材料能高速率地大量繁殖，而且这种育苗不需占用肥力较好的土地。

（4）缩短育苗周期，提高苗木质量

以容器育苗为例，一般实生木本苗木，需8～12个月才能出圃，而容器育苗，因苗木生长在配比合理的基质和良好的人为控制环境条件下，苗木生长速率提高，大大缩短了育苗时间，只需3～4个月就能出圃，而且成品质量也有较大提高。

（5）绿化栽培成活率高，加快和提高绿化效果

如容器苗、穴盘苗为全根、全苗，所以绿化栽培成活率很高，一般成活率都在90%以上。尤其是立地条件差的地区效果更好。

但也不可否认，现代化育苗无论是从技术含量、资金投入、人员素质、设备等级，还是从管理水平等方面都比传统的育苗生产模式要求高，因此，现代化育苗技术在经济发达地区、园林绿化水平较高的城市采用较为合适。

6.1 组培育苗技术

6.1.1 植物组织培养的概念和特点

6.1.1.1 植物组织培养的概念

植物组织培养是指在无菌和在人工控制的环境条件下，将植物的离体器官（根、茎、叶、花、果实、种子等）、组织（花药、胚珠、形成层、皮层、胚乳等）、细胞（体细胞、生殖细胞等）以及原生质体，培养在适当的培养基上，使其生长、分化并再生为完整植株的过程。

目前可以人工培养的植物材料包括植物的完整植株、器官、组织、胚胎、细胞以及除去细胞壁的原生质体。根据外植体的来源不同，植物组织培养可分为植株培养、器官培养、胚胎培养、组织培养、细胞培养和原生质体培养。

6.1.1.2 组织培养的特点

植物组织培养是在人工控制的环境条件下进行的，与在自然条件下生长的植物相比，主要具有以下优点：

① 培养条件可以人为控制，不受自然界季节和气候变化的影响，可以周年进行生产。

② 组培苗生长周期短，繁殖速度快。

③ 管理方便，利于实现工厂化生产。

④ 繁殖材料需要量小，且来源广泛。

当然，组织培养育苗也存在一些缺点，主要表现为：

① 操作技术繁杂，对操作人员素质要求较高。

② 对培养条件要求较高。

③ 试验阶段的成本较高。

6.1.2 植物组织培养的应用

（1）无性系繁殖育苗方面

无性系繁殖是植物组织培养应用的主要方面之一。利用茎尖组织进行组培育苗，可在短期之内繁殖大量幼苗，且得到的组培苗无性系比传统无性系的性状更加整齐一致，有利于对营造的人工林进行管理。

（2）植株脱病毒方面

林木经多代无性繁殖后，体内会逐渐累积病原体（如病毒等），严重时导致病害的发生。即使一些暂时不能表现出病害的阴性病原体，也会引起林木种性退化，生长量降低。但在植物生活力最旺盛的部分，如种胚、茎尖顶端分生组织中，一般不存在或很少存在病毒等病原微生物。通过茎尖顶端分生组织进行培养，脱除植物病原微生物，可恢复植物原有的种性，生长旺盛，产量显著增加，并可增强其在国际上的竞争力。

（3）种质资源保存方面

对于无性繁殖的植物，用组织培养的方法，可保存愈伤组织、胚状体、茎尖等组织，能节省大量人力物力。

（4）工厂化育苗方面

组培育苗技术的特点决定了其有利于进行工厂化育苗。组培育苗的繁殖数量大，集约化培养可以在$1m^2$的培养面积上每年生产数以万计的株苗，增殖的速度可达几万倍、几十万倍甚至上百万倍；可以在一个可控制的范围内进行大量繁殖，不受季节和环境条件的限制和影响；可以扩大规模，降低成本。

（5）植物育种方面

主要包括胚培养、单倍体育种和体细胞无性系变异及突变体筛选等方面的应用。

6.1.3　组织育苗培养基的配制

6.1.3.1　培养基的组成

植物组织培养所用的培养基，主要包括无机盐、有机化合物和生长调节剂三大基本成分。

根据植物对必需元素所需要的量，无机成分可分为大量元素和微量元素。大量元素包括碳、氢、氧、氮、磷、钾、钠、钙、镁和硫，其使用量一般在每升几十毫克至几千毫克。微量元素包括铁、铜、锌、硼、钼、锰和钴等，其需要量很小，稍多即可能对植物产生危害，但其缺少时植物不能完成正常的生理功能。不同植物对无机盐的需要量可能不同，但所需无机盐的类型基本是一致的。

为使植物更好地生长，或为满足不同的培养需要，培养基中还需添加有机化合物。常用的有机化合物包括糖类、维生素、醇类、嘌呤和氨基酸等。糖类是离体培养中培养物生长和发育不可缺少的有机成分，常用的有蔗糖、葡萄糖、麦芽糖、果糖、甘露醇等。培养基中的糖，既可作为碳源，又可维持一定的渗透压。维生素直接参与酶的形成，还参与植物蛋白质、脂肪的代谢等重要生命活动。常用的维生素有硫胺素（VB_1）、吡哆醇（VB_6）、烟酸（V_{pp}）、生物素、叶酸、维生素C等。氨基酸是蛋白质的组成成分，常用的氨基酸有甘氨酸以及多种氨基酸的混合物，如水解乳蛋白、水解酪蛋白等。

植物组织培养获得成功，在一定程度上依赖于培养基的选择。不同培养基所含无机盐的量不同，其组成成分有所差异。植物组织培养常用培养基有MS、B_5、N_6等。

6.1.3.2　培养基的配制

培养基是组织培养的重要基质，选择合适的培养基是组织培养成败的关键。培养基的种类多样，其中MS培养基最为常用，以下为MS培养基的配制过程。

（1）母液的配制

培养基配方中各种成分的用量从每升几毫克到几千毫克不等，为了便于配制培养基，通常将培养基的不同成分先配制成高浓度的母液。无机盐按大量元素、微量元素和铁盐3部分分别配制。一般将大量元素配制成20倍母液，微量元素、铁盐和有机成分配制成200倍母液。激素的使用浓度很低，一般分别配制成$0.1 \sim 1mg/mL$浓度的溶液，激素配制见表6-1。配好的母液贮存于$2 \sim 4℃$的冰箱中备用。

（2）培养基的配制及分装

配制培养基时根据母液的倍数量取所需的量（表6-2）。按照各种母液顺序和规定量，用移液管或量筒取母液，放在烧杯中。称取蔗糖（30g/L）、琼脂（7.5g/L），倒入约占配制培养基总量1/2以上的蒸馏水中，加热溶解，然后边搅拌边加入各种母液混合，最后定容，用1mol/L的NaOH或HCl溶液调节pH值至$5.8 \sim 6.0$。混合均匀后，趁热将配制好的培养基分装入培养容器中，封口。

表6-1　激素的配制

种　类	方　法
萘乙酸（NAA）	先用少量95%乙醇溶解，再加蒸馏水定容，也可溶于热水
吲哚-3-乙酸（IAA）	先用少量95%乙醇溶解，再加蒸馏水定容
2，4-二氯苯氧乙酸（2，4-D）	先用少量1mol/L的NaOH溶液溶解，然后加蒸馏水定容
苄基腺嘌呤（BA），呋喃甲基腺嘌呤（KT）	先用少量1mol/L的HCl溶液溶解，然后加蒸馏水定容
赤霉素（GA$_3$）	水溶液稳定性较差，用95%乙醇配制

表6-2　MS培养基的配制

成　分	1L培养基用量/mL	成　分	1L培养基用量/mL
大量元素（20×）	50	铁盐（200×）	5
微量元素（200×）	5	有机成分（200×）	5

（3）培养基的灭菌

培养基配制分装后，应及时灭菌。将配好的培养基放入高压灭菌锅，加盖，关闭放气阀，通电，待压力上升即将到达0.5MPa时，打开放气阀，放出空气，压力表归零后，再关闭放气阀。达到保压时间后，切断电源，在压力降至0.5MPa时，缓慢放气，等压力降到零后，开盖，等湿热蒸汽散去后取出培养基，冷凝待用。

如培养基中需加入不耐热的物质如抗生素，这些成分不能用高压灭菌，必须进行过滤灭菌。

（4）配制培养基的注意事项

① 按序配制，避免沉淀。在配制培养基母液或者培养基时，各种成分要严格按照添加方式和添加顺序加入，以免培养基产生沉淀现象。

a.配制大量元素母液时，各种无机盐单独溶解后，必须按照硝酸钾、硝酸铵、硫酸镁、磷酸二氢钾和氯化钙的次序混合定容，因为氯化钙与磷酸二氢钾、硫酸镁极易形成磷酸三钙、硫酸钙之类不溶于水的沉淀。

b.配制微量元素母液时，应按硫酸锰、硫酸锌、硫酸铜、硼酸、钼酸钠、碘化钾和氯化钴的顺序混合定容。

c.配制铁盐时，分别溶解FeSO$_4$·7H$_2$O和Na$_2$EDTA·2H$_2$O在适当体积的蒸馏水中，适当加热并不停搅拌，待完全溶解后将二者混合在一起，调整pH值至5.5，最后定容到所需体积。

② 按方配制，避免错误。配制培养基母液时，应当按照培养基配方清单逐一添加成分，以免出现错误。此时如发生错误，将会导致以后用此母液配制的所有培养基都出现问题而不能及时发现。

③ 保存。配好的铁盐应装入棕色瓶。铁盐和有机化合物应放入冰箱保存。

④ 注意pH值变化。培养基的pH值会显著影响培养物的生长状态，因此要注意培养基在经过高压蒸汽灭菌后pH值会降低0.2～0.5个单位。

⑤ 器皿清洗干净。新的玻璃器皿在第一次使用之前应当彻底清洗干净。

⑥ 螺口瓶的处理。如果培养基是盛放在带螺口的瓶子中，在对瓶子进行高压灭菌之前要稍松动螺口，以免瓶子在灭菌过程中发生爆炸，或者是培养基冷却后很难打开瓶盖。

⑦ 灭菌。要添加的过滤灭菌成分，应当在经过高压灭菌的培养基温度降到凝固温度之

上的10℃左右时加入，添加后充分混匀，尽快分装。

⑧ 及时使用。灭菌后的培养基一般在2周内使用，贮存时间过长会造成潜在的污染。

6.1.4　组培育苗技术

6.1.4.1　外植体消毒和初代培养

（1）外植体消毒

取植物材料中需要的部位，即外植体，将外植体置于流水下冲洗，必要时先在洗衣液中浸泡清洗，再置于流水下冲洗数小时。冲洗干净后，对外植体进行表面灭菌，可用70%的酒精浸润外植体20～60min。接着是灭菌剂消毒，一般多采用升汞，也可用漂白粉、次氯酸钠等。消毒灭菌后，用无菌水浸洗数次。

外植体一般先用自来水冲洗5～10min，再用浓洗衣液浸泡15min，然后用清水冲洗干净。将茎段置于70%的酒精中浸润45s左右，再置于适宜的消毒剂中浸泡一定时间，用无菌水冲洗5～6次，置于无菌滤纸上吸干表面水分。

（2）初代培养

① 超净工作台灭菌。开始无菌操作前半小时，打开超净工作台上的紫外灯，照射20min后，关闭紫外灯，使超净工作台正常送风，10min左右后，即可开始无菌操作。

② 双手及接种器械灭菌。进行无菌操作前，先用肥皂洗涤双手，穿好工作服。用70%～75%的酒精擦拭台面并消毒双手。所有接种器械用75%酒精浸泡，在酒精灯上灼烧灭菌。

③ 接种。切去外植体两端各0.5cm左右长度，将外植体接种到初代培养基上。在培养容器上标明培养基代号和接种日期。

④ 初代培养。接种完成后，尽快将接种材料置于适当的培养条件下进行培养，并定期进行观察记录。

（3）外植体消毒和初代培养注意事项

① 表面消毒剂对植物组织是有害的，应正确选择消毒剂的浓度和处理时间，以减少组织的死亡。

② 消毒剂最好在使用前临时配制，升汞可在短时间内贮用。

③ 灭菌后的材料应立即接种，以免造成二次污染。

④ 紫外线对人体有危害，在工作台灭菌时，不能将皮肤暴露于紫外灯下，不可直接用眼睛看紫外光。超净工作台上的紫外灯关闭后不要立即走近工作台，以免臭氧伤害呼吸道和眼睛。

6.1.4.2　继代培养

（1）配制继代培养基

继代培养基可与原培养基相同，也可根据需要设计新的培养基。

（2）继代培养

按照无菌操作过程，先对工作台进行灭菌。进行无菌操作时，用镊子从培养容器中取出无菌苗，置于无菌滤纸上，用镊子切去无菌苗底部一小段，再将无菌苗接入继代培养基中。

（3）培养室培养

将材料置于培养室中进行培养。

6.1.4.3　生根培养

当无菌苗植株健壮，高度达到2～3cm时，即可进行生根培养。

（1）配制生根培养基

在1/2MS或1/4MS培养基中，添加浓度比例较高的生长素和细胞分裂素。

（2）生根培养

其操作与继代培养操作相似。工作台灭菌后，用镊子将无菌苗从培养容器中取出，置于无菌滤纸上，切去底部与培养基接触过的部位，再将无菌苗接入生根培养基中。

（3）培养室培养

将材料置于适宜的培养条件下进行培养。

6.1.4.4 炼苗与移栽

（1）炼苗

炼苗的主要措施是，移栽前将试管苗置于室温环境下，增加光照强度（一般要求为4000～6000lx），闭瓶放置3d后，打开瓶盖通风、透气，炼苗10d左右，使之逐步适应后，再移栽。也可以将生根瓶移入温室内培养，然后打开瓶盖通风、透气，炼苗2～3d，使苗逐步适应后再移栽。

（2）移栽

① 移栽基质。移栽试管苗的基质应疏松、通气且有良好的排水性能。可用蛭石：河沙（1：1）或者珍珠岩：河沙（1：1），也可用蛭石：草炭（1：1）。移栽后每株苗子浇灌15mL左右的1/2MS培养液。

② 移栽。从培养基中取出发根的小苗，用自来水洗掉根部黏着的培养基，要全部除去，以防残留培养基滋生杂菌。但要轻轻除去，避免造成伤根。栽植时用一个筷子粗的竹签在基质中插一小孔，然后将小苗插入，注意幼苗较嫩，防止弄伤，栽后把苗周围基质压实，栽前基质要浇透水，栽后轻浇薄水。

（3）移栽后管理

试管苗移栽后，根系有一个恢复阶段，移栽后要注意保温、保湿。试管苗移栽对温度有比较严格的要求，温度过低根系不生长，而高于30℃时，根易褐化，地上部分易得茎腐病。空气湿度应保持在90%以上。刚刚移栽的试管苗在1～5d内以散射光为最好，当试管苗挺立展叶后，可逐渐加强通风、透光。

另外，每隔两天需要进行叶面施肥和用杀菌剂灭菌消毒，叶面施肥可采用1/10的MS培养液；杀菌剂可用多菌灵等。

（4）练苗移栽的注意事项

① 将幼苗从培养基中取出，一定要严格洗净附着在根上的培养基，否则会烂根。

② 基质使用前最好消毒，可高压灭菌或烘烤灭菌。

6.2 容器育苗技术

6.2.1 容器育苗的概念和特点

在装有营养土的容器里培育苗木的方法称为容器育苗，适用于裸根苗栽植不易成活的地区和树种，也适用于珍稀树种育苗。用这种方法培育的苗木称为容器苗。

6.2.1.1 容器育苗的意义

使用容器进行育苗，由于苗木根系是在容器内形成，可保持原状栽植，根系保持完整无损的自然状态，所以成活率较高。在自然条件比较恶劣的地区或在栽植较难成活的树种时，使用容器育苗更有特殊意义。

6.2.1.2　容器育苗的优点

容器育苗是蔬菜、花卉及园林苗圃业的一项先进育苗技术，是发达国家园林苗圃的主要育苗方式。在国外，大规模、商品化的容器育苗的观念、生产方式和生产技术相当完善。在我国，有很多园艺企业，如维生种苗、浙江森禾、虹越等公司主要以工厂化容器育苗为主，而且生产方式较为先进。但现在，我国大多数苗圃企业还是以田间裸根苗育苗为主，容器育苗只是田间裸根苗的一种补充形式，而且容器育苗技术落后，还没有形成机械化和自动化。

（1）可以工厂化生产

从育苗基质装盆、播种、覆盖、施肥、浇水、种子萌发到幼苗水肥管理的全过程，可通过机械化、工厂化生产，提高了育苗生产效率。由于环境条件（肥水、温度、湿度）等可以统一控制，幼苗生长一致。容器苗有利于产品的标准化管理，苗木的质量品质有保障，有利于精品、高等级苗木的生产培育。

（2）移栽成活率高

由于容器苗都带有根球，根系完整，移栽后幼苗可直接吸收水分和营养，不缓苗，不改变根部的环境，使用容器苗移栽后的成活率高，是容器育苗的突出特点。应用容器苗，比一般常规的裸根苗移栽的成活率有明显提高。

（3）幼树生长快、质量好

使用容器育苗田间栽植或容器苗木的培育，栽植后的幼苗生长快、质量好。培育的容器苗比裸根苗木有很多优点，如在栽植期间起苗、运输及栽植等作业环节不伤害幼苗的根，不丢失根部的水分、肥料和基质。因此，栽植后的幼苗不经过缓苗，还能继续保持较快生长速度。并增强了幼苗抵御病、虫危害和其它不良影响的能力。

（4）幼苗移栽效率提高、成本降低

使用容器苗造林，不仅成活率高，幼树生长快、质量好，而且栽植的效率提高，苗木栽植后，管理相对容易，可以降低移栽后苗木的管理成本。

（5）一年四季都可移栽，加快了生产进度

通常培育的裸根苗栽植，只能在春、秋两季进行，如果在夏季移栽就要增加管理成本，而且成活率降低，损失加大。而使用容器苗移栽，只要苗木适宜，一年四季都可栽植。

6.2.1.3　容器育苗存在的问题

由于容器育苗工作开始还不久，有关制作容器的材料、形状和规格尚未定型；营养土的配制、施肥、病虫害防治等栽培技术方面，还有许多问题要进一步研究解决，栽植的效果也有待今后验证。在现阶段存在的主要问题如下。

（1）需要大量优质的土壤配制营养土

用直径8cm的泥炭容器，每立方米营养土仅能装填3300～3400个容器，按每年栽植20hm^2，每公顷栽植3000株计算，每年即需用土180m^3。

（2）育苗技术比较复杂

容器育苗是高度集约的工作，而目前使用的容器大多是小型的，要在局限的土壤内培育出生命力旺盛的苗木，技术上要求高。例如容器是与地面隔离的，不可能利用地中水分，需经常进行人工灌溉，以免容器苗缺水死亡，但灌水的程度需适当，灌水这个环节对育苗起着决定性的作用。

（3）育苗的成本高

各容器育苗中，泥炭容器育苗成本更高，其成本比普通容器育苗高出60%左右。

（4）苗木运输费用较高

容器苗的质量和体积增加，使得运输费用大幅度增加，一般要高出非容器苗2倍左右。同时，容器苗的短途搬运，都是依靠人力完成，劳动强度较大。

6.2.2　园林植物的容器育苗技术

6.2.2.1　容器育苗的容器和基质的选择

培育容器苗的关键技术主要包括：容器和基质的选择、容器育苗的主要方式、容器苗出苗后的管理。

（1）育苗容器

用于容器育苗生产的容器种类很多，大体上可分为塑料容器（塑料育苗盘、硬塑料杯）、泥炭容器（营养砖、营养体）、纸质容器三大类。容器按其化学性质可分为能自行分解腐烂和不能自行分解两类。聚酯类塑料容器和泥炭容器、纸质容器可以分解。聚乙烯和聚苯乙烯所生产的容器不能被微生物分解，但容器可多次使用。育苗容器的规格很多，适合机械化育苗使用的容器主要是育苗盘（图6-1）。

图6-1　不同类型的育苗盘

（2）育苗基质

容器育苗的基质，是为幼苗生长提供营养及水分的场所，也为幼苗提供立地环境，是关系容器苗质量的关键部分。发达国家育苗基质主要栽培基质生产厂家提供，育苗基质主要由泥炭（图6-2）、珍珠岩、蛭石（图6-3）、沙等材料组成，并添加植物生长必需的营养元素，还可根据培育不同苗木种类提供相应的育苗基质。泥炭是配制播种基质最好的原料之一，现在有配制好、可直接利用的播种基质，如国外品牌的发发得，育苗效果就很好。我国现在已从加拿大、美国等国家进口了大量的育苗基质，这些基质质量好，能够满足幼苗的生长。然而，由于这些基质售价高，提高了幼苗的培育成本，一般企业难以承受。我国有大量的泥炭资源可供园林植物育苗利用，如东北和四川等地有大量的沼泽地分布，可以充分利用这一资源，其成本要比国外进口泥炭低得多。

图6-2　育苗用基质——泥炭

　　一般来说，容器栽培基质可分为育苗基质和大苗栽培基质，育苗基质要求很高，但无论哪一种基质都应具备以下特点：①通气透水性强；②疏松且富含有机质；③保湿性好；④质轻，便于运输。

图6-3　育苗用基质——蛭石

　　目前，应根据我国的资源条件，加大育苗和苗木栽培基质的研究，生产优质的育苗基质。我国大多数苗圃根据自身的条件，在基质的选择时所考虑的是能够提供苗木生长发育的养分并具有保湿、通气和透水等性能的基质材料，成本不能太高。辽宁省林业种苗管理站根据已有的条件，采用60%的山皮土（腐殖质土）、25%黄土、15%腐熟农家肥和适量的有机肥料做基质（或叫营养土），基质要搞好土壤消毒，效果较好。然而，这样的基质加大了容器的重量，土壤颗粒易于堵塞容器的排水孔，影响基质的通气透水性。

6.2.2.2　容器育苗关键技术

　　（1）育苗基质的消毒

　　① 基质熏蒸。国外多使用溴甲烷熏蒸基质，可杀死土壤中的病虫害，是一种较为理想的熏蒸剂，现在，国内已有用于温室熏蒸；福尔马林也是一种较好的熏蒸剂，国内主要用于育苗基质和扦插基质的熏蒸。熏蒸处理要注意以下事项。

　　a.密封，防止有毒气体泄漏。

　　b.处理时间。高温季节7～14天，冬季要适当延长。

　　c.处理地要远离居住区，处理后打开密封，要经过1～2天气体挥发后才能使用。

②药剂处理。一般采用杀虫剂和杀菌剂混合拌基质，效果较为理想，但要特别注意农药浓度的选择，一般氧化乐果600～800倍液、地菌灵600倍液即可。

③其他处理。如水蒸气熏蒸、开水烫基质等方法也有一定的效果。

（2）装盆与播种

容器育苗的工厂化生产是提高容器育苗效率的有效手段，有现代化的播种设备（图6-4）和辅助设备。国外多采用基质装盆、播种、浇水施肥及覆盖基质流水作业（图6-5）。作者在日本第一园艺研究所看到，只需要一个技术工人就可以完成除育秧盘的摆放和拖运以外的基质装盆、播种、浇水施肥及覆盖基质流水作业全部工作。机械化、工厂化播种育苗，极大地提高了工作效率，保证了播种的质量。20世纪90年代，我国黑龙江垦区（牡丹经农垦管理局八五四农场水稻试验站）的水稻旱育稀植技术的水稻育苗采用的是机械压制营养土土钵（块），机械化播种、浇水、施肥和覆盖，还需要大量的人工，自动化程度不够。

图6-4　容器育苗播种设备

图6-5　容器育苗的工厂化流水作业

我国苗圃在容器育苗方面还没有达到完全的机械化和自动化，多数苗圃还是人工完成装盆、播种、覆土和浇水等工作。我国的容器育苗主要有以下两种方式。

①播种容器育苗。通过直接播种种子到容器杯内的基质上所培育起来的容器苗。播种容器育苗主要对种子进行严格筛选，保证种子的纯度和质量，掌握种子的催芽技术和播种时机等环节。

② 栽植幼苗的容器育苗。先培育幼苗，通过栽植幼苗到育苗容器内的基质上培育容器苗，是目前主要采用的容器育苗方法。栽植幼苗的容器育苗主要是注意幼苗的质量和栽植后的管理。

容器育苗幼苗生长健壮，整齐一致（图6-6，图6-7），移栽成活率高。

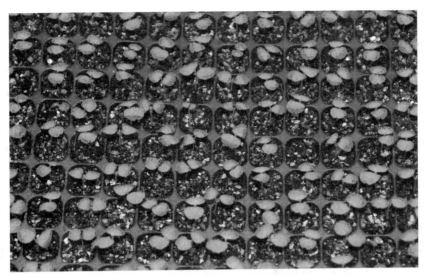

图6-6 容器中刚萌发出土的幼苗

图6-7 温室内容器育苗，生长健壮，整齐一致

（3）播种后的管理

播种后，主要进行水肥管理、温度和光照的控制。

① 浇水。容器苗灌溉的一个重要指标就是实现用水的一致性。通过合理喷灌，在保证育苗基质中的水分的同时，还要保证基质的通透性，尤其是在种子萌发前，水分过多，基质水分饱和，种子处于无氧呼吸状态，易于霉变。当种子萌发初期，幼苗吸水能力较弱时，一

定要保持基质的湿度，避免芽干。当幼苗根系深入基质，可以适当控制水分，促进根系发育。

在喷灌时，要制定合理的灌溉方案，即根据容器苗的需水时间和需水量适时适量地进行灌溉。具体而言，先要确定植物的需水量，然后以此为依据，将需水量相同或相近的容器苗置于同一个地区进行灌溉，从而实现水分的均匀分布，减少水分浪费，避免对植物产生伤害。

② 肥力管理。一般来说，种子萌动生根前不用施肥，当出苗后要适当施肥。主要是结合喷水进行施肥。近年来，国外对容器苗施肥种类和施肥方法进行了新的探索，也生产了多种适合容器育苗的可溶性肥料。在诱导顶芽形成期，对幼苗控制水分的供应，而照常叶面追肥，促进幼苗根系的发育，之后进行良好的水、肥供应，在起苗前增补肥料，可改善幼苗组织中营养物质的贮备，有效提高幼苗移栽后的成活率和生长势。

③ 采用光周期控制改善容器苗的质量。控制光周期对改善苗木质量具有重要作用。在加拿大，采用缩短日照长度调控苗高，诱导顶芽形成、休眠和提高越冬能力，已成为云杉育苗的常规技术。

（4）促进容器苗根系发育的技术

目前，国内外对容器苗根系缠绕般旋于容器中进行改进和调整。通过改变容器几何学形状和在圆筒形容器内壁增设垂直棱脊线（肋），把根系导向容器底部，以防止根系盘绕，设计出多种形状的容器。这类容器起到了一定的作用，同时又带来其他问题。通过空气修根，在容器壁上留出边缝，当苗木侧根根系长到边缝接触到空气时，根尖便停止生长，留下具有活力的根尖，同时又促进形成更多须根，并不会形成盘旋根，幼苗后根尖又可继续生长而形成发达的根系。在容器内壁涂上一层碳酸铜可以抑制幼苗根系的生长，使用NAA可促进容器苗侧根发生。

6.2.3 加速发展我国容器育苗的途径

虽然，我国容器育苗呈现明显上升的发展趋势，但就容器育苗的实际情况来看，我国的容器育苗技术、育苗的机械设备及栽培基质与肥料等还远达不到发达国家的水平。我国在高科技领域发展迅速，有些科技领域已经赶超发达国家。相对于高科技领域，园林苗圃的技术与设备相对要简单得多，我们应该在引进国外技术设备的同时，尽力去研发和推广具有自主知识产权的苗圃设备、肥料。作者在加拿大苗圃工作期间，认识到我们的技术和管理水平与发达国家相比，相差不大，关键是我们如何去利用，所以还需要做出更大的努力，加速我国苗圃业的发展。

（1）重视园林苗圃的现代化管理方式和新技术的运用

提高园林苗圃生产效率的关键是改进苗圃的生产管理方式。借鉴现代化工业企业的生产管理模式，包括生产运作管理的可持续发展、生产运作战略、生产运作及企业资源计划、质量管理体系的建立、现代企业组织生产的先进生产方式等，从根本上转变传统的管理观念，接受新生事物，接受新方法、新技术，提高容器育苗的生产效益。

（2）重视园林苗圃的机械化、工厂化生产

除极少数苗圃外，我国大多数苗圃企业采用的容器育苗仅仅是工厂化育苗的雏形，我们还要在机械化、自动化方面加大研究和推广力度，使容器育苗向着工厂化生产的方向发展。除装盆、播种、施肥、覆土流水作业机械设备外，还有现代化的温室（图6-8）及辅助设施设备、移苗设备（图6-9）等。

图6-8　现代化的温室

图6-9　移苗设备

（3）育苗容器、基质向轻体、可降解的方向发展

世界上许多国家都生产出了适合本国林业生产的容器。除育苗盘外，还有纸杯、苯乙烯块、多孔容器、泥炭杯等形式，有单体型、草炭联体型、纸质联体型容器。育苗基质应具有弱酸性、低肥性、质轻、体积不因干湿有明显的变化、可形成稳定根球的性能，保水、保肥，通透性好，又可以按育苗需要调整容重和孔隙度平衡。

随着环境保护和可持续发展的需要，在容器材料的选择和机制的选择上采用可降解的材料。还要根据不同树种、不同地区研究出较为科学的基质配方，并不断吸取高新技术和生物技术方面的科研成果，把应用吸水剂、生根粉和接种菌根菌等技术结合起来，实现工厂化的生产，降低成本，提高生产率，提高苗木质量。

6.2.4 容器苗出圃的标准

容器苗出圃时，必须有一定的标准，具体有以下几条。

① 容器苗已形成了良好的泥炭根聚体（根系团），同时要剪去伸出容器底部的过长的主侧根。

② 容器苗苗高和地径达到出圃标准，地上和地下部分干质量比例适当。

③ 幼苗整齐一致，生长健壮，幼苗茎部已经木质化，无病虫害及机械损伤。

④ 出圃前要灌足水分，包装时根团完好无损。

⑤ 出圃时，幼苗的生长期必须注明，一个生长期可视为一年。如果幼苗生长期少于一年，可按月来计算。根据国际规范：

1/0　指一年生苗。

2/0　指二年生苗。

1/1　指二年生苗，已移栽一年。

1/2　指三年生苗，已移栽二年。

2/2　指四年生苗，已移栽二年。

6.3　无土栽培育苗技术

6.3.1　无土栽培的概念和特点

6.3.1.1　无土栽培的概念

无土栽培也叫水培或营养液栽培，是指不利用土壤，将苗木栽培在营养液或基质中，由营养液代替土壤给苗木提供水分和营养物质，使苗木能够正常生长并完成整个生命周期的生产方式。无土栽培通过人工创造优良的根系环境条件，取代根系的土壤环境，最大限度地满足根系对水、肥、气等条件的要求，用于苗木生产时，产量高，品质好，能发挥生产的最大潜力。

6.3.1.2　无土栽培的特点

（1）苗木生长势强，产量高，效益好

无土栽培较好地解决了土壤栽培时很难协调的水、营养和空气的矛盾，营养液的pH值较容易掌握，因此苗木生长快、长势健壮、病虫害少、产量高。

（2）节约大量的水和肥

土壤种植时基质渗透和大气蒸发严重，苗木只能吸收其中少部分的水分，施入的肥料也只有50%～60%能被苗木吸收利用。无土栽培可根据苗木不同种类、不同生育期按需定量用肥，水肥融为一体，供苗木吸收利用。营养液一般是装在不易渗透的容器中，可避免土壤施肥时的肥水流失或被土壤微生物吸收等问题，损失极少，几乎所有的水、肥都能被苗木吸收和利用，这在水源不足的地方，效果尤为明显。

（3）苗木病虫害少，质量好

无土栽培采用营养液循环供液，经过严格消毒处理的营养液能最大限度地满足苗木生长发育所需的营养，促进苗木健壮生长。在无土栽培条件下，只要管理得当，病虫害不易滋生，因此可免除农药污染，避免土壤栽培中施用有机肥带来的寄生虫卵和公害污染，得到的产品清洁卫生，且质量较好。

（4）节省劳力

无土栽培可以减少轮作换茬，避免连作障碍。无土栽培不需进行整地、做畦、除草等耕作工序，大大节省了劳力。同时，在设施栽培中，尤其是在温室栽培中，栽培设施一经建成，就不易移动，如多年栽培同种苗木，易使土壤盐分积累，养分失衡，发生连作障碍，此时需通过"客土"的方法来解决，但耗工费力，而无土栽培可以从根本上解决土壤栽培中因单一物种连作造成的地力衰退、病虫害严重等问题，避免轮作换茬。

（5）不受地区限制，充分利用空间

无土栽培使苗木彻底脱离了土壤，摆脱了对土地的依赖，栽培地点选择余地大，对于耕地缺乏的国家和地区意义重大。空闲的荒地、沙漠滩地、难以耕种的地区，都可进行苗木的无土栽培。在人口稠密的城市，还可利用楼顶凉台等空间培育苗木。在温室中，可发展立体式栽培，充分发挥温室的生产潜力。

（6）有利于实现苗木工厂化生产，提高劳动生产率

无土栽培简化了栽培程序，便于操作和管理，且极易采用先进的技术，实现自动化、现代化生产，能减轻劳动强度，提高劳动效率。

6.3.1.3　无土栽培的问题

无土栽培作为一种先进的农业生产技术，它既存在着优越的一面，也存在不可避免的缺点，主要表现为以下几个方面。

（1）投资大

无论采用简易的还是自动化程度较高的栽培体系，都需要有相应的设施，这势必比土壤种植的投资高得多，这是大面积、集约化的无土栽培技术在生产应用中最致命的缺点，在生产中往往难以被生产者所接受。

（2）技术要求高

和土壤种植相比，无土栽培生产中营养液的配制、供应及在育苗过程中的调控相对较为复杂。在有固体基质的无土栽培中，营养液供应之后在基质中的变化不易掌握，而在无固体基质的无土栽培中，营养液的浓度和组成变化较快，这需要具有较高素质和技术水平的管理人员进行管理，同时在苗木生产过程中需要对大棚或温室的其他环境条件进行必要的调控，否则难以取得较好的育苗效果。

（3）管理不当易引起病害传播

无土栽培在温室或大棚内进行，只要管理得当，病虫害一般不易滋生。但如果管理不当，工作人员操作不规范，对设施、基质、种子、生产工具等的清洗和消毒不彻底，会造成病害大量繁殖，严重时会引起苗木大量死亡，导致育苗失败。

无土栽培的发展和应用使苗木培育进入了一个全新的时代，人类得以更加充分地利用生存空间，取得更多的产品。在生产中，只要充分发挥它的优点，同时认清其存在的缺点并努力克服，无土栽培必定会在苗木培育中发挥更大的作用，取得良好的经济效益。

6.3.2　无土栽培的基质

在无土栽培中用于固定栽培植物的基础物质称为栽培基质。基质作为无土栽培的重要组成部分，对栽培的效果具有直接影响。

根据不同的分类方式，无土栽培基质可分为不同的种类。

按照来源，基质可分为天然基质，如沙、石砾等；人工合成基质，如多孔陶粒、泡沫塑料、岩棉等。

按照性质，基质可分为活性基质，即具有阳离子代换量或本身能给苗木提供养分的基质，如蛭石、泥炭等；惰性基质，即不具有阳离子代换量或本身不能给苗木提供养分的基质，如沙、石砾、泡沫塑料、岩棉等。

按照组成，基质可分为无机基质，即由无机物组成的基质，如沙、石砾、蛭石、珍珠岩、岩棉等；有机基质，即由有机残体组成的基质，如泥炭、锯末、炭化稻壳等。

按照使用时组成的不同，基质可分为单一基质，即只以一种基质作为生长介质的基质，如沙培时使用的沙，岩棉培时使用的岩棉；复合基质，即由两种或两种以上的基质按一定比例混合配制成的基质，如蛭石＋草灰、沙子＋草炭等。

（1）沙　沙是无土栽培中应用最早的一种基质。沙的来源广泛，价格便宜，但重量大，持水力差，其成分与性质因来源不同而差异较大。

利用沙作为栽培基质，应首先确保不含有害物质，使用前应先用清水冲洗。其次，不同粗细的沙粒对苗木生长发育的影响也有所不同，应过筛剔除大的沙粒，用水冲去粉沙和泥土。在育苗过程中，应选择合适的管理措施，保持营养液的供应量和供应时间。

（2）石砾　来源于河边石子或石矿场的岩石碎屑，是直径较大的小石块。由于来源不同，石砾的化学组成差异很大，有花岗岩发育形成的非石灰性石砾，也有石灰质的石砾。一般选用非石灰性石砾作为基质，石灰质的石砾不宜采用。粒径在1.6～2.0mm范围内的石砾均可选用，可根据要求和来源而定。选用时最好选择棱角不太利的，否则容易划伤植物茎部。由于石砾本身不具有阳离子代换量，透气排水性较好，但持水力较差，加上石砾的容重大，给搬运、消毒、清理等工作造成不便，石砾在无土栽培中的应用越来越少。

（3）蛭石　蛭石属于云母族的次生矿物，是一种惰性矿物质。经高温膨胀后，蛭石内部形成许多小的、多孔的海绵状的核，其体积变为原来矿物的16倍。因此，蛭石质地较轻，容重很小，而总孔隙度很大，它既有良好的透气性，也具有较好的保水性，是一种较为理想的基质。

（4）珍珠岩　将一种灰色火山岩（铝硅酸盐）加热至1000℃，岩石颗粒膨胀即可形成珍珠岩（图6-10）。其容重很小，pH值中性或酸性，对酸碱没有缓冲作用。珍珠岩易破碎，粉尘污染较大，使用之前最好先用水喷湿，以免粉尘到处飞扬。此外还需注意，珍珠岩质轻，用于种植槽或复合基质中，淋水过多会浮在水面上。

图6-10　珍珠岩

（5）岩棉 岩棉（图6-11）是当今世界上广泛应用于无土栽培的一种基质。它是利用灰绿石、石灰石和焦炭按一定比例混合后在高温下制作而成的，整个过程完全消毒，不含病菌和其他有机物。岩棉的物理性质良好，质地轻，孔隙度大，透气性好，持水性略差。未用过的新岩棉pH值较高，一般在7.0以上，使用前需加以处理，可在灌水时加入少量的酸处理1～2d，使pH值下降。在目前的无土栽培育苗中，用岩棉作为基质栽培的占很大比重。

图6-11 岩棉

（6）炭化稻壳 炭化稻壳是将稻米加工的副产品稻壳经加温炭化而成的一种基质。它容重小，质地轻，孔隙度大，透气性、保水性好，作为育苗基质时不易发生过干过湿现象。因制作过程经过高温，炭化稻壳不带病菌，且含有植物所需的多种营养成分，如钾元素含量丰富，用于育苗时，基本可以满足幼苗对钾元素的需要。由于炭化稻壳为碱性，使用前和使用过程中需注意基质的pH值变化，防止pH值太高对苗木造成不良影响。

（7）锯末 锯末是森林和木材加工业的副产品。锯末资源丰富，各种树木的锯末屑化学成分差异很大，如碳、戊聚糖、纤维、木质素、树脂含量等。部分有毒树种的锯末不宜作为无土栽培基质。锯末质轻，吸水力、保水力较强，多与其他基质混合使用。通常锯末的树脂、单宁和松节油等有害物质含量较高，且C/N高，在使用前必须沤肥。

（8）泥炭 泥炭是目前世界各国公认最好的一种无土栽培基质，由半分解的植被组成，依植被来源、分解程度和矿质含量等不同可分为不同类别。泥炭容重小，质地细腻，持水力强，但透气性较差，一般不单独作基质使用，而与其他基质如沙、蛭石、煤渣等混合使用。

6.3.3 无土栽培的营养液

营养液是指根据不同植物对各种养分和肥料的需求特点，将各种无机元素按一定数量和比例人工配制的满足植物生长所需营养的溶液。营养液是无土栽培技术的核心，营养液的水质选择，浓度、酸碱度的掌握，以及配制管理是栽培技术的重点环节，对栽培效果具有直接影响。

（1）营养液的浓度管理

在无土栽培中，营养液使用一段时间后，因植物的吸收、水分的蒸发等原因，营养液的浓度不断发生变化。因此，常用电导率（EC）对营养液的浓度进行检查和调整，使其恢复到原有的水平。用低浓度营养液配方栽培时，进行每天检测，使营养液处于一个剂量的浓度水平；用高浓度营养液配方栽培时，以总浓度不低于1/2个剂量为调整界限。当营养液浓度高时，可加清水进行稀释；营养液浓度低时，可加母液进行调整。生产上常采用的方法是：

在贮液池内作上加水刻度标记，定时关闭水泵，使营养液全部流回池中，加入清水使水位恢复到刻度线，用电导仪测定浓度，再依据浓度的下降程度加入母液。如营养液的浓度调整后苗木仍然生长不良，可考虑更换全部营养液。

（2）营养液的pH值管理

营养液的pH值与配制营养液时所使用的水质有一定关系。pH值偏高或偏低都不符合栽培要求，需对其进行pH值调整校正。为延缓营养液pH值变化的速度，减轻其变化的强度，可适当加大每株植物营养液的占有体积。进行营养液pH值的检测，最简单的方法是用pH值试纸法测出pH值的大致范围，也可用便携式pH值仪，其方法简单、快速、准确。如果营养液的pH值偏低，可加氢氧化钠调整；如果营养液的pH值偏高，可加酸调整。加酸或碱进行pH值调整时，需先将其稀释为$1 \sim 2mol/L$的浓度，再缓缓加入贮液池中，边加边搅拌，防止局部过浓产生$CaSO_4$、$Ca(OH)_2$或$Mg(OH)_2$等沉淀。为避免对苗木生长产生影响，一般一次调整pH值的范围不宜超过0.5。

（3）营养液的温度管理

营养液的温度直接影响苗木的生长和根系对水分、养分的吸收。一般根系对液温的适应范围较小，营养液的温度应当是根系需要的适宜温度。一般夏季的液温应保持在28℃以下，冬季的液温应保持在15℃以上。液温的变化主要受气候的影响，要得到完全控制，必须具备全天候的温室。如在非全天候的设施内育苗，液温不能得到随意控制，只能在一定范围内，通过采取一些辅助设施加以改善，如将贮液池深埋地下，种植槽采用泡沫塑料板块等隔热性能好的材料建造，加大每株的用液量，装置增温和降温设施等。

（4）营养液增氧技术

无土栽培育苗中，植物根系呼吸所需的氧来源于营养液中的氧和从植株地上部输送到根系的氧，其中营养液中氧气的含量对苗木有较大影响，容易产生氧气不足而影响植物生长的问题。在充分供液的基础上，增加营养液中氧气的浓度成为无土栽培技术提高和改进的核心。氧气可从空气中向溶液中自然扩散，但速度很慢，远远赶不上植物根系耗氧的速度。因此，人工增氧是水培技术中的一项重要措施，常用的增氧方法如下。

①搅拌。效果较好，但种植槽内有很多根系，搅拌容易伤及根系，操作较困难。

②循环流动。效果很好，在生产上普遍应用。

③增氧器。在进水口安装增氧器，提高营养液中的氧气浓度，该方法已广泛应用于较先进的水培设施中。

④间歇供液。通过供液和停液交替进行，也可使根系得到充足的氧气供应。

⑤反应氧。将化学试剂加入营养液中产生氧气，效果较好，但价格昂贵，不可能广泛应用于生产。

⑥压缩空气。通过起泡器向营养液中扩散微细气泡，效果较好，但在大规模生产上难以遍布大量起泡器，一般不采用该方法。

⑦落差。人为设置落差，使营养液进入贮液池时溅泼面分散，效果较好，应用广泛。

⑧喷射（雾）。通过一定压力形成射流或雾化，效果较好，常采用。

在生产中往往将多种方法结合起来进行人工增氧，以提高营养液中氧气浓度。

（5）营养液的更换

营养液在使用一段时间后，电导率经调整后能达到要求，但仍有可能出现苗木生长不良的情况。这是由于营养液使用时间过长，实际的营养成分降至低所致，此时需对营养液进行重新配制和更换。小规模的无土栽培，营养液的使用期一般在一周以内，可随用随配；使用大容积的贮液池时，供液时间较长，使用数天后可调整浓度、补充水分使其达到原有体积，一般使用15～20d后需更换营养液。

如发现营养液中发生污染或产生藻类，也应及时更换。

6.3.4 无土栽培的主要形式

无土栽培种类繁多，形式多样，它关系作物的生长好坏、效益高低和投资多少。无土栽培的形式有利于简化工序，降低成本，改善和提高苗木根系营养和环境条件，完善营养液供排系统，便于自动化管理等。在生产中最常用的是水培和基质培。

6.3.4.1 水培技术

水培是无土栽培中最早的栽培方式，在欧美及日本被广泛应用。水培植物的根系生长于营养液中而不是生长于基质中，其设施必须满足4个基本条件：能装住营养液，不致漏掉；能锚定植株，并使根系浸润到营养液中；根系和营养液处于黑暗中；根系能获得足够的氧。与其他育苗形式相比，水培育苗有以下两个优点。

（1）水培不受环境限制，在大、小范围内均可进行

即使是不适合育苗的地区也可以进行水培育苗；在城市中可利用阳台、屋顶、走廊、道路等进行水培育苗，既可美化环境，又能有所收益；进行大规模的水培育苗，实现机械管理，可大大提高育苗效果。

水培用容器的大小，可依生产规模和要求而定，任何大小的木箱、花盆、水桶等容器都可用于水培；大规模生产时可用水培槽，水培槽也可大可小。为便于操作，一般种植用水培槽的宽最好不超过1.5m，长度可不限。水培槽大体分为水平式水培槽（图6-12）和流动式水培槽（图6-13）两种。

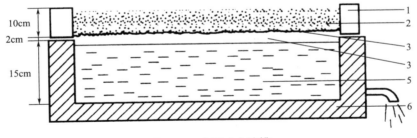

图6-12 水平式水培槽

1—框架；2—苗床（基质）；3—栅栏；4—空气层；5—营养液；6—防水槽

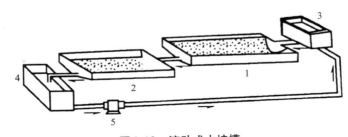

图6-13 流动式水培槽

1，2—苗床（蛭石、沙砾等）；3—扬液槽；4—集液槽；5—扬水泵

（2）生长快、产量高、质量好

水培可为植物的生长直接提供所需的水分和养分，选用恰当的基质，可改善通气条件，为苗木生长创造优越的条件。此外，水培时所用基质较为疏松，移苗操作方便，能保持根系完整，有利于提高成活率。

水培技术使育苗生产可以离开土壤，为实现苗木工厂化、自动化生产打开了广阔的前景。但进行水培育苗也存在一定的限制，如要求有一定的设备，其成本比普通育苗高，这些可随着技术的不断发展和改进得以解决。

6.3.4.2 基质培技术

在一定的容器内，植物通过基质固定根系，并通过基质吸收营养液和氧气的栽培方式，称为基质培。根据选用基质的性质，基质栽培可分为无机基质栽培和有机基质栽培两大类。无机基质栽培包括以沙、石砾、蛭石、珍珠岩、岩棉等为基质的栽培，这些基质资源多，应用范围广；有机基质栽培包括以泥炭、锯末、炭化稻壳等为基质的栽培，这些基质为有机质，使用前需进行必要的处理，以保持稳定的理化性状。

进行基质栽培时，设备投资较低，便于就地取材进行生产。基质能固定根系并供应和保持营养液和空气，因此在多数情况下，水、肥、气三者较为协调，供应充足，生产性优良而稳定，但基质占用部分投资，且体积较大，进行填充、消毒再利用时费工较多。

在当前的无土基质栽培中，以无机基质栽培技术的发展最快，使用范围较广；而有机基质由于来源的限制，其栽培应用受到一定限制。在我国以沙、蛭石、岩棉、泥炭和炭渣等为基质进行栽培育苗较多，西欧和日本则以岩棉栽培占多数。

复习思考题

1. 什么是植物组织培养？它有哪些特点？
2. 简述组培育苗技术的具体方法。
3. 什么是容器育苗？它的优点和缺点有哪些？
4. 容器育苗的关键技术包括哪些内容？
5. 什么是无土栽培？它有何特点？
6. 简述苗木生产中最常用的无土栽培形式。

园林植物的容器栽培技术

近年来，随着我国经济的快速发展，人们的生活水平显著提高，对生活环境的要求也越来越高，促进了园林绿化事业快速发展，对于园林苗木的品质要求越来越高。人们不能满足于大树进城没有树冠和缺枝少叶的绿化方式，需要优美的树姿树型来装扮城市，这就为苗木的容器栽培这一先进的生产方式提供了大显身手的机会。园林苗木容器栽培作为一种新型的栽培模式正逐渐走上我国现代苗圃产业的舞台，并逐步展现其先进的技术特色和诸多优势。因而，容器栽培的发展前景十分广阔，必将成为园林苗木集约化栽培和生产的主要方式之一。

作为苗圃的经营管理者，决定经营田间栽培生产型苗圃还是容器栽培生产型苗圃是非常重要的。这一决定还取决于所选定的园林植物种及品种和苗圃所在地的自然环境条件。由于容器栽培生产型苗圃的初期投资较大，因此，经济条件也起到了很重要的作用。在北美也有很多苗圃同时进行大田栽培苗木和容器栽培苗木的生产。

与传统的田间栽培相比，容器栽培有以下优点。

① 容器栽培的自动化、机械化程度高，可以极大地提高园林苗木产品的技术含量，可以减少移栽人工和劳动。

② 改善苗木的品质，经由容器栽培的园林苗木抗性强，移栽成活率高，城市绿地建成速度快、质量好。

③ 容器苗木便于管理，根据苗木的生长状况，可随时调节苗木间的距离，便于采用机械进行整形修剪。

④ 可以打破淡旺季之分，实现周年园林苗木供应，有利于园林景观的反季节施工，在一年四季均可移栽，且不影响苗木的品质和生长，保持原来的树形，提高绿化景观效果。

⑤ 适用的土地类型更广泛，从而有效降低用地成本，能够充分利用废弃地资源。

⑥ 便于运输，节省田间栽培的起苗包装的时间和费用。

由于容器栽培技术具有以上诸多优点，因而在国外得到大面积普及推广。

随着我国经济的迅猛发展，对景观的要求越来越高，容器栽培也将迅速发展起来，尤其在经济较发达地区，容器栽培将成为主要的一种栽培方式。

从事容器栽培首先要选择苗圃场地，苗圃场地选好后，还要制定有效的生产计划，主要包括：区域划分，办公室、工人休息室、肥料农药及花盆等生产资料库、停车场、基质储放区、装盆区、苗木繁殖区、小苗盆栽区、小苗盆栽区等的划分；土地的平整；道路的修建，主路要能走大卡车；排灌系统的设计与安装等。这些工作要在容器栽培生产之前做好。

7.1　栽培场地的选择

　　苗圃地的选择是苗圃开始运转的第一步，直接影响到苗圃的生产和销售。因此，应选择在交通便利、离城市较近的地区。同时，苗木容器栽培和田间栽培不同，不用考虑土壤结构、土壤肥力等方面的因素，可充分利用废弃地。容器栽培苗圃应选择在具有缓坡、排水良好的地块，最好附近有充足的水源，如河流、水库，以保证苗木生长用水。在选择苗圃场地时最重要的是要考虑苗圃所用水源的水质，水源的水质差，直接影响栽培苗木的生长。如果改善水质，需要增加大量投资，增加苗圃的运行成本，对苗圃的发展是不利的。

7.2　容器栽培所用设备及机具的准备

7.2.1　办公用房及库房

　　办公用房主要包括办公室、工人休息室等；库房主要用来存放设备、工具、农药、肥料和种子。肥料和农药最好单独存放在一个库房中，以免腐蚀农具及设备。有条件还需建造车库和机械库，以防农机具长期不用而锈蚀。

7.2.2　排灌系统

　　喷灌系统对于容器栽培来说非常重要，喷灌的好坏直接影响容器苗的生长、苗木的质量和整齐度。一般来说，中小型容器苗可采用喷灌，而较大的容器苗就需要采用滴灌，这样有利于节约用水，又有利于植物的生长；同时，还需要有与之配套的水泵房、输水系统和排水系统，保证植物的水分供应和过多水分的排出。现在，大型苗圃多采用自动控制喷灌，根据气候和不同苗木的需水规律，通过控制系统控制电磁阀定时开关，控制喷灌的时间和喷水量，发达国家的苗圃都已采用这种喷灌方式。虽然自动喷灌一次性投资较大，但从长远来看，比人工浇水费用要低，而且由于自动喷灌喷水均匀，苗木生长整齐一致。通过喷灌系统还可以结合施肥，减少大量的人工。

7.2.3　栽培基质堆放场地、装盆场地及容器的准备

　　国外大型容器栽培生产苗圃都有一个较大的装盆场地，栽培基质堆放在装盆设备旁边；装盆设备有多种类型，常见的是圆形装盆设备和长形装盆设备（图7-1）；同时还应有一个铲车，铲车主要的作用是向装盆设备的基质料斗中添加基质。一般的苗圃还有带有多个平板车的拖车，这样可以大大加快装

图7-1　装盆机

盆速度和盆栽苗的运输速度。根据栽培不同苗木选择不同的装盆机械设备，国内可根据苗圃自身的经济条件选择合适的设备。

7.3 栽培容器 ◀◀◀

容器是苗木容器栽培的主体。容器的规格、形状、大小是否合理直接影响到苗木的质量、经济成本及造林后的生长状况，因此各国对容器的研制十分重视。目前容器仍在不断改进，向结构更为合理、有利于苗木生长、操作方便、降低成本的方向发展。到目前为止，许多国家都已研制生产出适合本国园林苗圃业生产用的容器。

容器是园林苗木容器栽培的核心技术之一，在技术和生产成本控制上都占据着重要地位。容器是一笔相当大的初期投资，在美国的容器栽培苗圃，购买容器的费用仅次于劳动力的费用。对于整个苗木容器栽培生产体系而言，容器上的投资是必需的，而且苗木容器栽培的回报是丰厚的。容器对苗木生长的不利影响主要体现在其对根系的抑制作用上，即苗木的根系会由于容器的限制而出现窝根或生长不良的现象，进而阻碍容器苗的健康生长，最终影响容器苗的品质，这些也说明了容器对苗木生长的重要性。

7.3.1 容器的材料和类型

育苗容器的形状有圆柱形、棱柱形、方形、锥形，规格相差很大，但生产容器的材料有聚苯乙烯、聚乙烯、纤维或纸质材料，不同材料的价格不同，对苗木容器栽培的生产成本的影响也不同。北美苗圃行业多采用聚苯乙烯硬质塑料容器，便于机械化操作。我国生产的容器种类虽多（蜂窝状营养杯、连体营养纸杯、聚苯乙烯泡沫塑料盘、纸浆草炭杯、塑料薄膜容器等），但无论在材质结构、便于操作上都不尽完善。至今还未有全国通用的定型产品，生产能力及生产成本与国外相比都有很大的差距。应集中主要人力、财力加大这方面的科研力度，探索用农用秸秆和可降解的材料生产一次性容器。

不同的容器对苗木生长的影响程度不同，塑料容器具有优良的热胀冷缩特性，比我国传统的泥盆要轻便得多，易于搬运和机械化操作。用于容器栽培的主要有以下类型。

（1）聚乙烯袋

在英国和澳大利亚的许多苗圃将聚乙烯袋作为栽培容器，在容器的底部有排水孔。

（2）软塑料筒

是由长长的聚乙烯筒经切割而成，无底，使用同聚乙烯袋。聚乙烯袋和聚乙烯筒造价低廉，容易摆放，是发展中国家苗圃行业常用的苗木栽培容器，并取得了很好的效果。聚乙烯的缺点是装基质难，装好基质后，运输不便。现在，我国聚乙烯袋和聚乙烯筒应用广泛，南方苗圃栽植棕竹、橡皮树、散尾葵等苗木多用聚乙烯袋。细的聚乙烯筒在我国多用于苗木的繁殖和培育，在蔬菜育苗上也有大量的应用。

（3）吸塑软盆

在园林中的应用与聚乙烯袋相似。

（4）硬质塑料盆

硬质塑料盆（图7-2）是北美苗圃业最常用的苗木栽培容器，便于机械化装盆和运输，我国也大量应用于盆花的生产。

此外，还有各种类型的育苗容器（图7-3），在苗圃中已经广泛应用。

图7-2 硬质塑料盆

图7-3 育苗盘

（5）苗木修根容器

是一种硬质塑料容器，在容器的内部有多条竖向的肋，在容器底部多个较大的通气孔。有很多公司生产不同类型的苗木修根容器。当苗木根系长至容器壁时，沿肋向下生长而不会在容器内盘旋，可强迫苗木根系向下生长，较之苗木根系在普通硬质塑料容器和聚乙烯袋中的盘绕生长有很大的改进，对植物生长十分有利。有的容器内壁涂有铜，通过这种方法修根，但也有一定的缺点。

在我国苗圃业，可根据现有的容器进行选择。一般来说，吸塑软盆（图7-4）价格低廉，可供苗圃刚起步时采用。但值得注意的是，有些国产吸塑软盆企业所生产的容器非常不耐用，有些只用一个生长季就已破碎，这样的容器是不能用于容器栽培的。同时，吸塑软盆的装盆费工费时，对于现代化苗圃行业并不是十分理想的栽培容器，尤其是随着我国经济的快速发展，工人工资水平的提高，通过机械化生产容器苗，如装基质、播种、施肥、药剂处理覆盖及喷灌流水作业，使苗木生产简洁化，即节省人工，又保证了苗木生长条件的一致性。

图7-4 盆栽用吸塑软盆（多用于草花生产）

7.3.2 容器的规格

容器的大小直接影响到苗木的生长状况，较小的容器会限制苗木根系的生长，严重时苗木的根系甚至停止生长，这样不仅无法充分利用生长期，苗木的生长潜力也不能充分发挥。因此，需要定期更换较大的容器，耗费大量的劳动力。如果直接把苗木移栽到较大的容器中，苗木不能充分利用容器中提供的营养和浪费容器提供的空间，也会相对提高苗木的生产成本。

容器的规格和类型主要根据所要栽培的苗木种类和生产类型所决定，如种苗（seedling）生产和扦插苗（cutting）的生产主要采用塑料育苗盘、苯乙烯块、泥炭杯等，有单体型、连体型等栽培容器。生产性苗木根据苗木的大小选择合适的栽培容器，而且要根据苗木的生长随时更换容器。

在北美苗圃业，容器栽培所使用的容器主要有塑料盆钵，按其容积的大小分为1号盆（1加仑）、2号盆（2加仑）、3号盆（3加仑）、5号盆（5加仑）和7号盆（7加仑）等规格，这是扦插苗、一年生苗木、二年生苗木、矮小灌木、中等苗木和多年生草本植物使用最多的栽培容器。而较大的乔木类多用较大的塑料容器或钢筋和粗铁丝编制的大铁筐进行栽培，也有的采用木容器栽培，半地下栽培的容器苗木所用的容器多为吸塑软盆。不同规格的容器中种植相应高度（冠径）的苗木，而且要求经销时苗木必须在容器中种植三个月或苗木根系已经在容器中已经达到容器边缘并形成坚实的根球。加拿大苗圃贸易联合会的容器规格见表7-1。

表7-1　容器规格标准　　　　　　　　　　　　　　　　　　　　　单位：cm

容器分级	容器高度	容器上口内径	容器底径	容器的容积/加仑
1号	15～18	15～19	12～13	1
2号	19～23	19～32	16～20	2
3号	22～26	22～26	21～23	3
5号	28～32	24～31	22～26	5
7号	28～32	31～36	28～31	7
10号	37～39	38～40	38～40	10
15号	38～46	38～44	34～37	15
20号	50～52	43～45	43～45	20

注：1加仑=3.78541dm³。

7.3.3　容器的颜色和排水状况

容器的颜色和排水状况都直接影响容器苗木的生长，在选择容器时，要根据栽培苗木的种类和采用的机制加以选择。

容器的颜色对容器苗的生长也有一定的影响，尤其在炎热的夏季，暴露于直射光下黑色容器中的基质温度可能会超过30℃，浅色容器可以降低生长基质的温度，但白色聚乙烯容器因为不能抵抗紫外光而易于老化。另一方面，白色容器近似透明，在生长基质外围生长的藻类和苔藓类植物会快速生长，与苗木争夺营养而影响苗木的健康生长。但是，苗木生长到其冠层足以遮盖整个容器表面时，容器的颜色对苗木生长的影响就会减小。在北美苗圃业，栽培多年生草本花卉、小灌木和乔木幼苗常用黑色的1～7号盆较多。

容器的排水状况对苗木的生长十分重要，排水不良易导致容器苗的根系生长衰弱，根毛死亡，进而影响到苗木对水分和养料的吸收。容器的排水性与容器的深度和容器底部的排水孔设计有直接的关系。一般来说，较深的容器排水状况好于浅容器，排水孔多且位于容器底部排水槽的内侧，由于不易被堵塞，其排水效果好。容器的排水状况和透气性还受到栽培基质的影响。

7.4　容器栽培苗床的准备 <<<

7.4.1　苗床的宽度

盆栽苗的摆放和地栽苗木一样，其苗床的宽度由整形修剪方式、除草、病虫害的防治、施肥和喷灌方式所决定。为了方便整形修剪，一般盆栽小灌木苗床的宽度在1～1.5m；因盆栽大苗之间，尤其是苗木干径在5cm以上的大苗，其株行距都很大，苗木间可以进行各种整形修剪或其他操作，因此苗床的宽度可适当大些，有的苗床宽可达3m。

7.4.2　苗床地的处理

苗床上多铺盖碎石或木器加工厂废弃的破碎木削。在铺盖覆盖物之前，要对土壤进行彻底除草。铺盖石子和木削既有利于排水，又有利于防止杂草的滋生，减少管理费用。一般碎石的厚度在10cm左右，废木削的厚度在10～15cm。在日本，苗圃中多采用较厚的打孔塑料布铺在苗床上，塑料布上的孔很多，有利于排水，控制杂草，有利于苗木的管理。

在我国，因废木削很少，可以因地制宜，采用碎石、煤渣进行铺盖；或如同日本一样采用打孔塑料布覆盖，遮阳网价格低廉，通气透水性好，也是一种好的覆盖材料。也可采用容器半埋或全埋的方法。

7.4.3　容器苗木的半地下栽培

有些苗圃为了节省水资源和便于管理，直接把装好容器苗的容器半埋或全埋于土壤中，不需要铺盖碎石和废木削，用苗时，只需把带有苗的容器起出即可。其苗床的距离与田间栽培相同，管理也相似。

7.4.4　盆栽基质及基质酸碱度

选用容器栽培基质首先要考虑到基质的透气性、保水保肥性和无毒性；同时，要根据苗木的特性、苗木的规格和容器的大小选择合适的基质，如育苗（播种、扦插）等采用的小型容器或育苗盘就要选择轻质疏松排水良好的基质，如草炭、珍珠岩、蛭石、黄沙等相应的混合基质。土壤易携带大量的草种、病原菌、虫卵，且添加到基质中易引起排水不畅，在盆栽基质中很少采用；无土栽培基质因无病、虫、草害，在国外大受欢迎。国外有专门生产盆栽基质的厂家，厂家会按照苗圃的需要配备合适的基质并运送到苗圃。

根据栽培植物选择相应pH值的基质。大多数园林植物多喜中性土壤环境，其栽培基质的pH值一般在6～7为好。喜酸性植物如杜鹃花、马醉木、红豆杉等，其栽培基质的pH值应在5.5～6.0；而杨属植物、柳属植物、柽柳属植物等耐较高的pH值，因此，可选用pH值高的基质。

7.4.5　肥料

厂家供应的栽培基质中已经含有一定的肥料，如果自配基质也要加入适当比例的肥料。

因容器内基质有限，苗木又不能获取或获取很少部分土壤中的营养，因此，要定期追肥。除长效肥外，用液态肥随喷灌一起施入，可有效地补充肥料的不足。所追肥料一定要营养均衡，以免产生单盐毒害；追施的肥料不能过量，否则易引起烧苗。总之，准备工作是容器苗生产的一部分，也是容器苗栽培生产的基础。以上所述是基于国外苗圃的容器苗栽培生产结合我国的实际情况综合而得，如国外的装盆设备、基质和肥料的供应、大型塑料容器等在国内就很难做到。因此，需要因地制宜，根据资金确定设备、基建及生产方式，随着容器栽培生产的不断发展而不断完善。

7.5 容器苗的规格控制

为了苗木生产和销售的便利，制定了一系列不同类型容器栽培苗木的标准。一般来说，容器苗木的标准与容器规格相一致。

7.5.1 常绿和落叶松柏类容器苗木的标准

（1）常绿和落叶松柏类容器苗木的标准

松柏类容器苗木的标准（表7-2）主要根据苗木的高度或冠径和容器的直径来确定，但同时要求苗木必须健壮、无病虫害发生。同田间栽培的苗木一样，松柏类苗木要在容器内栽植三个月以上，或苗木的根系伸展到盆缘，形成完整的根球。容器苗木也根据松柏类苗木的形态特征分为矮生或中等大小的苗木、高大呈柱状的苗木和高大呈阔圆形的苗木。

表7-2　常绿和落叶松柏类容器苗木的标准

矮生或中等大小的苗木		高大呈柱状的苗木和高大呈阔圆形的苗木	
苗木的高度或冠径/cm	容器规格	苗木的高度/cm	容器规格
15～30	1号	15～40	1号
25～40	2号	30～60	2号
30～45	3号	50～100	3号
40～60	5号	90～150	5号
50～90	7～10号	140～200	7～10号

矮生或中等大小的容器苗见图7-5，图7-6；高大呈柱状的容器苗木见图7-7。

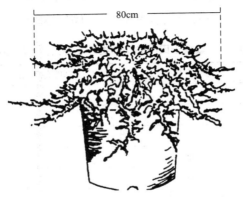

图7-5　松柏类矮生匍匐茎类的容器苗示意图

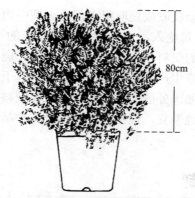

图7-6　松柏类中等大小容器苗示意图

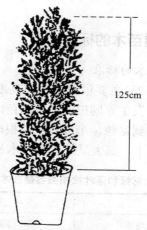

图7-7　高大呈柱状的松柏类容器苗木示意图

（2）栽植于田间的纤维容器中的松柏类苗木的标准

这类容器包括麻袋包装、编织袋包装、塑料筒包装的苗木栽植于土壤中，增加了起苗时根球中的须根数量，可有效地提高苗木的成活率和生长势。

表7-3表示种植于田间的纤维容器苗木的最小土球直径和高度，同时要求这类纤维容器苗木应在田间种植两个季节以上，但不能超过六年。因为超过六年，纤维容器多已腐烂或风化，起不到保护根球的作用，而且时间过长，纤维包装中的根系多已粗壮，再以包装材料内的根球起苗，苗木须根少，移栽后的成活率和生长势都会降低。

表7-3　栽植于田间的松柏类纤维容器苗木的标准

苗木的高度/cm	土球的直径/cm	土球的高度/cm	估计土球的质量/kg
100～125	30	25	25
125～150	30	25	25
150～175	30	25	25
175～200	45	30	40
200～250	45	30	40
250～300	60	30	50

7.5.2 花灌木（常绿或落叶）的容器苗木的标准

花灌木的容器苗木的标准主要为苗木的高度或冠径（表7-4）。花灌木苗木要在容器内栽植三个月以上，或苗木的根系伸展到盆缘，形成完整的根球。花灌木容器苗木见图7-8，图7-9。

表7-4　花灌木（常绿或落叶）的容器苗木的标准

植物规格/cm	容器规格
15 ～ 30	1号
25 ～ 50	2号
40 ～ 80	3号
60 ～ 100	5号

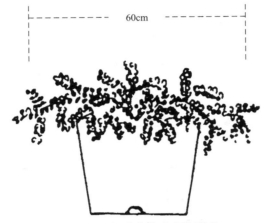

图7-8　匍匐茎类花灌木容器苗

图7-9　温室内常绿花灌木容器苗

7.5.3 乔木（常绿或落叶）的容器苗木的标准

乔木类苗木多用于街道绿化行道树、庭荫树、孤赏树，有时也可作为绿化带树种。行道树和庭荫树要求有直立的树干、非常好的分枝和均衡的树冠。

（1）乔木类容器苗木的标准

乔木类容器苗木的标准主要包括苗木的高度或冠径（表7-5）。常绿或落叶乔木要在容器内栽植一定的时间，使苗木新的须根能够形成，或苗木的根系能够形成完整的根球，在运输过程中保持根球的完整。在容器内栽培三年后要换大一号的容器。乔木容器苗木见图7-10。

表7-5　乔木类（常绿或落叶）容器苗木的标准

苗木高度范围/cm	苗木的胸径/mm	栽培容器的上口直径/cm	容器的规格
50～80	8	15～19	1号
80～125	10	19～23	2号
100～150	15	23～26	3号
150～250	20～30	25～31	5号
200～300	30～35	31～36	7号
250～350	35～40	38～40	10号
300～400	40～45	38～44	15号
350～450	45～50	43～45	20号
400～500	50～60	50～60	25号

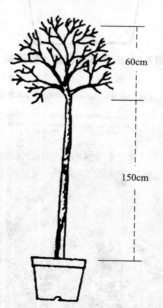

图7-10　乔木容器苗木示意图

（2）栽植于田间的纤维容器乔木的标准

常绿或落叶类乔木除了各种容器苗之外，也同松柏类苗木一样，用各种软材料进行包装根球，然后再全部或半栽植于土壤中。表7-6表示种植于田间的纤维容器乔木的最小土球直径和高度。同时要求这类纤维容器苗木应在田间生长两个季节以上，但不能超过四年。

表7-6 栽植于田间的乔木类纤维容器苗木的标准

苗木高度/cm	苗木的胸径/mm	包装根球的直径/cm	根球的高度/cm	估计根球的质量/kg
300～425	40	40	30	30
300～425	45	40	30	35
350～500	50	50	40	50
350～500	60	50	40	50
425～550	70	50	40	55
450～575	80	50	40	55
475～600	90	60	40	60
500～625	100	60	40	60

7.6 容器苗的装盆与摆放

7.6.1 装盆机械

在我国，苗木上盆工作主要是人工操作，费工费时。国外苗木的装盆工作早已是机械化作业，拖拉机通过装土铲把基质装入装盆设备的进料箱中，装盆机内的搅拌装置不断搅动，使基质从出料口排出，工人只需准备好苗木和容器，放到出料口的下边装盆（图7-11），有专人装车和运输，并运到圃地摆放，这样可以大大加快装盆速度和盆栽苗的运输及摆放速度。

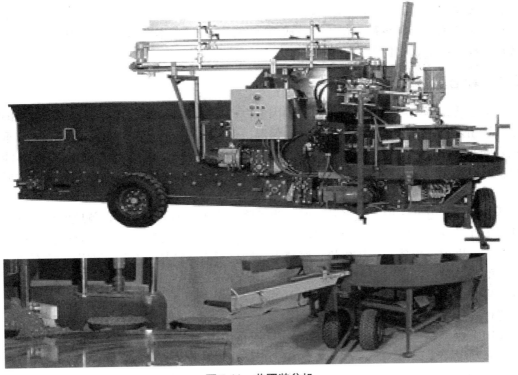

图7-11 苗圃装盆机

7.6.2 容器苗的摆放

一般按容器苗的类型把苗圃进行分区，如乔木区、灌木区、草本植物区、标本区（圃）等，在各大区中在按区内苗木的特点进行摆放，如按植物对水分的需求及酸碱度的不同分不同的小区摆放，对环境条件要求相同的植物放置于同一区内，采用相同的管理措施。这样既便于管理，又有利于植物生长发育。图7-12为美国MONROVIA苗圃容器苗局部鸟瞰。

图7-12　MONROVIA苗圃容器苗局部鸟瞰

7.7　容器苗质量调控技术　<<<

如何提高容器苗木的质量是苗圃业的主要研究领域和追求的目标。提高容器苗木的质量的研究主要集中在容器苗木的栽培基质，容器规格、类型和材料上，在栽培技术，如水肥管理、病虫害防治等方面也都取得了一些成效和经验。提高苗木产量和质量的技术研究已成为园林苗圃业生产建设中极为关心的问题。

7.7.1　栽培基质

栽培基质是影响容器苗木生长的关键因素之一。栽培基质的选择首先是适用性，即能够满足栽培苗木的生长需要，应具有较好的保湿、保肥、通气、排水性能，有恰当的容重和大小孔隙的平衡，pH值在5.5～6.5之间，有形成稳固根球的性能。同时，栽培基质不能带有病虫害，不带杂草种子。其次是经济性，容器苗木栽培需要大量的栽培基质，栽培基质的价格水平直接影响到苗木的成本控制。

从以上两个方面考虑，选择基质时，为了降低成本，要因地制宜，就地取材。近年来国内外开发了许多来源充裕、成本较低、理化性能良好的轻型基质材料，如蛭石、泥炭、木屑、蔗渣、岩棉、珍珠岩、树皮粉、腐殖土、炭化稻壳、枯枝落叶等。泥炭、蛭石和珍珠岩是培养幼苗和苗木扦插苗的优良基质材料，但由于泥炭、蛭石和珍珠岩价格较高，用于大型苗木的生产会提高苗木的成本，在生产上是不可取的。所以，大型苗木的栽培要选择适合本地区树种的基质原料和配比。

我国缺少木材资源，没有充足的木削供应苗圃生产。但是，我国所特有的棉子壳、稻糠、玉米穗轴，大豆、玉米、水稻等秸秆资源，有些工业废渣如制蔗糖的废甘蔗渣等都是很好的容器栽培基质资源。这些资源经过发酵，添加一定比例的泥炭、黄沙、珍珠岩和肥料，就可配制出优等盆栽基质。在配制基质时，特别要注意基质中是否含有对植物生长不利的有毒成分。基质是影响容器苗生长的重要因素，因此在基质里添加各种活性物质，使基质内的各种矿质元素的量和配比适当已成为一种趋势。

7.7.2 育苗容器与容器苗根系质量的调控技术

容器种类和规格直接影响容器苗的生长发育。传统的容器易于使根系在容器中盘旋成团，但苗木定植后根系伸展困难。如何选择满足苗木生长的容器，提高生产效率是苗圃行业的主要研究项目之一。苗木修根容器在限制苗木根系缠绕盘旋方面就很有效。在容器内壁涂上碳酸铜，苗木根系接触到重金属离子时，会停止生长，防止根系盘旋，田间栽植或绿化种植后苗木根系脱离碳酸铜又会继续生长，形成发达的根系。但是，铜虽然是植物生长发育的必需元素，但土壤中过多的铜离子会对环境造成污染。有些容器生产厂家在生产的容器壁上留出边缝，当苗木侧根根系长到边缝接触到空气时，根尖便停止生长，留下具有活力的根尖，同时又促进形成更多须根，但不会形成盘旋根。目前最先进、最有效地防止根系盘旋的方法是容器架空，容器底部的排水孔就有空气截根的作用。

7.7.3 化学调控苗木的生根和抗性的技术

提高苗木产量和质量的技术研究已成为苗圃业生产中极为关心的问题。围绕这一主题，植物生长调节剂、菌根及稀土的研究与应用等方面技术发展迅速，在育苗造林中应用取得了明显的效果。

目前，容器苗木栽培上常用的生长调节剂有ABT生根粉、赤霉素（GA）、萘乙酸（NAA）、吲哚丁酸（IBA）等激素，主要应用于扦插育苗和苗木移栽等方面。现在，苗木培育中又开始研究和应用脱落酸（ABA）、矮壮素（CCC）、比久（B9）、多效唑等植物生长抑制剂和延缓剂在提高苗木抗旱性方面的作用。

7.7.4 通过施肥调控苗木的生长发育

苗木的生长速度与施肥关系密切。容器苗与地栽苗不同，吸收不到土壤中的肥料，由于容器苗苗期的生长空间有限，随着苗木在生长过程中不断从基质中吸收营养物质，营养元素大量消耗，主要靠人工施肥以补充营养，因此，苗木施肥是容器苗培育的重要措施之一。由此可见，施肥对容器栽培来说更为重要，在北美，容器栽培基质生产厂家已按植物的需要在基质中加入了合适比例的肥料，只能满足植物生长一定时期的需要，因此，就需要不断地补充肥料。施肥效果在很大程度上取决于营养元素的种类、施肥方法和比例。国外苗圃主要有两种施肥方式：一种是在容器苗的基质中施用适量的长效肥，这种施肥方式适合绿化大苗的生产；另一种方式是把可溶性肥料按一定的比例溶于水中，结合喷灌直接施入，对于小苗和小灌木采用这种方式较为合理。

7.7.5 合理灌溉培育壮苗

合理的灌溉制度对于培育高产优质的苗木必不可少。水质和灌溉的方式和灌水量是容器栽培生产的关键因子。灌溉的重要性更多地反映在对苗木生理状况的调节上，对苗木质量及抗逆性有一定的影响。苗木不断受到干旱周期的作用，能够增强苗木栽植后的抗旱性及其成活率。

（1）水质

只有高的水质才能培育出高质量的苗木。一般来说，以中性或微酸、可溶性盐含量低的水为佳，有利于植物的生长。水中不含有病原菌、藻类、杂草种子就更为理想。

（2）灌溉方式

容器苗的灌溉方式主要有喷灌和滴灌，应根据具体情况采用合适的灌溉方式，一般来说，灌木和低于2m的苗木多采用喷灌，而摆放较稀的大苗一般以滴灌为主。国外苗圃业早已采用计算机自动控制喷灌，如现代化的欧美苗圃业。全自动控制喷灌技术不仅可以节约用水，喷灌均匀，还可以结合施肥，省工省力，施肥均匀，效果好，而且可以减少大量的劳动力。从长远来看，减少的劳动力所节省的费用远高于喷灌设备的投入，而且自动控制喷灌的效果也优于人工喷灌，特别是容器栽培，自动滴灌的节水效果更为明显。不论哪种灌溉方式，灌溉的最佳时间是早晨，这样可减少病虫害的发生。

（3）灌水量

不同植物需水量不同，应根据苗木对水分的需求进行合理分区，需水量相同或相近的苗木分在一个区或一组。在喷灌时一定要确信每个容器都能获得大约等量的水，容器苗的用水量一般要大于地栽苗。灌溉的次数也随着季节的不同而不同，灌水量和灌水次数依植物的需要而定。

7.7.6　生物调控技术

在园林苗木容器栽培中应用生物制剂，目前国内外已进行了一些研究，并取得了明显的效果。在容器育苗上应用较多的生物制剂主要是菌根，菌根有利于苗木对水分的传导和对养分的吸收，尤其是在水分胁迫的情况下，菌根的形成可以增加根系的生理活性和吸收面积，从而提高容器苗木的抗旱能力。

7.7.7　病虫害的防治及杂草防除

苗圃中的病虫害防治是苗圃生产管理的重要环节，病虫害的发生对苗圃的影响非常大，管理不慎会造成苗木的损失或生长不良，尤其是幼苗期的立枯病和猝倒病，严重时可导致幼苗全部死亡。

病虫害的防治应以预防为主，综合防治，这也是病虫害防治的原则。播种前应对所用的基质、种子、容器及工具进行严格的消毒处理，灭除所带病源，一旦发现病苗应立即拔除烧毁，只有在人工和生物防治无效时才采用药剂防治，尽可能地减小化学制剂的使用，以减少环境污染。对于温室容器育苗，室内温度高、湿度大，有害生物容易繁殖，最易发生灰霉病、立枯病、根腐病等病害，因此对病虫害防治尤为重要。

防止幼苗病害的主要方法就是基质和种子消毒。基质可采用溴甲烷或福尔马林熏蒸，方法是将拌好的基质放在密封的室内或用塑料薄膜把基质盖严、密封，按密封基质的空间加入一定量的溴甲烷或福尔马林，熏蒸的时间随温度的增高而缩短，一般气温高于18℃，需10～12天；5～8℃，需35～40天。在熏蒸时如基质中有机质含量高要适当增加剂量。溴甲烷熏蒸效果最佳，可杀死基质中所有的生物，如病、虫及杂草的幼苗及种子。但在用溴甲烷或福尔马林熏蒸时一定要注意安全，消毒的场所要在居住区80～100m以外。或采用药剂处理基质和种子，常用的杀菌剂有地菌灵、土菌消、福美双和杀虫剂呋喃丹等，也可以在苗期灌根。对茎叶部的病虫害应经常观察，发现发病或虫害及时防治，以减少损失。

为降低成本和减少环境污染，加拿大的不列颠哥伦比亚省苗圃采用种子和播种覆盖的黄沙、基质、灌溉用水带病的取样监测分析方法，根据监测到的带菌情况，形成苗圃防治工作的一套以环保卫生和监测为一体的容器苗病虫害防治体系。

在园林植物容器栽培中，杂草防除是植物生产体系中的重要环节之一。因为在容器苗木的栽培过程中，栽培基质、灌溉、营养以及其他栽培因素不仅会影响苗木的生长，也会影响除草剂的使用效果。正确、经济而有效地选用适宜除草剂，适时适量地进行杂草防除，是培育优质容器苗木的关键环节。

一般来说，当年换盆的容器内杂草相对较少，但随着苗木留在容器内的时间延长，容器内的杂草会越来越多，尤其是苔藓类会布满盆面，影响到苗木的生长，就要及时清除。如果苗床因碎石铺得薄或铺的时间过长，也会生长杂草，在大苗区，可喷施灭生性除草剂彻底清除杂草。在灌木区或小苗区，要在苗木售出后苗床清理干净时彻底清除。

7.8　盆栽苗木的固定绑扎、整形与修剪

7.8.1　盆栽苗木的固定绑扎

由于容器苗初期摆放较密，植株生长较快，茎较软弱，需要用立柱支撑，用塑料带或绳索固定，以保证树苗的直立。在北美苗圃中，苗木的固定是用一种小型工具，类似于订书机，使苗木的固定工作变得非常简单、迅速。用于苗木固定的支柱多是来自我国的竹竿，短小的竹竿只有1m，长的有2～3m，在北美苗圃业需要量很大。

7.8.2　整形与修剪

要想生产树冠紧凑、树形优美的绿化苗木，就需要整形修剪，一般在苗木的快速生长期之后进行。对于容器苗来说，一般要轻剪，除非树形变化太大（树形弯曲太大也可通过绑扎来解决），才能重剪。灌木的修剪，尤其是绿篱类灌木的修剪，采用类似于草坪修剪机械进行修剪，可以保证灌木的高度一致，又可提高修剪的速度，国外很多大的苗圃都采用这种修剪方式。

7.9　容器苗木的越冬

越冬是容器栽培的重要一关，尤其是在冬季气温较低的地区。很多苗木的根系对低温反应敏感，在长江中下游地区，冬季气温低于−5℃，如果不对容器苗加以保护，根系会被冻坏而影响次年生长或死亡，因此，需要保护容器苗的根系。国外常用的方法有两种：一种是把苗木移入温室或塑料棚中，这种方式主要以小型容器苗为主。为了节省空间，移入温室的容器苗往往要紧密摆放，有些甚至要摆放几层。另一种越冬方式是用锯木削覆盖根部，保证苗木的正常越冬，大苗越冬多采用这种方法。在我国，稻秸、麦秸及稻壳很多，是保护容器苗越冬的好材料。次年春季把秸秆收集堆积起来，经过一年腐烂，又成为优良的栽培基质。

经过越冬的容器苗，由于上一年的生长，在第二年摆放时为了保证苗木的生长及质量，有些需要更换较大的容器。但不论是否更换容器，都需要比上一年容器之间的距离加大，使苗木具有更大的生长空间。

复习思考题

1. 用于容器栽培的容器有哪些类型?
2. 容器栽培中苗床的宽度和苗床地的处理有哪些要求?
3. 举例说明各类容器苗木的标准。
4. 为提高容器苗质量可采取哪些调控技术?
5. 容器苗木的越冬可采取哪些方法?

8 园林树木的整形修剪技术与科学管理

有很多不同的原因需要修剪苗木，如去除病弱枝或大风吹断的枝条，疏剪过密的内膛枝，以利于植物通风透光和树木的生长，降低树木的高度，去掉作为行道树低于分枝点的枝条，苗木的整形修剪等。

在苗圃生产过程中，修剪的目的是为了苗木的健康生长和优美的树姿树型，提高苗木的品质，进而提高苗木的价格，促进苗木的销售，增加苗圃的利润。因此，苗木的整形修剪对于苗圃来说非常重要。

随着我国经济的快速发展，人们对园林景观绿化植物的要求也越来越高，苗圃必须紧跟苗木市场的需求进行生产。整齐一致、姿态优美的苗木的售价和市场占有率要远比大小高低不一、形态多样的苗木要高。因此，为了获得更高的利润，苗圃也应该重视苗木的整形修剪。在苗木整形修剪时，不但要考虑到苗木的整形修剪技术，同时还要确定是苗圃自己的员工修剪，还是请专业的修剪人员（企业）修剪，尤其是大树的修剪，最好雇佣专业技术人员修剪，对树木的形态都会有很好的帮助，而且专业修剪企业有相应的机械设备，可以降低修剪大树高空作业的危险。发达国家的苗圃行业就有专业的苗木修剪企业，为苗圃和市政园林修剪大型树木。

8.1　概述

苗木的修剪是把一些没用的枝条去掉或剪去一部分，以保证苗木的正常生长和保持优美树型。整形修剪是苗圃生产的重要环节，是提高苗木单位面积和单株产值的关键，需要引起苗圃管理者的重视。

8.1.1　园林树木的整形修剪原则

园林苗木的修剪和林木修剪的目的相同，都是为了获取高额利润，所不同的是修剪技法不同。在园林苗木的修剪中：

① 要根据不同树种的生长发育习性采用不同的修剪方法，如水杉、池杉等不能打顶，否则会影响其优美的塔形树姿。

② 苗木的修剪时期，要根据苗木的生态生物学特性和生长发育规律来确定。

③ 要根据不同树种在园林中的用途，如根据行道树、孤赏树和绿篱等的不同要求，采用不同的整形修剪方法；同时，应遵循树木整体性及各器官生长发育的相关性原则进行修剪。

8.1.2 苗木的主要整形修剪技法

苗木的整形修剪技法有多种，关键是要根据不同的树种、不同的园林用途选择合适的修剪技法。

（1）截

截又称短截，即把枝条的一部分剪去，其主要目的是控制树木的高度，有些作为行道树的苗木，如法国梧桐，当长到最低分枝点高度时，就要对主干顶部短截，促进下部枝条的发育，形成优美的树型；刺激侧芽萌发，抽生新梢，增加枝条数量；促进花芽分化，多发叶多开花。根据短截的程度可分为以下几种。

① 轻短截。剪去枝条全长的1/5～1/4或更短，主要用于花果类苗木的强壮枝修剪，如在秋季，可对腊梅、梅花的枝条进行轻短截，以促进下部枝条的花芽分化。也可用于行道树苗的打顶和控制分枝。

② 中短截。剪到枝条中部或中上部饱满芽处，有利于弱枝的更新复壮，以及各种树木骨干枝和延长枝的培养。

③ 重短截。剪去枝条全长的2/3～3/4。此种修剪方法刺激作用大，主要用于弱树、老树、老弱枝的更新复壮。

④ 极重短截。在树条基部留1～2个瘪芽，其余全部剪去，这种修剪技法多用于苗木的整形，控制新发枝条的延伸方向。

⑤ 回缩。回缩是将多年生的枝条剪去一部分，以促进苗木的复壮。如月季经几次分枝后，上部枝条生长势减弱，通过回缩促进基部萌发壮条。

（2）疏剪

将枝条自基部剪去，多用于修剪内膛枝、交叉枝、病弱枝或丛生苗木过密的基部枝条，疏剪可以调节枝条均匀分布，改善苗木内部的通风透光条件，有利于树冠内部枝条生长发育。

（3）除蘖

除去树木主干基部及伤口附近当年长出的嫩枝或根部长出的根蘖，避免这些枝条和根蘖争夺养分，影响树型。

8.1.3 园林树木整形修剪应注意的事项

（1）修剪工具的选用

苗木的修剪主要有各种类型的修枝剪、手锯、油锯等工具（图8-1）。修剪时，要根据所要修剪的对象选择合适的修剪工具。如果修剪较细的枝条可用修枝剪修剪，较大的枝条要用手锯（图8-2），或者用油锯锯断。

（2）在树木修剪中要注意的几个问题

① 修剪时，要注意剪去交叉枝、徒长枝、内膛枝、病弱枝等（图8-3），作为行道树的苗木还要剪去下垂枝。

② 疏枝的剪口，于分枝点处剪去，与干平，不留残桩。丛生灌木疏枝与地面相平，修剪较细的枝条可用修枝剪，较大的枝条要用手锯。

图8-1 主要修剪工具

图8-2 修枝剪、手锯

③ 修剪时要考虑剪口芽的方向、质量，因为剪口芽的方向、质量决定新梢的生长方向和枝条的生长方向，尤其是树型不好的苗木，通过修剪，可调整并达到理想的冠型。

④ 在修剪中工具应保持锋利，保证修剪枝条的剪口平滑，与剪口芽成45°角的斜面，从剪口的对侧下剪，斜面上方与剪口芽尖相平，斜面最低部分和芽基相平，这样剪口伤面小，容易愈合，芽萌发后生长快（图8-3）。

⑤ 在对较大的树枝和树干修剪时，可采用分步作业法并加以消毒和保护，修剪时还要注意安全。

图8-3 剪去交叉枝、徒长枝和内膛枝

8.2 各种绿化树种的修剪

8.2.1 乔木修剪

在园林苗圃中栽培的苗木，无论是乔木还是灌木树种，一般都可以通过修剪把它们培养成乔木的形状，一棵标准的乔木状树形首先要有明显的主干，树冠均匀一致（图8-4）。园林中所用的乔木类观赏树木又可分为行道树、孤赏树和庭荫树等，不同类型的园林树木在修剪上稍有不同。

图8-4 某园林苗圃内大树的修剪

不同树种修剪方法不同，同一树种在不同园林布置中修剪方法也不同。

① 作为行道树的苗木，其主要卖点是主干高度，直立而没有弯曲、分枝点高度基本一致（图8-5）、具有完整的树冠。这就要求苗圃在生产行道树苗木时要围绕着这三个方面进行培养。

图8-5 修剪整齐的乔木类园林树木

在行道树的种植养护管理过程中，整形修剪一般分为以下3个阶段。

a.要培养苗木的树形骨架。优先培养苗木的主干和枝下高度，行道树的树干要笔直挺拔，否则要进行绑扎整形。培养至要销售时，分枝点高度最低标准为3m，还要根据不同树种进行调整，如城市主要街道，由于行走双层大巴和货柜车，要求苗木的最低分枝点为4m；小区或公园内行道树最低分枝点可适当低些（图8-6）。修枝应注意树形均衡，剪除有病虫的枝和损伤的枝，移栽时要对根系进行适当修剪，较大剪口处应采取防腐处理。

图8-6 苗圃中的樱花

b.主要分枝的确定。选留生长健壮、分布均匀的主枝，并根据这些枝条的生长势和分布选留好侧枝，进行适当修剪，使树冠枝条分布均匀。这样经过几年的整修，行道树的骨架也就基本形成了。

北美苗圃业对苗圃内培养的行道树的高度和分枝数有相应的标准（表8-1），购买者根据这个标准购买相应的行道树。

表8-1 苗圃内行道树的高度和分枝数标准

最低分枝点高度/cm	胸径/mm	树冠上的最少分枝
200～250	20	3
250～300	25	5
250～300	30	6
300～350	35	7
300～350	40	9
350～400	45	9
350～400	50	10
400～450	60	11
400～450	70	12
450～500	80	13
450～500	90	14
500～600	100	15

c.促进树冠的形成。行道树和庭荫树必须要形成完整的树冠。修剪上主要采取多留少剪，以疏剪为主。凡过密、过强枝，交叉枝、病虫枝均予以疏剪，以促进侧生枝生长，并调节树势的均衡。

② 凡主轴明显的树种，修剪时应注意保护中央领导枝，使其向上直立生长。原中央领导枝受损、折断，应利用顶端侧枝重新培养新的领导枝。如杨属植物和部分针叶树应剪除基部枝条，随树木生长可根据需要逐步提高分枝点，并保护主干直立向上生长。而雪松、水杉、池杉等植物最好保持较低的分枝点，有利于维持树型。

③ 无中央领导枝的行道树，选用主干性不强的树种，如旱柳、榆树、栾树、国槐等，于分枝点附近留5～6个主枝，使树冠自然长成卵圆形或扁圆形。

④ 应逐年调整树干与树冠的合理比例。同一树龄和品种的林地，分枝点高度应基本一致。位于林地边缘的树木分枝点可稍低于林内树木。

阔叶类树种如黄山栾树、重阳木、无患子等，不耐重抹头或重截，冬季以疏剪为主。注意最下层的主枝上下位置要错开，方向匀称，角度适宜。要及时剪掉主枝上最基部贴近树干的侧枝，并选留好主枝以上枝条，萌生后形成圆锥状树冠。

银杏修剪只能疏枝，不准短截。对轮生枝可分阶段疏剪。

8.2.2 花灌木的修剪

苗木修剪的目的是创造苗木优美的造型。生长高度在4m以下，没有明显主干或多分枝的园林苗木一般统称为花灌木。花灌木在园林绿化中的主要作用是观赏其花色花型、果色果型及其植株姿态。

一般来说花灌木的萌蘖力都比较强，如不进行修剪，其丛生树冠会越来越密，开花数量会越来越少，而且影响株型。

（1）花灌木在整形修剪时要遵循的原则

① 根据灌木的生态生物学习性进行修剪，根据不同树种的生长特性、着花部位、开花时期以及枝芽的发生规律，确定修剪方法。

② 根据园林用途进行修剪，如造型的灌木修剪应保持外形轮廓清楚，外缘枝叶紧密。

③ 灌木造型修剪应使树型内高外低，形成自然丰满的圆形或半圆形树型；在北美苗圃业，对一些较为高大的树木进行修剪后可以创造出株型紧凑（compact）、矮小的灌木形状，增加特有的美感（图8-7）。

图8-7　温哥华UBC大学植物园中的羽毛枫和紫叶羽毛枫

④ 应加强对灌木内膛小枝、强壮枝、下垂细弱枝及地表萌生的地蘖衰老枝的修剪，疏剪内膛密生枝、主干枝、交叉枝、徒长枝。

（2）待销售的花灌木应进行适当修剪，以增加株型的美观和花朵数量。此时花灌木修剪要考虑以下几点。

① 当年生枝条开花的灌木，如忍冬属、紫薇、木槿、月季、珍珠梅、锦鸡儿属、风箱果、小檗属、楝木属、黄栌属等，休眠期修剪时，为控制树木高度，对于生长健壮的枝条应在保留3～5个芽处短截，促发新枝。1年可数次开花的灌木，如月季、珍珠梅、紫薇等，花落后应及时剪去残花，促使再次开花。腊梅、梅花等可在初秋打顶，促使多形成花芽。

② 隔年生枝条开花的灌木，如桃、李、梅、杏类植物、早花类绣线菊、连翘、金钟、迎春、紫珠、丁香、黄刺玫、春鹃、木兰属植物等，在休眠期适当整形修剪，生长季花落后10～15天将已开花枝条进行中或重短截，疏剪过密枝，以利来年促生健壮新枝。

③ 多年生枝条开花灌木，如紫荆、贴梗海棠等，应注意培育和保护老枝，剪除干扰树型并影响通风透光的过密枝、弱枝、枯枝或病虫枝。

④ 对于冬季观叶或观枝灌木，应在春季修剪；对于四季均可观赏的，应根据不同的生长特性，有的可在冬春修剪（如海桐、大叶黄杨等），有的在秋冬修剪（如卫矛、枸骨等）；有些园林树种，冬季落叶，茎干枯，如木芙蓉（象牙红在江苏、安徽冬季地上部冻死），应齐地剪除，次年春季自根部重新萌发新枝。

（3）不同类型灌木的标准

花灌木根据其高度可分为矮生灌木（dwarf shrubs）、中等高度灌木（medium growing shrubs）和高灌木（tall growing shrubs），不同类型的灌木标准也不同。

① 矮生灌木的标准。矮生灌木是指生长高度在100cm以内的花灌木，如一些矮生锈线菊属（*Spiraea*）植物和枸子属（*Cotoneaster*）植物、欧洲荚蒾的矮生品种（*Viburnum opulus* "*Nanum*"）等苗木。矮生灌木的标准见表8-2。

表8-2　矮生灌木的高度、分枝及根系分布标准

株高/cm	分枝数	最小根系分布范围/cm
20～30	3	15
30～40	4	20
40～50	4	25
50～60	5	25
60～80	5	30
80～100	6	35

② 中等高度灌木的标准。中等高度灌木是指大多数株型紧凑，生长高度在100～200cm之间的花灌木，如玫瑰（*Rosa rugosa*）和月季（*R. hybrida*）、枸子属（*Cotoneaster*）的高大型植物等苗木。中等高度灌木的标准见表8-3。

③ 高灌木的标准。高灌木是指苗木生长到成熟期时生长高度在200cm以上的花灌木。主要包括忍冬属株型较高的植物（*Lonicera spp*）、欧洲荚蒾（*Viburnum opulus*）、丁香（*Syriga chinensis*）等苗木。高灌木在200cm株高内的标准同中等高度灌木的标准。

表8-3 中等高度灌木的高度、分枝及根系分布标准

株高/cm	分枝数	最小根系分布范围/cm
20 ～ 30	3	15
30 ～ 40	4	20
40 ～ 50	4	25
50 ～ 60	4	30
60 ～ 80	5	35
80 ～ 100	5	40
100 ～ 125	5	50
125 ～ 150	6	60
150 ～ 175	6	60
175 ～ 200	7	65

8.2.3 绿篱、整形树类苗木及藤本植物的整形修剪

8.2.3.1 绿篱类苗木的修剪

绿篱类苗木的整形方式有两大类，即自然式和规则式。自然式多为高绿篱，兼有防风、防海潮功能，一般3 ～ 5m高，也可与绿篱组合成两层绿篱。而在园林中用于规则式苗木的多为矮绿篱树种，高度在1m以下的叫低绿篱，高度在1 ～ 2m的称之为高绿篱。

在苗圃生产中，自然式绿篱类苗木一般不需经常修剪，苗木高度可以根据绿篱生长的实际情况和苗木市场需要确定。在尚未达到所需绿篱高度时，尽量少剪，最多对生长过快的部分适当修剪，使之与邻近的植株同步成长。规则式矮生绿篱类苗木要经常修剪，促进冠幅的增加。绿篱已经达到预期高度后，须加以控制，增加冠幅和株型的丰满度，以提高苗木的商品价值。

① 几何型绿篱修剪应使绿篱轮廓清楚，线条整齐，顶面平整，高度一致，侧面上下垂直或上窄下宽，也可根据设计意图进行艺术造型，需要经常修剪；圆球形造型或半圆形造型接近苗木自然造型，修剪次数可相对减少（图8-8）。

② 绿篱及色带每次修剪高度较前一次修剪应提高1cm。

③ 色带、色块和图案的修剪应根据需要进行，有浮雕造型或几何立体造型的比平面要好。

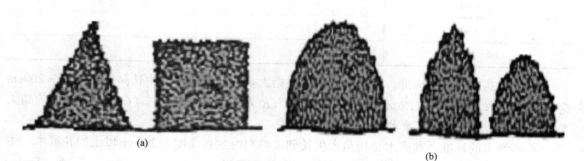

(a)   (b)

图8-8 绿篱类苗木修剪

（a）几何型；（b）圆球形

8.2.3.2　整形树的修剪

整形树首先要根据所要苗木的生态生物学特性进行修剪，同时，还要考虑到苗木的园林用途。通过适当的整形修剪，提高苗木的观赏价值，进而提高苗木的商品价值。

整形树多出自于生产盆景类的园林苗圃。根据树型的改造情况，整形树可分为自然造型和人工造型两大类。而对于整形树或树干弯曲的苗木使其直立或直立苗木使其弯曲都需要进行整形修剪。

（1）自然造型

① 直干造型。直干造型［图8-9（d）］主要用于乔木的整形修剪，尤其是作为行道树的乔木，树干一定要竖直向上。无论是在田间栽培还是容器栽培的行道树或庭荫树，如果树干弯曲，会直接影响到销售和销售价格。

一般作为行道树培育的苗木，在栽植前就应该对树苗的大小和生长势进行分级，相同规格的苗木归为同一级别，按不同规格分别栽植。

② 双干造型。双干造型树［图8-9（b）］一般作为庭荫树或孤赏树，以直立而粗的干为主干，比其细而低的干为副干，由两根树干构成优美的树型。

③ 曲干造型。曲干造型［图8-9（a）］可以增加景观树的形态美，多以模仿耐风雪而形成优美弯曲树木姿态。如果从小苗时开始用金属丝使其弯曲，造型比较易于实现。到成株时把植株倾斜栽植，把树干弯曲束缚在支柱上，经4～5年才能完成曲干造型。

④ 斜干造型。在园林中经常会布置一些临水斜干树木［图8-9（c）］以增加美感。苗圃生产中，可把苗木树干呈斜向栽植，使枝倾斜伸展，松柏类树种多采用这种造型。

⑤ 多干造型。多干造型树［图8-10（a）］一般指以3～5根干构成的整形方式，干数如再多则称为丛生造型。

⑥ 丛生造型。丛生造型树［图8-10（b）］是使地表上多数干分枝呈丛生形的整形方式。

多干型和丛生型多为灌木的修剪方式。但无论是哪种造型，在修剪过程中，要重视以苗木的整体美为原则。

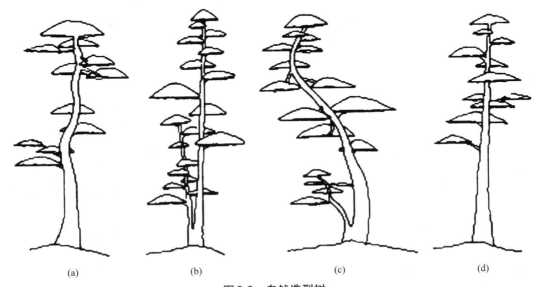

(a)　　　　　　(b)　　　　　　(c)　　　　　　(d)

图8-9　自然造型树

（a）曲干造型；（b）双干造型；（c）斜干造型；（d）直干造型

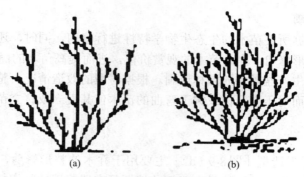

图8-10　苗木的不同整形方式

（a）多干造型；（b）丛生造型

（2）人工造型

人工造型一般是对苗木进行强修剪，使之形成各种形状，如圆锥形、圆柱形、圆台形、球形、层云形、垂枝形、柱干形、虬龙形、馒头形、钻天柱形、匍匐型等常见苗木造型。人工造型多用于盆景，在园林苗木的生产中，如能恰当利用，也会产生很好的效果，如图8-11的圆柱形造型，布置于园路两侧，增加了园林景观的美感。

图8-11　圆柱形造型

8.2.3.3　藤本植物修剪

对于苗圃来说，主要以繁殖藤本植物为主，很少对藤本植物进行修剪。但是，苗圃内如有标本圃，或通过各种方式展示各种藤本植物的形态美（图8-12），有时也要对藤本植物进行适当的修剪。

① 吸附类藤本植物，如常春藤、扶芳藤、爬山虎、凌霄、络石等类植物应在生长季剪去未能吸附墙体而下垂的枝条；对于未完全覆盖的墙面，应短截空隙周围的植物枝条，以便发生副梢，填补空缺。

② 钩刺类藤本植物，如藤本月季可按灌木修剪的方法疏枝；当植物生长到一定程度，树势衰弱时，应进行回缩修剪，强壮树势。

③ 生长于棚架的藤本植物，如卷须类植物葡萄、山葡萄等和缠绕型植物三叶木通、五叶木通等落叶后应疏剪过密枝条，清除枯死枝，使枝条均匀分布于架面。

④ 成年和老年藤本植物应常疏枝，并适当进行回缩修剪。

图8-12 花架和墙体

8.2.3.4 现代化整形修剪机械设备及其运用

在树木的整形修剪中，除了使用修枝剪、手锯、油锯等工具外，还有其它一些苗木整形修剪的机械设备在园林苗圃中使用。这些机械主要有以下几种。

①绿篱修剪机（图8-13）。是园林苗圃常用的修剪机械，主要用于绿篱的修剪和整形树的修剪，现在有各种型号的绿篱修剪机械。

②圆锥形或圆柱形苗木整形机（图8-13）。这类机械可根据所要整形的苗木的形态进行设置呈圆锥形或圆柱形，并按照审定的尺寸进行修剪，使修剪后的苗木形态及规格一致。

图8-13 绿篱修剪机和苗木整形机

③圆球形自动修剪机（图8-14）。这类机械可按设定的规格进行修剪，把苗木修剪成圆球形，因此，按统一设定的规格修剪的苗木成为规格一致的圆球形，便于销售。

④苗木修剪机（图8-15）。这类机械可修剪中小型灌木，地栽苗和容器苗都可使用。可根据苗木的高矮调节割刀的高度，修建下的枝条直接装入枝条收集袋中。

图8-14　圆球形苗木自动修剪机

图8-15　苗木修剪机

8.3 园林树木的蟠扎与造型

　　苗木的蟠（绑）扎也是苗圃生产的常用技术之一。以剪为主，以扎为辅，粗扎细剪，剪扎并用，其中蟠扎和修剪是苗木造型的关键。

　　我国有很多盆景类苗圃，主要是通过修剪和蟠（绑）扎来制作树桩盆景。现在，有很多苗圃对苗木也进行造型，在对整形树修剪的同时，还要进行适当的蟠扎。北美苗圃业为了使苗木直立，用不同长度的竹竿通过绑扎（图8-16），使苗木的弯曲部位直立。用于绑扎苗木的设备类似于订书机，绑扎固定的质量高，速度快。

　　金属丝的蟠扎是用铜丝或铅丝对树坯进行造型，这种方法简便易行，屈伸自如，但拆出时有麻烦。金属丝的粗细是根据树干和树枝的粗细来确定的，14～20号丝较为常用。蟠扎时，先将金属丝一端固定在枝干的基部或交叉处，然后紧贴树皮缠绕。边扭曲树枝（干）边缠绕，或左或右，使之与树干（枝）成适宜角度（图8-17）。用力要均匀，以防扭伤树干（枝）的形成层和树皮，若是易脱皮的树种或粗干，可先用麻、棕皮等包裹枝干再进行缠绕。

图8-16　温室内苗木

　　除用金属丝蟠扎外，也可用细金属丝或棕绳拉弯枝条或调整枝条的方向，苏州盆景制作中称之为棕法。棕丝与树皮颜色应协调，攀扎成型的苗木即可观赏。

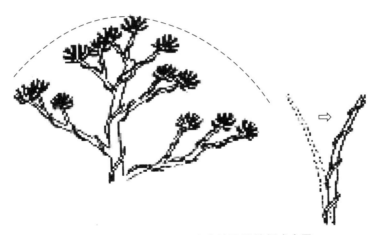

图8-17　金属丝一端固定在枝干的基部或交叉

　　不论棕丝或金属丝蟠扎，有时蟠扎较粗不易弯曲的主干时，还可对树干进行纵向或横向开口使之易于弯曲。如主干粗且硬，弯曲有困难时，可用利刀在枝干弯曲处纵向切一条长4～5cm的切口，开刀深至苗木髓部，并取出1～2薄片，使其内部形成缝隙，以利枝干的扭旋。然后缠紧麻皮，再用较粗的铅丝或棕丝进行缚扎，进行弯曲扭转到预定角度，扎缚固定造型时树干不容易折断。

　　经过整形修剪和蟠扎，使苗木形成不同的造型，有的如动物，有的似塔，有的如同虬龙，或呈几何图形（欧美苗圃多采用此种造型），提高了苗木的观赏价值。

　　为了提高苗木的观赏价值，苗木的修剪整形是苗圃工作的重要环节之一，无论是行道树、庭荫树、孤赏树以及各种绿篱及造型树都需要进行修剪和绑扎。而且，现代园林中造型树需要量越来越大，公园、广场或在小区中都可布置造型树，形成独特美丽的景观。

复习思考题

1. 简述园林树木的整形修剪原则及主要技法。
2. 简要说明乔木树种的修剪有哪些要求。
3. 待销售的花灌木修剪时应考虑哪些内容？
4. 整形树具体包括哪些造型？
5. 简述园林苗木的蟠扎方法。

9 园林植物种质资源及开发利用研究

评价一个园林苗圃优劣的标准主要是苗圃的布局、苗圃内园林植物的质量、苗木的规格及不同规格的数量、物种及品种的丰富程度。而苗圃内物种与品种的丰富程度也是决定一个苗圃的发展方向、发展速度的关键因素之一，因为品种、技术、资材和营销是苗圃的四块基石，而品种又是苗圃这四块基石中最为重要的一块。

9.1　园林植物种质资源的重要性　◄◄◄

园林植物种质资源又称遗传资源、基因资源，是蕴藏在园林植物各品种、品系、类型、野生种和近缘植物中的全部遗传物质的总称。园林植物种质资源，是园林植物育种的材料，种质资源越丰富，培育新品种的可能性就越大。

在我国，苗圃主要以生产园林用的苗木和多年生宿根花卉为主，而园林植物的育种主要是园林科研单位或园林教学单位从事这项工作，这和发达国家截然不同。在北美和日本，园林苗圃在生产园林苗木的同时，也不断地通过各种育种方法培育新品种，当然，园林苗圃采用的育种方法主要以选择育种和杂交育种为主。选择育种和杂交育种的基础就是具有大量遗传异质性的园林植物材料。

园林植物种质资源是园林植物育种的物质基础。随着社会的不断发展，经济水平的不断提高，人们对观赏植物的要求也越来越高，不再满足原有的园林植物，需要发掘更多的更新奇的园林植物种质资源，并对园林育种不断提出新的要求，也迫切需求多样性的园林植物品种资源提供优质丰富的园林植物绿化、美化、香化环境。

园林植物种质资源的作用潜力巨大，有些植物不仅具有优雅的形态和美丽花朵，还有对环境的修复功能。由于工业化的发展，环境污染日趋严重，对环境适应性强、抗逆性的园林植物，尤其是能够改善环境的园林植物也越来越受到重视，也需要园林苗圃作为园林植物生产企业去培育和生产这类具有观赏特性、适应性强的园林植物资源。

由于种质资源的开发利用受到科技水平和人们的认识的局限，发掘已有资源的其他用途将会产生更加丰富的不同特性的产品，满足人们的不同需求。因此，种质资源在社会发展中的作用潜力是相当巨大的。

9.2 园林植物种质资源与育种 <<<

园林植物种质资源对于园林苗圃来说非常重要，园林植物的育种是通过引种、杂交育种、选种等途径改良观赏植物固有类型而创造新品种的技术与过程。

9.2.1 我国的园林植物种质资源

由于我国的地域辽阔，生态环境条件多样，形成了我国植物资源的多样性分布，同种植物又由于不同的分布环境形成了多种生态类型，创造了我国丰富的园林植物种质资源。因而，我国被称为"世界园林之母"。在这样丰富的园林植物种质资源中，已经在城市绿化中利用的只是极少部分，而且这部分园林植物种质资源异常丰富，更何况我国还有很多优良的野生园林植物种质资源没有得到利用，这些园林植物种质资源都是园林苗圃进一步选择优良园林植物的宝贵财富。

9.2.2 苗圃园林植物育种的重要性

在园林植物中，凡是由一个个体的枝、芽、鳞茎等营养器官经无性繁殖而形成的所有植株叫做无性系或营养系品种。在同一个无性系内，每一个植株都具有相同的基因型，即相同的遗传物质基础。因此，园林植物的新品种培育有着特有的优越性，除一年生草本花卉外，大多数园林植物都可通过无性繁殖扩大新品种的数量，并保持新品种的特性。对于园林苗圃来说，可通过简单的育种方法如选择或杂交育种技术培育新品种。

在苗圃选育的新品种在销售中获得较高利润的同时，还可以提高苗圃的知名度。对于苗圃来说，推广具有自主知识产权的新品种，本身就是对苗圃的宣传，也是最好的广告。因此，在国外很多苗圃在培育新品种方面积极性非常高。在这方面，日本的国华园做得最好，他们对所培育出的新品种的命名多数都冠有"国华"二字，如"国华之光"、"国华盛典"等系列品种，不仅在日本盛销，在全世界都占有一定的市场。

加拿大温哥华地区的皮罗切植物有限公司（Piroche Plant Inc）在引入中国、日本的园林植物的同时，对引入的品种进行观察和选择，从中发现多个形态变异类型，并经繁殖形成新品种。如选育出狭长且紫红色叶变异的红花檵木（*Loropetalum chinense* var. *rubrum*），定名为"琵琶红"（*Loropetalum chinense* var. *rubrum* "Pipa Red"），而从桂花（*Osmanthus fragrans*）扦插苗中选育出花期较长的新桂花品种"金陵美人"（*Osmanthus fragrans* "Nanjing Beauty"）等几十个新品种。通过推广这些新品种，几年间，使皮罗切植物有限公司在北美苗圃业名声显赫，同时，也使苗圃得到了迅速发展。

美国富饶沃苗圃（Folwer Wood Nursery）是美国著名苗圃之一，培育了40余个新品种，而杜鹃新品种占有很大的比重，苗圃总经理金佰利先生（Jin Berry）认为新品种是保持和推动富饶沃苗圃发展的主要动力之一。

在我国，利用园林植物种质资源进行育种的苗圃企业也逐渐增多，其中较为成功的应属南京艺莲苑。艺莲苑在生产水生花卉睡莲和荷花的同时，注重种质资源的引进和育种，培育了大量的荷花和睡莲新品种，这些新品种已远销欧美和日本。

由此可见，种质资源在园林植物的育种工作中非常重要。

（1）种质资源是园林植物育种工作的物质基础

确定的育种目标要得以实现，首先取决于掌握有关的园林植物种质资源的多少。

（2）种质资源是不断发展新园林植物的主要来源

还有很多野生观赏植物没有被发现或没有被利用，而这些野生园林植物资源是将来园林植物发展所必需的，要使园林植物育种工作有所突破，就需要发掘更多的园林植物种质资源，来供人们研究、利用。

（3）适应园林景观不断发展的需要

随着经济的不断发展和人们欣赏水平的提高，对园林景观的要求不断提高，需要发掘更多的园林植物种质资源，对园林植物新品种的培育也不断提出新的要求。

（4）是苗圃发展的需要

苗圃的发展需要有新品种的支持，尤其是具有自主知识产权的新品种。对于苗圃来说，一个苗圃的经营好坏，生产技术和成本控制很重要，但拥有较多的园林植物新品种权会使苗圃在苗木市场竞争中处于非常有利的位置。

9.2.3　园林植物种质资源的保护和利用策略

（1）重视园林植物种质资源的保护和利用

要引起全社会的足够重视，加大对园林植物种质资源的保存及开发利用的技术、资金和人力的投入。保护地球环境，保护植物遗传资源，是世界各国和每个人的责任。有些园林植物种质资源非常珍贵，尤其是我国所特有的优良野生观赏植物资源，如银杉（*Cathaya argyrophylla*）、大花黄牡丹（*Paeonia ludlowii*）、黄牡丹（*P.lutea*）、金花茶（*Camellia chrysantha*）、珙桐（*Davidia involucrata*）和一些珍稀杜鹃属（*Rhododendron*）植物，在保护的基础上加以利用，通过有效利用使这些珍稀濒危优良种质资源得到保存。同时，利用这些种质资源与现有观赏植物种或品种杂交，培育和创造新的优良品种。

（2）将传统手段与现代科学技术相结合，寻找表现型为基因型

一个植株的表现型最多也只是其遗传潜力的指示者，因此，对品种资源的利用应重视表现型和遗传组成相结合。现在利用分子生物学技术已经可以将一些优良花卉的特有优异基因定位克隆，从而使园林植物的观赏价值得以提高。

（3）以核心种质研究为重点，对种质资源进行有效的保存和利用

核心种质即用最小容量、最小遗传重复、最大限度地代表整个资源的遗传多样性的种质资源样本。构建核心种质是提高种质资源利用效率的有效途径，便于管理、便于研究、便于利用。核心种质应具有以下特征。

①异质性。核心种质是从现有遗传资源中选出的数量有限的一部分材料，彼此间在生态和遗传上的相似性尽可能小，最大限度地去除遗传上的重复。

②多样性和代表性。核心种质应代表本物种及其近缘种主要的遗传组成和生态类型，包括了本物种的尽可能多的生态和遗传多样性，而不是全部收集品的简单代表和压缩。

③实用性。由于核心种质的规模急剧减小，与备份的保留种质间存在着极为密切的联系，因此，极大地方便了对种质资源的保存、评价与创新利用，更容易找到所需特性或特性组合的特殊资源材料。

④动态性。核心种质是满足当前及未来遗传研究和育种目标需要的重要的材料来源，因此，应该在核心种质与保留种质之间保持材料上的动态交流与调整。

我国被认为是世界园林之母，园林植物种质资源丰富，如何对其进行保护、开发及利用是我国所有园林工作者的责任。

　　园林苗圃在新品种的引种过程中，还要重视野生资源的引种驯化与栽培的研究，有很多优良野生园林植物种质资源可以直接利用，如紫柄冬青（*Ilex purpurea*），常绿乔木，树形优美，红果簇生于枝上，异常美丽；紫楠（*Phoebe sheareri*）和桢楠（*Ph.zhennan*），常绿乔木，树冠开展，且叶片可以挥发芳香油，具有改善空气质量的作用。还有很多优良的园林植物，在园林中却很少有栽培，等待被发现和开发利用。珙桐被国内外园林界公认为观赏价值最高的园林植物之一，在国外园林界受到重视，然而在我国除在部分植物园栽培外，在我国城市园林中还很鲜见。

9.3　现代园林植物育种的主要目标性状　《《《

　　园林植物的优良性状主要从园林植物的观赏特性和适应性等方面考虑。

9.3.1　观赏性丰富

　　（1）株型和枝型

　　园林树木的株型主要有塔形、圆锥形、椭圆形、馒头形、伞形等多种类型。树木的株型直接影响园林绿化的整体效果。优美、整齐的株型是提高园林植物观赏价值的基础。对园林植物的株型要求是多方面的，不同园林用途需要不同株型的苗木，如树干高大直立、树冠开展的苗木适宜于作行道树，垂枝型和曲枝型适合用于庭院观赏（图9-1～图9-3）。如果将上述分枝、株高、枝型等因素组合起来，就可形成十几种株型。

　　（2）树皮的色泽和质地

　　树皮的色泽在园林中非常受到重视，有很多优良的观干树种，如白皮松、紫薇、光皮树、白桦（图9-4）、浙江七子花（图9-4）、法国梧桐、榔榆、紫茎、红花油茶等。

　　（3）叶

　　叶形是观赏植物的一个主要观赏性状，植物的叶有多种叶形，同时还有各种类型的复叶。具有优美的叶形的树种如马褂木、凹叶厚朴、珙桐、槭树科植物和复叶的优良观赏植物如银鹊树、合欢、南天竹、十大功劳等。

图9-1　垂枝型北美云杉

图9-2　垂枝欧洲水青冈

图9-3 垂枝型加拿大云杉

图9-4 白桦树干和浙江七子花树干

叶色是园林植物非常重要的观赏性状。现在已筛选出各种叶色的观赏苗木品种，如紫叶李、紫叶桃、红花檵木、红叶石楠、金叶女贞等。然而，色叶树在园林中需要量非常大，尤其是一些特殊叶色树种，如在长江中下游地区缺少蓝灰色叶色的树种，图9-5是一种既垂枝且带有蓝灰色叶的树种——北美云杉优良品种，观赏价值极高。

图9-5　北美云杉优良品种

（4）花

①花色。花色是园林植物尤其是观花植物的主要观赏性状之一，鲜艳的花色使园林植物更加诱人，花色包括花及花苞片发育成花瓣的颜色。不同的观赏植物对花色的选育不同，如牡丹，主要缺少黄色花和蓝色花品种，在牡丹的花色育种中应充分利用我国所特有的珍稀牡丹大花黄牡丹、黄牡丹的黄色基因，培育金黄色的牡丹品种或带有黄色的复色品种；山茶育种同牡丹一样，缺少黄色品种，而我国有金花茶、显脉金花茶、防城金花茶等带有黄色基因的优良物种，应加以充分利用。

②花型、花径与重瓣性。不同园林植物其花型、花径与重瓣性直接影响其观赏价值，通过不同的花色、花型、花径与重瓣性使园林景观更加绚丽多彩（图9-6）。

图9-6　艳丽的花色和多样的花形

③ 芳香。花的芳香性也是提高园林植物品质的一个方面。芳香的花朵不仅使人陶醉，还可提炼香精用于提高其经济价值。具有芳香性的园林植物有茉莉、代代、蔷薇、栀子、结香、木兰类、含笑类、梅花、桂花、腊梅、栀子、百合类、铃兰（图9-7）、玉簪等。为培育出更多的芳香的园林植物，许多育种工作者在不断努力，已经培育出了一些香味的新品种，如日本培育出了芳香仙客来品种"甜蜜的心"，美国培育出了具有麝香香味的山茶新品种和具有芳香味的金鱼草新品种等。

图9-7 铃兰

④ 花期。花期是影响园林植物观赏价值的又一特征。一般来说，花期长可以提高园林植物的观赏性。昙花虽美，花期却很短。如果能够培育出花期较长的莲花，或培育出早花、晚花品种，都可以延长莲花的群体花期，提高其观赏价值。还有很多园林植物能够培育出像四季桂、四季菊一样的品种。

（5）彩斑

植物的花、叶、果实、枝干等部位具有的异色斑点或条纹称为彩斑。彩斑能够大大提高植物的观赏价值，如白皮松（*Pinus bungeana*）、光皮树（*Cornus wilsoniana*）等由于具有优美的树干而使售价提高。

9.3.2　抗逆性强

抗逆性主要是指植物对不良环境条件的适应能力，主要包括园林植物的抗病虫性、抗寒性、抗旱、抗盐性、耐热性等能力。随着环境污染的日趋严重，园林植物的抗污染能力也逐渐受到人们的重视。园林植物的抗逆性决定园林植物的应用范围，抗逆性强的品种推广的范围大，相对于抗逆性较差的品种，市场占有率高，有时，售价也相对较高，如江苏省中国科学院植物研究所培育的中山杉，售价要比池杉和落羽杉售价高50%以上。因此，在园林植物新品种培育过程中，还要重视园林植物的抗逆性品种的选育。

9.4　新品种及其培育　

9.4.1　品种的概念与作用

9.4.1.1　品种

品种是经人类培育选择创造的经济性状和生物学特性符合人类生产、生活要求的，性状相同而能稳定遗传的植物群体。

① 品种是在一定的自然和栽培条件下形成的，所以要求一定的自然和栽培条件。

② 随着经济的发展和人民生活水平的提高，对品种也会提出更新的要求，因而必须不断地创造新品种，及时进行品种更新。可见品种有着明显的地区性和时间性。

③ 在园林植物中，由营养器官经无性繁殖而形成的所有植株叫做无性系或营养系品种。这些无性系品种都具有相同的基因型，即相同的遗传物质基础。

④ 选择确定园林植物优良品种时，在尽量满足人们对美要求的同时，还应把抗性和适应性作为鉴定优良品种的重要条件。

9.4.1.2　优良品种在园林事业中的作用

① 园林植物是园林景观中的造园材料，园林植物优良新品种可以增加园林景观的环境美，满足人们对生活环境的需求，具有明显的社会效益。

② 优良的园林植物品种是苗圃企业生存发展的基础。"一个苗圃的好坏，生产技术很重要，但拥有更多的新品种权却是必要因素之一。"美国富饶沃苗圃总经理金百利先生认为："新品种权不仅会给苗圃企业带来直接的经济效益，还会让一个苗圃企业在市场竞争中处于一个非常有利的位置。"说明了新品种对苗圃企业的重要性。

9.4.2　新品种的保护

植物新品种保护也称植物育种者权利，是国家审批机关依据相关程序对经过人工培育的植物新品种（或人工开发的野生植物新品种）进行审查，授权并提供相应的法律保护的过程，是知识产权在园林植物新品种选育中的具体表现。

（1）获得植物育种者权利证书须具备的条件

① 新颖性。即在申请日之前该品种的繁殖材料或收获物未被销售，或经育种者同意在国内销售不超过1年，在国外木本植物、草本植物分别不超过6年、4年。

② 特异性。申请授权品种必须具有一个或多个特征特性明显区别于递交申请以前的已知品种。

③ 一致性。经过繁殖，其相关特征特性保持一致。

④ 稳定性。要求申请品种经过反复繁殖后或者在特定繁殖周期结束时，其相关的特征或者特性保持不变。

⑤ 适当的命名。新品种的命名必须与其他品种区别，不得仅用数字、违反道德或引起误解的品种名称。

（2）保护的年限

我国规定藤本、林木、果树和观赏树木20年，其他15年。美国的品种保护年限是指在其递交植物专利申请之日起20年内，排斥其他人无性繁殖这种植物，或者销售或使用无性繁殖的这种植物。有性繁殖（如种子）及使用或销售以此方式育成的秧苗，不构成对植物专利的侵害。植物专利所保护的仅是植物本身，并不包括植物的组成部分，例如花、果实、枝条、种子。

（3）植物新品种保护制度建立的意义

① 通过新品种保护，可增强全民保护植物种质资源及品种的意识，全面保护新品种知识产权，激发园林植物育种者发明创造的积极性，鼓励农业科技创新。

② 可实施园林植物新品种有偿转让，稳定园林植物育种科技队伍，促进农业成果产业化。

③ 保护投资者的合法权益，有利于社会其他组织和个人投入园林植物新品种的开发，尤其是对于苗圃培育新品种。

④ 有助于促进新品种的国际贸易、育种研究的国际交流和国际合作。

9.4.3　园林苗圃培育园林植物新品种的途径

园林苗圃与育种科研院所不同，不可能投入过多的人力物力进行园林植物的育种工作，尤其是诱变育种、多倍体育种和分子育种。我国的苗圃业还处于发展阶段，人才还很缺乏，有很多家庭作坊式的苗圃，生产管理还很粗放。但是，苗圃业可以充分利用苗圃所具有的优良种质资源，通过简单的选择育种方法进行优良品种的选育。

（1）选择育种

对于园林植物来说，选择育种是指从发生优良芽变的植株上选取变异部分的芽或枝进行无性繁殖，然后通过鉴定比较，选出优良品系育成一个新品种的育种过程。选择育种的关键是苗圃工作者要时刻留意观察，要有发现新变异、新类型的敏锐观察能力。

（2）选择育种的条件

园林植物新品种选择的主要目的，是在现有园林植物品种群体中或具有发展前途的野生植物中选择最优良的个体或变异个体，经栽培繁殖、性状比较，最后选育成为新品种。为了提高选择效果，在新品种的选育过程中应考虑以下因素。

① 园林植物新品种的选择要在大量的群体中进行。即使是在纯合的优良品种群体中，也会发生基因突变，虽然突变频率不高，但仍为我们选择新品种提供了机会。群体越大，产生突变的概率越高，选择新类型的可能性就越大，可以从中选优。

② 选择要在相对一致的环境条件下进行。植物的性状表现是遗传因素和环境条件共同作用的结果。在苗圃中栽培的苗木品种群体中进行选择，必须要在土壤肥力、施肥水平和其它环境条件相对一致的条件下进行。只有在环境条件一致的情况下，由基因控制的变异才能表现出来，优劣植株才较易分辨。

③ 要针对目标性状有目的地进行选择。植物优良观赏性状很多，不能盲目地进行选择，否则要增加无谓的工作量。在选择前，要确定好所要选择的目标性状，如曲枝型或垂枝型、彩叶或畸形叶、优美的花序、花型或艳丽的花色等，都是主要的目标性状，要针对不同的植物确定相应的目标性状。

④ 选择要根据园林植物的综合性状有重点地进行。在园林植物的选择时，既要考虑其观赏价值或经济价值，又要考虑有关生态生物学性状，要有重点地、综合性地进行选择。如果只根据园林植物单个特别突出的性状如花色或株型进行选择，忽视了植物本身的适应性、抗逆性等特性，有时也难以选出满意的新品种来。具有较强适应性和抗逆性的园林植物新品种，分布区广，市场潜力大，有时售价也要比普通品种高。

（3）园林苗圃进行园林植物新品种选育的途径

① 在苗圃中栽培的园林植物中选育新品种。我国苗圃内栽培的苗木有很多都是种子繁殖的，都有很大的异质性，如香樟、石楠和桂花，早春新萌发的新叶有紫红色、红色、粉红色、黄绿色和绿色多种，从中就可以选育出不同的新品种。像这样的树种很多，尤其是从野生树木采种繁殖的苗木群体中选择新品种的可能性更大，有很多具有特殊叶形叶色或花色的新变异，或者优良的株形变异。

② 在野生环境中选择新品种。我国是世界园林之母，有着丰富的园林植物种质资源。大自然中的野生植物种质资源丰富，从中可以发现大量的优良变异，经过培育有可能成为新品种。野生观赏植物种类繁多，如观赏禾草类越来越受到人们的重视（图9-8）。加拿大皮罗切植物有限公司皮尔·皮罗切先生带着作者多次到落基山考察野生植物资源，并从中发现一丛蓝灰色叶的禾本科植物。除此之外，发达国家很重视庭院中蕨类植物的应用，我国的蕨类植物资源丰富，观赏价值较高的除了桫椤之外，还有耳蕨属、紫萁属、蹄盖蕨属、碗蕨属、铁线蕨属植物（图9-9）等，从中也可筛选出优良的变异类型。

图9-8　观赏禾草

图9-9　蕨类植物

③ 从栽培品种中选择优良新品种。园林植物的栽培品种在形态特征和生态生物学特性方面应该是一致的，然而，在较大的栽培品种中也会发生基因突变，只要细心观察，一定会发现优良的变异。如红花檵木的群体中，可以发现很多叶形叶色和花色变异，只要注意筛选，会选育出多个别具特色的新品种。

当然，园林植物基因型丰富，变异类型多样，在园林植物选择育种过程中，通过自然选择所发现的形态变化有很多是由于环境因素造成的，还要经过复选，减少环境影响产生的形态变化，选育出由基因突变控制的形态变异，繁殖培育成为新品种。

9.4.4 品种的申报及审定程序

（1）新品种的申报材料

新品种的申报材料包括育种者单位、姓名；品种名；育种过程；主要农艺性状；适用范围和栽培要点；保持种性和防止退化的技术措施。

（2）审定标准

与同类品种比较，具有明显的性状差异，观赏性状优良；主要遗传性状稳定，具有连续两年以上的观察资料；具有一定的抗逆性、新颖性、特异性、一致性、稳定性，名称适宜。

（3）品种审定程序

由专业委员会制订审定标准，对由国家授权单位进行的性状鉴定和品种试验结果和品种名、品种特性进行审查、认定。达到审定标准的品种，经专业委员会审定合格，颁发合格证书。

================ 复习思考题 ================

1. 简述园林植物种质资源的含义及其重要性。
2. 园林植物种质资源的保护和利用策略有哪些？
3. 园林植物的优良性状要从哪些方面考虑？请具体说明。
4. 园林植物新品种选育的途径有哪些？

园林苗圃的病虫害防治与杂草防治

随着经济的发展，社会的进步，人们对环境的要求越来越高，对绿化苗木品质的要求也越来越高。一方面，要求园林苗木生产企业要加强栽培管理和养护技术，另一方面，也要求园林苗木生产企业加强对园林苗木病虫害的防治，使苗木能健康快速生长。在育苗期，病虫害严重时会导致幼苗的大片死亡。苗木的病虫害影响到苗木的品质，影响苗木的生长，因而延长留圃时间，直接影响到苗木的销售；同时，也因为病虫害影响苗木形态而间接影响到苗木的销售价格。

随着苗木种和品种的增多、栽培体系的多样化，病虫害的发生也逐渐呈现日趋复杂化，尤其近年来外来物种和新品种的引入以及各种随进口物资而来的包装材料，带来新的病虫害的入侵；而且尚有许多病虫害的发生规律不明确，如灌水都可以带来病源，给病虫害的防治带来了一定的困难。目前，环境安全问题日益受到人们的重视，许多农药已经限制或禁止使用，国外大力提倡对病虫害采取生物的、物理的、栽培技术的和农药等多方面的综合防治，收效很大。

10.1 园林苗圃的病虫害防治 ◁◁◁

10.1.1 综合防治的主要内容

我国的植物保护方针是"预防为主，综合防治"。综合防治的主要内容包括如下。

① 以预防为主，及早发现，及时防除。

② 在园林苗圃植物病虫害防治中采用合理的农艺措施进行综合防治。

a.保证苗圃的环境卫生，及时清除田间杂草，既可以避免与苗木争水争肥，促进苗木健康生长，抗病抗虫，又可降低田间湿度，降低病害的发生速度。

b.增加土壤肥力，促进苗木生长，提高抗病虫能力。

c.引进或选育抗病虫品种，种植抗病虫种或品种，如抗虫杨的选育就是一个很好的例子，目前我国抗病抗虫育种工作还有待于提高。

d.适当增加苗木的种类，尤其是地方优良种或品种，采用合理的种植方式，如不同种或品种相间种植，有利于避免病虫害的大流行。

e.选用健康的种子、种苗，播种或栽植前进行适当的药剂处理，可降低苗期的病虫害的发生。

f.采用合理轮作，避免病原菌和害虫的积累，也有利于抑制病原菌和虫害的发生，方法是不同树种之间的轮作、苗木和农作物之间的轮作及苗木和牧草之间的轮作。

g.在最佳种植季节播种，播后使用无菌（新）沙子覆盖。

h.及时清除病叶、病株、越冬虫卵，减少病虫害的再次侵染。

③ 物理方法防除技术

a.北方地区可采用秋翻地，经过冬季低温冰冻，减少病虫的数量。

b.夏季利用太阳暴晒及紫外线进行土壤消毒。

c.防虫网的利用可以有效防虫，在蔬菜种植上早已应用，在园林植物上应用还很有限。

d.昆虫诱捕器、忌避灯等的利用。

④ 生物方法防除技术。主要是利用天敌，如放养蚜虫的天敌瓢虫控制蚜虫的发生，白僵菌防治蝗虫等在农作物上早已应用，北美苗圃也已用于园林植物害虫的防治，而且逐步推广应用。

⑤ 合理使用农药

a.了解病虫种类，对症用药。用药正确才能有效防治病虫害；反之，不但病虫防治不了，还会因防治不当而使病虫害加重。

b.掌握用药时期及用药剂量。经常检查园林苗木的生长发育状况和病害发生状况，一旦发现病虫害，要及早防治，尤其是一些易得病生虫的树种，如瓜子黄杨，发现虫害不及时防治，3～5天叶片就会被全部吃光，影响苗木的观赏价值，影响苗木的生长，甚至死亡；刚长出的幼苗发生猝倒病和立枯病，如不及时防治，就会整片死亡；一定要按照农药说明书配制药液的浓度，才能发挥农药的最佳药效，在生产上经常出现农药药害或农药没有药效的问题，其原因是有假农药的存在，但更多的原因是在配制药液时，没有按照农药说明书配制药液的浓度准确称取农药的药量，而是按照自己估计的量进行配制，而且药液搅拌不均匀，因而药效不佳，甚至会产生药害。

c.注意药剂的合理轮换。再好的农药也不能长期使用，因为农药使用期过长，病原菌和害虫就会产生抗药性，所以，在使用农药时要进行合理轮换。

d.施药时要考虑不要杀害害虫的天敌。在使用农药时最好使用选择性杀虫剂，不用灭生性杀虫剂，以防杀死害虫天敌，而使害虫缺少天敌而大发生。因害虫天敌被消灭而引起害虫大发生的例子在国际上已经多次发生。

e.播前处理。在播前采用土壤杀虫剂、杀菌剂进行土壤处理，或采用福尔马林或溴甲烷土壤熏蒸，对苗期病虫害防治都会起到很好的作用。

⑥ 提高病虫害的防治效率。根据"预防为主，综合防治"这一指导思想：

a.引入种子或苗木时，要经过严格检疫，防止和减少恶性病虫害的传入。

b.对病虫害的防治一定要彻底，尽量减少病原菌的数量、虫卵和蛹的数量。

c.提高病虫害的防治水平，及时合理地进行防治，早发现，早诊断，早防治。

d.苗圃业在病虫害防治过程中，要紧密配合，苗圃间要互相通报，交流防治技术，防止病虫害的大流行。

⑦ 农药的安全使用问题。我国对农药的安全使用重视不够，经常有农药中毒事故的发

生。国外尤其是一些发达国家在这方面做得很好，对我们也有很好的启迪。

a.制定农药安全使用规范，农药使用者必须遵守这一规范。

b.喷施农药的人员必须戴防护面具，身着防护服，喷过药的地块要有标牌，在一定的时间内不准游人和工作人员进入。

c.喷施农药时要防止危害蜂、鱼、鸟等动物和其它农作物。

d.使用过的农药瓶、袋及农药残液要集中，并进行适当的处理，以防污染环境和伤害人、畜及鸟类。

10.1.2 园林苗圃的病害防治

园林苗木的病害种类很多，按其病原种类可分为两大类：一类是侵染性病害，由真菌、细菌、病毒等病原物侵染引起，如苗木立枯病、苗木茎腐病、苗木根腐病、白粉病、锈病、叶斑病等；另一类是非侵染性病害，主要由于营养失调、水分失调、温度不适、有害物质等造成植物失常，如缺素症、日灼病、药害等。

10.1.2.1 侵染性病害的防治

（1）苗木立枯病

①症状。立枯病多在苗木出土后的初期发生。发病时，病菌侵入幼苗的幼根或茎基部，先变成褐色，严重时植株的韧皮部被破坏，根部呈黑褐色腐烂。病苗叶片发黄、萎蔫、枯死，但不倒伏（图10-1）。

②发病规律。病害的发生是由于带菌土壤为主要侵染来源，另外，病株残体、肥料也有可能传病，还可通过雨水、农具等传播。湿度大、土地连作均可造成发病率的上升。

③防治方法。

a.园艺措施。轮作换茬，严禁连作，及时清除杂草、病株，保持苗圃卫生，控制浇水，加强通风。

b.化学防治。发现有被感染发病的苗木后，可用退菌特800倍稀释液喷雾防治。

图10-1　四季秋海棠立枯病症状

（2）苗木茎腐病

① 症状。该病能危害多种植物，一年生银杏苗最易感染此病（图10-2），幼苗死亡率达80%以上。此外，还危害松、柏、香榧、金钱松、杜仲、枫香、洋槐、板栗、水杉等林木的幼苗。幼苗发病初期，苗茎基部近地面处出现褐色斑，此时叶片开始失绿并下垂，当病部包围整个茎基部时，全株开始死亡。此时，根部皮层腐烂，仅留木质部，如拔起病死苗，根部皮层往往完全脱落。

图10-2　银杏苗茎腐病

② 发病规律。病菌在病株残体或土壤中越冬，次年从植株伤口侵入。此病多在梅雨结束后开始发生，发生轻重与7～8月的气温、雨水有关。一般7～8月气温高，持续时间长，病害则发生严重。

③ 防治方法。

a. 园艺措施。一是选择地下水位较低、排水良好的地作苗圃，容器育苗必须用无病原菌的土壤配制营养土，并坚持轮作制度，不在同一块地连续培育同一种苗木。二是施用腐熟肥料。三是在高温季节搭荫棚，可降低苗床温度，可使苗木发病率减少85%以上。

b. 化学防治。一是杀死病原菌。茎腐病菌是一种土壤习居菌，平时在土壤中营腐生生活。育苗前可用枯枝、枯叶、干草均匀撒在苗床上，点火焚烧，杀死土壤中的病原菌。或在每亩苗圃地中施入石灰粉25kg或硫酸亚铁粉15～20kg，以抑制病原菌。二是出苗期开始，苗圃用波尔多液（硫酸铜：石灰：水=1：1：160）喷洒幼苗，使幼苗外表形成保护膜，防止病菌侵入。发病后，及时清除病苗，在病苗穴周围撒石灰粉，以防止蔓延。

（3）苗木根腐病

① 症状。根腐病在全国各地苗圃几乎都有发生，针、阔叶苗木均可受害。病菌侵染幼苗根部和茎基部，病部下陷，根部皮层逐渐腐烂，呈暗色，染病幼苗常向地面倒伏。若苗木组织已木质化，则地上部分表现为失绿，顶部枯萎，以致全株枯死。此病主要危害当年生苗木。

② 发病规律。病菌在土壤及病残组织上越冬，主要侵害出苗3个月以上的苗木。在苗床

常常是点块或片状发生，然后向四周蔓延。此病在高温、高湿条件下发病严重。

③防治方法。

a.园艺措施。选择干燥、高的地块做苗圃地。

b.化学防治。在田间发现病株时，应立即带土挖除，并在周围1m的范围内进行土壤消毒。发病初期，可用恶霉灵500～1000倍稀释液灌根处理。

（4）其他常见侵染性病害的防治

其他常见的苗木侵染性病害主要有白粉病（图10-3）、锈病等。这些病害发生快，可以互相传染，常造成叶片干枯脱落，要注意防治。

图10-3　白粉病

①栽培防病。坚持轮作制，不在同一圃地连续培育同一种苗木，不选择地势低洼、易积水的地块作苗圃，苗圃地要有相应的排灌设施。精细整地，适时播种，注意播种深度，盖土不过厚，使种子能迅速萌发出苗，增强幼苗的抗逆性。增施腐熟有机肥，满足苗木对各种营养元素的要求，使苗木健壮生长。

②种子消毒。播种前精选种子，淘汰弱种。因为弱种发芽率低，而且往往是病害的初侵染源。用0.5%的福尔马林液喷洒种子，拌匀后覆盖堆闷2h，然后摊开，待福尔马林气体跑干净后再行播种，或先将种子在冷水中预湿4～6h，然后放入49～50℃的温水中浸10min，取出晾干后再播种。

③土壤处理。在播种前2～3周将土壤耙松，每平方米用福尔马林40mL兑水1～3kg（加水量随土壤湿度而定），浇湿后覆盖薄膜4～5天，揭膜后约经2周待药挥发完再播种，或者用50%多菌灵可湿性粉剂或10%甲基托布津或50%福美双或70%五氯硝基苯等杀菌剂，每平方米用药8～10g，加拌干细土10～15kg，拌成药土，在播种前先将三分之一药土均匀撒施作为垫土，播种后再将剩下的三分之二药土作为覆土，并保持土壤湿润。

④药剂治疗。对于根部病害，如果在苗圃中发现少数病株，拔除后可喷铜氨合剂消毒。其配方是：硫酸铜2份、碳酸铵11份，或硫酸铜2份、硫酸铵15份、消石灰4份，充分混合，密闭24h。使用时取1份药加400份水喷施，7～10天后再喷一次。喷药后土面湿度过高时，可撒草木灰降低湿度。对叶斑病等地上部分病害，可选用50%多菌灵、25%粉锈宁、75%代森锰锌等杀菌剂喷施，每隔7～10天喷一次，直至控制住病害为止。

10.1.2.2　非侵染性病害的防治

（1）缺素症

造成植物发生缺素症（图10-4）的原因有多种，其中最主要的是由于土壤中缺乏营养元素或是土壤中营养元素比例不当引起的。缺素症的防治关键是明确缺失哪种营养元素，然后进行补施即可得到解决。

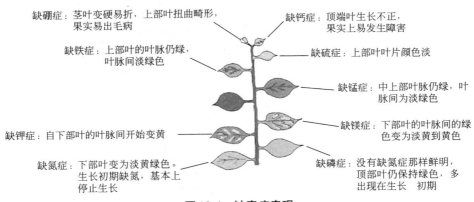

缺铜症：顶部叶呈罩盖状，生长差

缺硼症：茎叶变硬易折，上部叶扭曲畸形，果实易出毛病

缺钙症：顶端叶生长不正，果实上易发生障害

缺铁症：上部叶的叶脉仍绿，叶脉间淡绿色

缺硫症：上部叶片颜色淡

缺锰症：中上部叶脉仍绿，叶脉间为淡绿色

缺镁症：下部叶的叶脉间的绿色变为淡黄到黄色

缺钾症：自下部叶的叶脉间开始变黄

缺氮症：下部叶变为淡黄绿色。生长初期缺氮，基本上停止生长

缺磷症：没有缺氮症那样鲜明，顶部叶仍保持绿色，多出现在生长　初期

图10-4　缺素症表现

（2）药害

农药、化肥、植物生长调节剂等使用浓度过大或使用条件不适宜，可使植物发生不同程度的药害或灼伤，叶片常产生斑点或枯焦脱落，特别是植物柔嫩多汁部分最易受害。

10.1.3　园林苗圃的虫害防治

园林苗圃中的虫害防治主要时间段在春季、夏季和秋季，在冬季，虫害危害情况相对较轻。

10.1.3.1　春季苗木虫害防治

随着天气转暖，多种苗木上的害虫相继结束越冬，开始活动危害。及时防治已发生的害虫，结合春季苗木养护，清除越冬虫口，既能保证苗木春季长势，又可减少虫害全年的发生基数。

（1）蚜虫

蚜虫（图10-5）在苗木上发生十分普遍，其寄主主要有大叶黄杨、红叶李、桃、海棠、火棘、紫薇、月季、夹竹桃等。它的危害不但造成缩叶、植株生长不良，而且极易导致苗木感染病毒病。四月份正值苗木春梢期，枝叶嫩绿，营养丰富，温度适宜，蚜虫繁殖快，发生范围也将迅速扩展，应注意调查，及时防治。防治药剂可选用10%吡虫啉或10%金世纪1500倍稀释液喷雾。

（2）黄杨绢野螟

黄杨绢野螟（图10-6）以幼虫越冬，天气转暖后该虫主要危害瓜子黄杨、雀舌黄杨，危害后严重影响黄杨的新芽生长，甚至导致植株枯死。防治应在始见危害时进行，特别是上一年危害重的地块。药剂可用20%灭扫利乳油4000倍稀释液或25%氯氰菊酯乳油2500倍稀释液喷雾。

图10-5　蚜虫

图10-6　黄杨绢野螟

（3）大叶黄杨斑蛾

该虫主要危害大叶黄杨，食量大，喜群集为害，可用防治黄杨绢野螟的药剂在2月底喷治或3月初进行挑治即可。大叶黄杨斑蛾见图10-7。

图10-7　大叶黄杨斑蛾

（4）介壳虫

　　紫薇上的紫薇绒蚧，含笑、黄杨、桂花等植株上的盾蚧、吹绵蚧（图10-8），冬青、山茶等植株上的角蜡蚧都在四月份孵化，应加强调查，发现被危害的苗木，可用28%蚧宝乳油1200倍稀释液或48%乐斯本乳油800倍稀释液加10%吡虫啉1000倍稀释液喷治。

图10-8　吹绵蚧

（5）天牛（图10-9）

　　天牛是一种隐蔽性害虫，危害严重，防治难度大。在苗木上主要发生的星天牛、桃红颈天牛等均以幼虫在寄主树干内越冬，进入4月以后，陆续开始上升取食，特别是杨、柳、榆、无患子、栾树、桃、梅等树种，一旦树干周围地面出现新鲜虫粪，表明越冬幼虫已开始取食，应及时采用钢丝勾杀，或用40%毒丝本或80%敌敌畏乳油30倍稀释液注孔毒杀。

图10-9　天牛

（6）叶螨、冠网蝽

　　三月下旬部分苗木上叶螨（图10-10）已开始活动，到4月份危害加剧。药剂防治可用15%哒螨灵乳油2500倍稀释液喷雾。危害杜鹃、火棘、桃、梅、樱花等的冠网蝽（图10-11）在4月下旬起将出现危害。药剂防治可选用1.8%阿维菌素2500倍稀释液或2.5%功夫菊酯3000倍稀释液，喷药时应着重喷叶片背面。

图10-10　叶螨

图10-11　冠网蝽

10.1.3.2　夏季苗木虫害防治

（1）早检查、勤观察

如发现苗木的叶、干、枝上面有虫子的粪便、排泄物、咬痕等要及时防治。

（2）毒杀成、幼虫

叶面喷洒50%杀螟松乳油800～1000倍稀释液或80%敌敌畏乳油1000倍稀释液。

（3）诱杀成虫

桃蛀螟、金龟子、象鼻虫、天牛等害虫的成虫，多有较强的趋光性，可在成虫盛发高峰期，利用黑光灯、高压汞灯或频振式杀虫灯等诱杀。此外，还可用性诱剂诱杀雄成虫，这既可减少害虫对树木的危害，还可降低害虫发生的基数。

（4）树干涂药

采用树干涂药法，可防治蚜虫、金花虫、红蜘蛛和松类树的介壳虫。在树木距地面20～30cm高的主干或枝基部，选一段10～15cm长的光滑带作为涂药部位。在选好的部位包一圈吸水纸，然后将内吸性强的农药如氧化乐果等稀释成3～5倍体积，注射或涂在吸水物（旧棉花、废报纸等）上，最后用塑料薄膜扎紧（注意药效发挥后及时解除）。吸水物在雨前除去，以防包扎处腐烂，防治效果可达100%。

（5）根部埋药

①直接埋药。在树木周围开环状沟，然后在沟内埋施3%呋喃丹，每棵树埋药量为100g。为保证施药均匀，可将呋喃丹与药剂重量3倍的细土拌匀后再撒施入树木沟内。此法能够控制树木的叶部害虫，尤以药杀蚜虫类害虫的药效最佳，药效期可维持1～2个月。

②灌根法。在树木周围挖浅沟，每棵树浇入500g 10%大功臣可湿性粉剂2500～3000倍稀释液防治蚜虫，待药液渗下后用土将沟填平，施药后10天调查蚜虫减退率可达95%以上。

10.1.3.3　春、秋两季防治地下害虫

地下害虫的种类很多，其中对苗木危害性较大的有蝼蛄、蛴螬、地老虎、金针虫等，这几种地下害虫除蝼蛄以若虫和成虫同时危害外，地老虎、蛴螬、金针虫等都以幼虫危害。

地下害虫的特点是长期潜伏在土中，食性很杂，危害时期多集中在春、秋两季。防治地下害虫应采取园艺措施和化学防治相结合的方法。

苗畦要适当深耕细作，清除杂草，以利植株生长发育，增强抗虫害的能力；另一方面适当深耕，使地下害虫的生活条件恶化，从而抑制地下害虫的发育和繁殖。施用有机肥料必须充分腐熟，不腐熟的有机肥料，如饼肥或粪肥，能使多种地下害虫发生。

人工捕杀成、幼虫。清晨在断苗的周围或见残留的被害茎叶的洞口，将土扒开，可找到黑褐色肉虫，即为地老虎幼虫。还可利用金龟子的假死性于黄昏敲震花卉枝条捕杀之。

用敌百虫粉剂处理土壤。用一份敌百虫粉与细土五十份拌匀，直接撒布苗畦，然后翻入土中或开条沟撒入；也可以将敌百虫粉与肥料混合，作基肥或追肥施入土中，对蝼蛄、地老虎、蛴螬、金针虫等均有良好的防治效果。

盆类苗木可在培养土中掺敌百虫粉剂防治土中害虫，宜在使用前一周均匀掺入。平时盆土中发现蛴螬等害虫，也可用敌百虫稀薄溶液点浇除治。

10.2 园林苗圃的杂草防治

园林苗圃杂草危害极大，它与苗木争肥、争水，也影响苗木的正常生长发育，并且是很多苗木病虫害的中间寄主。苗圃内杂草的生长同时增加人工锄草的开支，其用工约占园林苗圃管理总用工的10%～20%，如果除草不及时，常造成园林苗圃内杂草丛生，病虫蔓延，给苗木生产造成极大的损失。园林苗圃地的除草主要有三种方式——中耕锄草、化学除草和覆盖锄草。

10.2.1 中耕除草的管理

10.2.1.1 中耕除草的作用

中耕是指对土壤进行浅层翻倒、疏松表层土壤。中耕的目的主要是松动表层土壤，中耕一般结合除草，在降雨、灌溉后以及土壤板结时进行。在北美苗圃业，田间栽培大苗多采用中耕锄草，既起到松土结合除草的作用，又避免使用除草剂对环境的污染。

中耕松土的深度，以不伤苗木根系为度，针叶树苗木、小苗宜浅，阔叶树苗木、大苗宜深；株间宜浅，行间宜深。

中耕除草作业一般在杂草生长期（长江中下游地区为3～11月）进行，在苗圃管理中是一项重点作业。为了提高中耕除草的作业效率，应坚持六字方针："除早、除小、除了"。

① 除早：是指除草工作要早安排、提前安排，只有安排并解决了杂草问题之后，其它作业才有条件进行。

② 除小：是指除草从杂草幼苗时就开始，减少对苗木生长的影响，又减少了作业工作量。

③ 除了：是指除草要除彻底、干净。

10.2.1.2 中耕除草的作业安排及作业方式

中耕除草的时间及次数是根据不同条件和目的决定的。

（1）人工中耕除草

这是目前我国苗圃采用最多的也是主要的中耕除草方式。工具大都是使用不同规格的锄头，小苗区以小锄使用最多。南方撒播苗床传统方法是人工拔草，但总体劳动强度大，工作效率低。

（2）机械中耕除草

机械除草是发达国家田间栽培苗木除草的主要措施之一。在育苗面积大、地势平坦的我国北方地区，可用机械中耕除草。可用不同型号的大、中型轮式拖拉机牵引多行中耕器在较矮的小苗（行距0.6m）区进行多行作业。或用于行距1m以上的中、大苗养护区，用小型拖拉机、手扶拖拉机配带小型犁、靶、旋耕机等农机具穿行行间进行翻土、松土作业。另外，要设置配套的适合农机作业的移植、养护苗木行株距和配套的机械作业道。

（3）畜力中耕

畜力中耕即是利用畜力牵引农机具，如三齿耘锄、中耕器等进行中耕、培土、除草等工作，目前对一些中、小型苗圃是很适用的。虽不及机械作业，但比人力中耕省力，功效可提高3～5倍。

10.2.2 化学除草及其安全管理

苗圃地除草是苗圃管理中一项十分繁复的工作，它不仅劳动强度大、效率低、用工量大，增加育苗成本，而且有碍于苗木的正常生长发育，有时甚至发展成草荒，影响苗木的生长。

现在国内苗圃化学除草剂的生产已经逐渐完善并达到世界水平，产品品种齐全，供应丰富，价格低廉。苗圃是化学除草剂应用和推广较为广泛的领域，我国苗圃工作者已初步研究形成了一套苗圃化学除草体系。苗圃化学除草剂的使用是苗圃经营的主要技术，也是培育壮苗的主要措施，既减轻了劳动强度，也节省了费用，取得了明显的经济效益。

10.2.2.1 除草剂的分类及选择

为了有效利用和选择适宜的除草剂，首先要熟悉除草剂的种类及使用方法。

（1）按除草剂对杂草的选择性划分

① 灭生性除草剂。这类除草剂对部分杂草、乔灌木、幼苗都有毒性，均能杀死。这类除草剂主要有草甘膦、克芜踪、百草枯、杀草枯、五氯酚钠等。主要用于苗圃地翻耕前、苗木栽植前土地及道路两侧灭草。

② 选择性除草剂。这类除草剂可以杀死某类杂草，但对目的树种苗木无害。如除草醚在松科幼苗和杂草之间表现出良好的选择性，能够杀死一年生禾本科杂草，对苗木生长没有影响。这类选择性除草剂还有果尔、氟乐灵、杀草醚、草枯醚、扑草净等。

（2）按除草剂的作用方式划分

① 触杀型除草剂。这类除草剂喷洒到植物体上，接触药剂的部位受害或死亡，而不能在植物体内传导移动。因此，这类除草剂只能杀死杂草的地上部分，对地下部分或有地下茎（根）的多数杂草效果极差。触杀型除草剂有除草醚、百草枯、毒草胺、灭草胺、无氯酚钠等。

② 内吸传导型除草剂。这类除草剂被植物叶、根、茎芽等吸收后，传导至植物体内，使植物致死，它对防除一年生或多年生深根性杂草很有效。如草甘膦被叶片吸收后，24h内就可通过光合作用的产物运送到根茎或叶片其他部位起作用。这类除草剂有草甘膦、敌草净、阿特拉津等。

（3）按除草剂对杂草的使用方法划分

① 土壤处理剂。这是目前使用除草剂的主要方法。把除草剂均匀喷洒到土壤表面，使之形成一定厚度的薄层，让杂草种子的幼芽、幼苗接触吸收而起到除草作用。适用于作土壤处理剂的有果尔、氟乐灵、除草醚、扑草净、西玛津等。

② 茎叶处理剂。把除草剂直接喷洒到生长着的杂草茎叶上，适用的有百草枯、草甘膦、克芜踪等。

10.2.2.2 苗圃使用化学除草的优缺点

① 苗圃的主要产品是苗木，所以在使用上可不必考虑除草剂在苗木中的残留问题。

② 苗圃地用除草剂比农用更安全。苗圃经营范围大，离人们活动区距离较远，即使应用某些对人有较大影响的除草剂也不会对人们的生境带来巨大威胁。

③苗圃周期长，在苗圃生产的各个环节都需要进行除草，因此开展苗圃化学除草要比农业更迫切，更有条件。

④苗圃使用化学除草剂除草，能大幅度降低生产管理成本，提高经济效益。

除草剂的使用也存在一些问题，如杂草抗药性问题、除草剂降解产物对作物发生危害和使用某些除草剂（如有些磺酰脲类不易被土壤降解）后对后茬作物的影响等问题，还应慎重使用除草剂。从环境保护方面考虑，也应尽量减少化学除草剂的使用。

10.2.2.3 除草剂的使用

苗圃地内园林苗木种及品种多，杂草的种类也多，它们的生长习性、生物学特性、栽培方式各不相同，同时除草剂的作用还受环境条件如光、温、水及土壤等因子的影响。因此，在苗圃地中使用除草剂，要注意以下问题。

（1）注意选择药剂

除草剂的品种很多，有茎叶处理剂、灭生性除草剂等，有的适用于芽前除草，有的适用于茎叶期除草。因此，要根据不同的苗木品种和不同时期的杂草分别选用。

（2）注意用药量

各种苗木对除草剂的耐药性是有一定限度的，所以不能随意加大用量。

不同苗木种及品种的耐药性也不同，应严格按产品说明使用。一般来说，针叶树种的耐药性相对较强，用药量可以大些，阔叶树种的耐药性较差，用药量宜小些。

同一苗木品种对某种药剂的抗药性，会随着苗龄增加而提高，大苗用药量可相应加大。

（3）注意施药方法

果尔、精稳杀得可在杂草幼苗期施用，对苗木比较安全。氟乐灵易见光挥发，必须先喷施于苗圃土壤表层，然后覆土。使用灭生性除草剂如克芜踪、草甘膦等时，喷头要加保护罩，只能在行间喷雾，防止喷施到苗木绿色部位。

（4）注意环境条件

环境条件对除草剂药效影响较大。苗圃土壤温度高、湿度大，砂质土壤，药效反应快，除草效果好，用药量可减少。土壤温度低、干旱、板结、黏重时，药效反应慢，除草效果差，药量可大些。光对于某些除草剂的影响十分明显，如敌草隆、西玛津、扑草净等，是光合作用抑制剂，需要在有光的情况下才能抑制杂草光合作用，发挥除草效果。

10.2.2.4 除草剂的混用

由于杂草种类繁多，除草剂对各类杂草的除草能力不同，实际上，很难做到使用一种除草剂或用一次除草剂就能把所有杂草消灭。在生产实践中，人们把几种除草剂混合使用，可以起到互补作用，扩大除草种类，提高除草效果，达到一定用药杀死大多数杂草的目的。当然，除草剂的混用不是随意混合，而是混合使之产生加成作用。有时混合的效果是它们各自效果的总和；有时为增效作用，有时还有拮抗作用，即混合效果小于各自的总和。因此在除草剂混用时，要注意选择合适的除草剂。重视除草剂剂型和混剂的发展，鼓励除草增效剂、安全剂的研制生产和应用。

10.2.3 常见杂草的种类

苗圃杂草就是不包括人为目的性栽培植物在内的草本植物。由于苗圃中的营养水分都是人为供给，土壤水肥条件较好，虽然为苗木的生长提供了保证，但同时又为杂草的繁殖生长创造了条件，所以与大田相比苗圃里的杂草生长旺盛且种类较多，这就会造成苗圃植物对营养、光照和水分吸收的不足，在整个生长季节都对苗木的生长造成很大的威胁，影响其正常生长。同时杂草也是多种病原和害虫的越冬场所，是翌年发生病虫害的初侵染源。常见的苗圃杂草可分为以下三大类。

10.2.3.1　一、二年生杂草

一、二年生杂草在生活史中只开花结实一次，种子繁殖，整个生命周期不到一年时间完成。苗圃中常见的杂草多是一、二年生的。一年生杂草在春季发芽，夏季是主要发育阶段，秋季成熟后死亡。它们的种子在土壤中维持休眠状态到翌年春季，如苍耳、藜、稗草、苋、扁蓄、狗尾草等杂草，参见图10-12。二年生杂草在秋季或冬季发芽，种子一般在翌年春季或早夏植物死亡前成熟。种子常常在土壤中保持休眠状态越夏，如繁缕、问荆、龙葵、马唐、麦仙翁、益母草和飞廉等杂草，参见图10-13。

10.2.3.2　多年生杂草

多年生杂草指寿命在二年以上，一生中能多次开花结实的杂草。主要特点是在开花结实后地上部死亡，依靠地下器官越冬，翌年春季从地下营养器官又长出新株。此类杂草除能以种子繁殖外，还能利用地下营养器官进行繁殖，而后者是主要的繁殖方式。如田旋花（图10-14）、车前草（图10-15）、狗牙根、问荆、白茅等杂草。

图10-12　一年生杂草举例

繁缕

问荆

龙葵

马唐

图 10-13 二年生杂草举例

图 10-14 田旋花

图 10-15 车前草

10.2.3.3　寄生杂草

该类杂草寄生在其他植物上，依靠自身特化的吸收器官吸取寄主养分，而自己却不能进行光合作用合成营养。根据寄生的特点，寄生杂草可分为全寄生杂草与半寄生杂草。全寄生杂草地上部器官无叶绿素，不能进行光合作用。全寄生杂草又可分为根寄生和茎寄生，列当就是属于根寄生一类的杂草，而菟丝子为茎寄生，依靠特化的吸器从寄主身上吸取养分。百蕊草为半寄生杂草，具有根和吸器，有寄生和自生两种生活方式，当没有寄主存在时能独立生活。

在不同的地区，不仅杂草的种类不同，杂草的发生规律也不同，以东北地区为例，根据杂草发生的先后以及生长旺盛期的不同，大致可分为5个时间段：第一阶段，3月中旬至4月中旬，为二年生杂草和大部分多年生杂草发生的时间；第二阶段，从4月下旬至5月中旬，是一年生早春杂草；第三阶段，从5月中旬开始一直延续到7月上旬，是晚春杂草大量发生的时期；第四阶段，从6月初开始是最晚发生的一年生杂草，多年生杂草地上部铲除后又继续再生；第五阶段，从8月初到9月中旬，是二年生杂草和多年生杂草重新大量发生的时期。

10.2.4　防治方法

环境对杂草的生长和发育具有重要的影响，在环境因素中尤以水、热状况的变化对杂草的生育有着极其重要的作用。一直以来，人们为了防除杂草，耗费了大量的时间以及人力、物力。杂草防治技术也经历了从原始人工铲除到现代化学除草的发展过程。由于不同的地区，不同的年份，杂草的种类及发生的规律都有所不同，这就要求在防治杂草的时候要熟悉了解当地杂草的种类以及发生规律，针对不同的杂草种类和发生规律采取不同的防治方法，这样才能起到比较好的防治效果。

10.2.4.1　苗圃地的耕作管理

（1）合理的土壤耕作制度

因为苗圃的杂草多是一、二生的杂草，它们多是以种子繁殖的，且根据它们的生物学特性，种子大多集中在夏秋两季成熟。在此时对苗圃地进行深耕可以将杂草的种子深埋于土壤之下，使之不能够发芽，从而抑制翌年杂草数量。同时，深耕可以将多年生杂草的根系翻出导致其死亡。

（2）合理的土壤轮作制度

由于一些寄生性植物对某些苗木有依赖性，可以进行合理的轮作制度，这样既可以减轻这类杂草的危害，同时又清除掉了一些病原及虫害的宿存越冬或越夏场所，减少翌年病虫害的初侵染源。

10.2.4.2　清洁苗圃环境

进行合理的耕作管理虽然能从很大程度上减少杂草的发生，但仍不能够完全抑制杂草的生长，尤其是苗圃周围的杂草所产生的种子是杂草的重要来源，所以必要时可以进行人工铲除，尽可能不让杂草完成其生长发育史，要注意的是杂草的幼龄期短，很容易结实，所以在清除杂草的时候要彻底，要把根系一并铲除，避免后续的生长，尤其对于多年生杂草这点尤为重要。铲除掉的杂草要及时运出苗圃地，集中处理掉。

10.2.4.3　化学防治

在科学技术主导的现代农业中，化学防治已经是一种较为普遍的防治方法，同时也是较为重要的方法。无论是对病虫害还是对于防治杂草，化学防治都能起到一个比较理想的效果。在苗圃中，一般大体分为两种，一种是苗前对土壤消毒处理，不仅可以杀菌杀虫，同时也能使杂草的种子失活而不能发芽；另外就是在苗期，对已经生长的杂草通过喷施除草剂来防治。

（1）苗前土壤处理

苗前土壤处理的目的主要是抑制杂草的萌发，如果土壤中的杂草种子大部分不能发芽或者不能出土，这就为以后苗期防治杂草节省了许多工作量，这类除草剂主要是二硝基苯胺类和硫代氨基甲酸酯类。使用该类除草剂时，可在播种前一段时间将除草剂拌入土壤中，之后再播种。

（2）苗期除草

对于那些没有被土壤处理剂杀死的杂草，可在其生长期施用选择性除草剂，如西玛津[2-氯-4，6-双（乙胺基）均三氮苯]、二甲四氯等。但要注意用量，尽管是选择性的除草剂，但剂量过大也会产生灭生性除草剂的效果，从而使苗木受害甚至死亡。

10.2.5　除草剂的分类及其在土壤中的残留与降解

10.2.5.1　除草剂的分类

（1）按作用方式分类

① 选择性除草剂。在一定的环境条件与用量范围内，能够有效地防治杂草，而不伤害苗木以及只杀某一种或某一类杂草的除草剂，在长有苗木的苗圃地里施用的除草剂一般都是选择性除草剂。除草剂的选择性是相对的，超过用量范围、施用方法不当或使用时期不当，都会丧失选择性而对苗木造成伤害，如西玛津。

② 灭生性除草剂。这类除草剂缺乏选择性，故也叫非选择性除草剂，对杂草和苗木均有毒害作用。所以施用这类除草剂的时期是在苗圃栽植苗木之前，如五氯酚钠。

（2）按使用方法分类

① 土壤处理剂。也叫封闭处理剂，主要是抑制杂草的萌发，主要采用土表处理与混土处理。土表处理是在苗木播种后、出苗前应用，其除草效果受土壤含水量的影响较大。混土处理是在作物播种前使用，通常为易挥发与光解的化合物，如氟草胺。

② 茎叶处理剂。此类除草剂是在杂草幼苗期或者生长期使用的除草剂，如草甘膦。

（3）按化学结构分类

① 无机除草剂。这类除草剂除草效果差且用量大，易对苗木造成毒害，目前已经很少应用，如硼酸钠。

② 有机除草剂。这类除草剂是由能消灭或抑制杂草的有机化合物配制而成的，如苯达松、灭草灵。按化学结构可分为苯氧羧酸类、苯甲酸类、酰胺类、甲苯胺类、有机磷类等20多类。此类除草剂选择性强、毒性小、用量少、使用范围广，为目前主要使用的除草剂。

10.2.5.2　除草剂在土壤中的残留与降解

（1）挥发

有些除草剂暴露于空气中就会变成蒸气挥发掉，如氨基甲酸酯类除草剂。正是由于该类除草剂的挥发性，它在土壤中的残留时间较短，并可能对周围的敏感植物造成伤害。控制挥发的措施主要是在施药后立即混土，以增加吸附。

（2）淋溶

淋溶主要是指由雨水或者灌溉引起的除草剂向土层的垂直渗漏。易发生淋溶现象的除草剂药效期较短，如茅草枯。但如果土壤的黏性较强，除草剂就能被土壤牢固吸附，也就不易被淋洗掉。另外，由于长期的淋溶现象，在土壤的下层会积累大量的除草剂，造成土壤或者地下水的污染。

（3）降解

除草剂降解是指化学除草剂在环境中从复杂结构分解为简单结构，甚至会降低或失去毒性的作用。造成降解的有生物的（微生物）、物理的（光）、化学的因素等。残留于土壤中的除草剂，以微生物的降解作用最为重要，其降解速度取决于除草剂的种类、土壤水分含量及土壤微生物。

①微生物的降解。土壤中的真菌、细菌和放线菌能改变和破坏除草剂的分子结构，使其丧失活性。参与芳氧类除草剂降解的微生物有小球菌属、诺卡菌属、极毛杆菌属等。参与脂肪类除草剂降解的微生物有极毛杆菌属、土壤杆菌属、黄杆菌属、青霉属等。

②化学降解。该类降解主要是酸催化的水解反应，影响的主要是三氮苯与磺酰脲类除草剂在土壤中的分解，当土壤的pH值大于6.8时，酸催化水解反应几乎停止。

③光分解。光分解实际上是由于除草剂对紫外线引起的钝化作用的敏感性不同而造成的。芳氧类、胺酰类、氨基甲酸酯类、酚类等绝大多数除草剂都存在光分解的途径，只是降解的程度依除草剂的种类不同而有所差别。

10.2.6　园林苗圃的常用药剂

园林苗圃常用药剂见表10-1。

表10-1　园林苗圃常用药剂

分　类	名　称	主要功效
杀虫剂	敌敌畏	这是一种高效、速效、广谱的有机磷杀虫剂。制剂有50%乳油、80%乳油。用80%乳油兑水800～1500倍喷雾可防治植物上的多种咀嚼式口器害虫，如黄曲条跳甲、茶毛虫、飞虱、苹果卷叶虫、桃小食心虫、烟青虫等。空仓防治米象、谷盗、麦蛾等害虫，用80%乳油1000倍稀释液喷洒，施药后密闭2～3天。其杀虫作用的大小与气温高低有直接关系，气温越高，杀虫效力越强
	敌百虫	这是一种高效、低毒、低残留、广谱，室温下存放稳定，易吸湿受潮，在弱碱条件下可转变为毒性更强的敌敌畏的有机磷杀虫剂。该杀虫剂胃毒作用强，兼具触杀作用。可通过喷雾、灌根、喷粉等方法进行施用。防治对象为多种具咀嚼式口器的害虫。常见剂型有90%晶体、80%可溶性粉剂、2.5%粉剂
	溴氰菊酯	商品名称为敌杀死，是高效、广谱的拟除虫菊酯类杀虫剂。具强触杀作用、胃毒作用与忌避活性，击倒快，无内吸活性及熏蒸作用。制剂有2.5%敌杀死乳油。防治害虫用2000～3000倍稀释液喷雾
	氰戊菊酯	商品名称为速灭杀丁、速灭菊酯，是高效、广谱的触杀性拟除虫菊酯类杀虫剂，有一定胃毒作用与忌避活性，无内吸活性及熏蒸作用，可防治大多数草坪的大多数害虫，对螨类效果差，害虫易产生耐药性。防治害虫用2000～3000倍稀释液喷雾
	高效氯氟氰菊酯	商品名称为功夫，其他名称为三氟氯氰菊酯、功夫菊酯、氟氯氰菊酯、氯氟氰菊酯，有强烈的触杀作用和胃毒作用，也有驱避作用，杀虫谱广，对螨类兼有抑制作用，对鳞翅目幼虫及同翅目、直翅目、半翅目等害虫均有很好的防效。适用于防治观赏植物上的大多数害虫。高效氟氯氰菊酯对蜜蜂、家蚕、鱼类及水生生物有剧毒。剂型有2.5%功夫乳油。每公顷用2.5%乳油300～600mL兑水750kg进行喷雾。此药对螨仅为抑制作用，不能作为杀螨剂专用于防治害螨，不能与碱性物质混用
	吡虫啉	又名咪蚜胺、灭虫精，是一种拟烟碱类高效、低毒广谱内吸性杀虫剂，兼具胃毒作用和触杀作用，持效期长，对刺吸式口器害虫防效好。制剂有10%吡虫啉可湿性粉剂、5%吡虫啉乳油等。主要用于防治刺吸式口器害虫。用10%可湿性粉剂600～1050g/hm²加水900～1125kg均匀喷雾，可防治蚜虫和飞虱等

续表

分　类	名　称	主要功效
杀虫剂	灭幼脲	属低毒杀虫剂，在动物体内无明显蓄积毒性，未见致突变、致畸作用，是一种昆虫几丁质合成抑制剂。具有高效低毒、残效期长、不污染环境的优点，是综合治理有害生物的优良品种。对松毛虫、菜青虫、美国白蛾、蚊蝇等害虫均有良好的防治效果
	三唑锡	常见剂型有8%乳油、20%悬浮剂、25%可湿性粉剂等，为广谱性杀虫剂，可杀若螨、成螨和夏卵，对冬卵无有效触杀作用，可防治多种园林植物害螨
杀菌剂	波尔多液	波尔多液具有保护作用，原料为硫酸铜和生石灰，常用配比为硫酸铜∶生石灰∶水=1∶0.5∶100（或1∶1∶100，1∶2∶100）等配合量，波尔多液可防治多种园林苗木的病害，如霜霉病、疫病、炭疽病、溃疡病、锈病、黑星病等。波尔多液的杀菌力强，防病范围广，附着力强，不易被雨水冲刷，残效期可达15～20天
	多菌灵	剂型有25%、50%可湿性粉剂。多菌灵为高效低毒内吸性杀菌剂，有内吸治疗和保护作用。多菌灵是一种广谱性杀菌剂，对多种作物由真菌（如半知菌、多子囊菌）引起的病害有防治效果。可用于叶面喷雾、种子处理和土壤处理等。多菌灵可与一般杀菌剂混用，但与杀虫剂、杀螨剂混用时要随混随用，不宜与碱性药剂混用。安全间隔期为15天
	甲基托布津	常见剂型为50%、70%可湿性粉剂，40%悬浮剂，属苯并咪唑类，是一种广谱性内吸杀菌剂。能防治多种作物病害，具有内吸、预防和治疗作用。它在植物体内转化为多菌灵，干扰菌的有丝分裂中纺锤体的形成，影响细胞分裂。可与多种杀菌剂、杀螨剂、杀虫剂混用，但要现混现用。不能与铜制剂、碱性药剂混用
	粉锈宁	又名三唑酮，常见剂型为15%、25%可湿性粉剂，20%乳油。粉锈宁为内吸性杀菌剂，具有保护和治疗作用，还具有一定的熏蒸作用。粉锈宁对多种作物由真菌引起的病害，如锈病、白粉病等有一定的治疗作用，可用做喷雾、拌种和土壤处理。粉锈宁有效期长，不能与强碱性药剂混用，可与酸性和微碱性药剂混用，以扩大防治效果。使用浓度不能随意增大，以免发生药害
	农用链霉素	常见剂型有72%可溶性粉剂、15%可湿性粉剂。农用链霉素有治疗作用，可防治各种细菌引起的病害，对人、畜低毒
	病毒必克	常见剂型有3.85%水乳剂、20%可湿性粉剂，是新型高效植物病毒防治剂，主要用于防治烟草、蔬菜、果树、粮食等作物的病毒病，其防治效果可达80%以上
除草剂	春多多	是新型内吸传导型广谱非选择性除草剂。主要通过抑制植物体内烯醇丙酮基莽原素和磷酸合成酶，从而抑制莽原素向苯丙酸、酪氨酸及色氨酸转化，使蛋白质的合成受到干扰导致死亡。春多多具有以下特性：①广谱性：能除去单子叶和双子叶、一年生和多年生、草本和灌木植物。②内吸性：能迅速被植物茎叶吸收，上下传导，对多年生杂草的地下组织破坏力很强。③彻底性：能连根杀死，除草彻底。④安全性：对哺乳动物低毒，对鱼类没有明显影响。⑤残留性：一旦进入土壤，很快与铁、铝等金属离子结合而钝化，对土壤中潜藏的种子和土壤微生物无不良影响。⑥长效性：使用一次春多多，抵过多次使用其他类除草剂，省时、省工又省钱。⑦可混合性：能与盖草能、果尔等土壤处理除草剂混用，除灭草外，还能预防杂草危害。主要弱点：单用入土后对未萌发杂草无预防作用
	割地草（果尔）	这是选择性触杀型土壤处理除草剂。其主要特点如下。①杀草谱广：芽前或芽后能杀死多种杂草，尤其能杀死多种阔叶草。②适用树种多。③适用期长：主要以土壤处理法控制芽前杂草，也可在杂草苗期以茎叶喷雾法杀除出苗杂草，在杀除出苗杂草的同时，落入土壤的药液又可以控制尚未萌发的杂草。④对树木安全。⑤无残留的污染。⑥毒性极低。⑦应用方便，可与春多多、盖草能混用。主要弱点：对禾本科杂草防治效果差
	盖草能	这是选择性极强的苗后除草剂。主要特点：①能由杂草叶面吸收，并传导到整个植株，使之死亡。②性质稳定，在土壤中残效期长。③既可作茎叶处理，也可作土壤处理，在进行茎叶处理时，洒落到土壤中的药液仍有杀草作用。④能有效防治禾本科杂草。主要弱点：对阔叶杂草无效
	春盖果混剂	是春多多、盖草能、果尔三种除草剂按一定比例的混合剂，既发挥了三种除草剂各自的优越性，又克服了各自的弱点。主要特点：①在杂草旺盛期喷药，起到茎叶、土壤双重处理作用，特别适合在大苗苗圃、幼林和圃内道路、休闲地除草，达到除草、防草双重作用。②对禾本科、阔叶杂草都能防除。③杀草效率特高，特别是对恶性草防效好

续表

分　类	名　称	主要功效
除草剂	盖果混剂	是盖草能、果尔两种除草剂的混剂。主要特点为：①可在杂草萌发初期使用，以土壤处理防草为主，以茎叶处理除草为辅，适合在换床苗圃使用。②对禾本科、阔叶杂草都能防治。③定向喷雾对苗木安全
	四季青	为芽前土壤处理剂，能防治黑麦草草坪阔叶草及禾本科草
	克乙丁混剂	是克无踪、乙草胺、丁草胺的混剂。①克无踪：是广谱触杀型茎叶处理除草剂，能杀灭大部分禾本科及阔叶草，施药后半小时下雨，药效不受影响，只对绿色组织起作用。②乙草胺：是选择性芽前旱田土壤处理除草剂，能防治一年生禾本科草及部分双子叶草。③丁草胺：是选择性芽前水田土壤处理除草剂，能防除一年生禾本科草、莎草科草及部分双子叶草。以上三种除草剂混用，可同时进行茎叶、土壤处理，防治旱田、水田中的禾本科草、莎草科草和阔叶草，也可防治一年生、多年生草
	森草净	是内吸性传导型高效除草剂，具有芽前、芽后除草活性。可杀草，也能抑制种子萌发，用药量少，杀草谱广，持效期长，用药一次，可保持1～2年内基本无草。是某些针叶树大苗苗床、针叶幼林地和非耕地优良的除草剂
	扑草净	内吸传导型除草剂，主要由植物根系吸收，再输送到地上部分，也能通过叶面吸收，传至整个植株，抑制植物的光合作用，阻碍植物制造养分，使植物饿死。播后苗前或园林里一年生杂草大量萌发初期，1～2叶期时施药防效好。能防治一年生禾本科、莎草科杂草、阔叶杂草及某些多年生杂草
	草甘膦	为内吸传导型广谱灭生性除草剂。适用于苗圃步道及园林大树下喷洒，其特点如下。①杀草谱极广：能杀死四十多个科的百余种杂草，防治效果最佳的是窄叶杂草（如禾本科、莎草科）。豆科、百合科、茶科、樟科等一些叶面蜡质层厚的植物抗药性较强，对杂竹、芒萁骨防治效果极差。②防治林地白茅、五节芒、大芒、菜蕨效果好，能斩草除根。③价格低，经济效益显著。④无环境污染，对土壤里潜藏种子和土壤微生物无影响。⑤要定向喷在杂草上，否则易产生药害，不适宜在小苗床喷洒
	精禾草克	内吸传导型选择性除草剂，专门防治禾本科杂草的茎叶处理除草剂，对阔叶草、莎草科杂草无效。如由于种种原因，错过了杂草萌芽期的化学除草，可用精禾草克防治杂草
	氟乐灵	既有触杀作用，又有内吸作用，是选择性播前或播后出苗前的土壤处理除草剂，可用于园林苗圃除草，在苗木生长期用药需洗苗后再覆土。能防治一生年禾本科杂草及种子繁殖的多年生杂草和某些阔叶杂草。对苍耳、香附子、狗牙根防治效果较差或无效；对出土成株杂草无效。一般在杂草出土前作土壤处理，可均匀喷雾，并随即交叉耙地，将药剂混拌在3～5cm深的土层中，在天旱季节，还要镇压，以防药剂挥发、光解，降低药效

复习思考题

1. 简要说明我国植物保护综合防治的主要内容。
2. 简述园林苗木病害的分类及相应的防治方法。
3. 在春季、夏季和秋季，园林苗圃中的虫害可采取哪些防治措施？
4. 常见的苗圃杂草有哪几类？请举例说明。
5. 苗圃杂草的防治方法有哪些？

11 苗木出圃

11.1 苗木出圃的调查

11.1.1 苗木出圃的质量和规格要求

11.1.1.1 苗木出圃的质量要求

① 出圃的园林苗木应该生长健壮，树形完好，骨架基础良好。苗木在幼年期就应做好树体和骨架基础的培育工作，养好树干、树冠，使之有优美的树形和健壮的树势，符合绿化要求。

② 根系发育良好，有较多的侧根和须根。主根短而直，起苗时避免苗受机械损伤。根系的长短根据苗龄、规格、苗木种类及要求而定。

一般出圃的各类小苗的根系长度，以相当于苗木地径的10～15倍为宜。带土球出圃的常绿苗木，高度在1m以下时，土球直径×高=30cm×20cm；苗高在1～2m时，土球直径×高=40cm×30cm；苗高在2m以上时，土球直径×高=70cm×60cm；亦可依需要和要求确定土球的大小。

③ 出圃的苗木必须无病虫害（包括树体和根系），尤其对带有危害性极大的病虫害的苗木必须严禁出圃，以防止定植后生长不好、树势衰弱、树形不整等而影响绿化效果。

④ 对于萌芽力不好的针叶树种，要有饱满的顶芽，且顶芽一定要没有开始萌动。

⑤ 一般使用的苗木应经过移植培育。5年生以下的移植培育至少1次；5年生以上（含5年生）的移植培育至少2次。

总之，评定苗木质量的优劣，要根据苗木的质量指标进行，全面分析。目前，国际上通常根据苗木的含水量、苗木根系的再生能力、苗木抗逆性等生理指标来评定苗木质量的好坏。

11.1.1.2 苗木出圃的规格要求

出圃苗木的规格，需根据绿化的具体要求来确定。行道树用苗规格应大一些，一般绿地用苗规格可小一些。但随着经济的发展，绿化层次的增高，人们要求尽快发挥绿化效益，大规格的苗木、体现四季景观特色的大中型乔木、花灌木被大量使用。有关苗木规格，各地都有一定的规定，现以华中地区为例，以供参考。

（1）大中型落叶乔木

银杏、栾树、梧桐、水杉、枫香、合欢等树种，要求树形良好，树干通直，分枝点 2～3m，胸径在5cm以上（行道树苗胸径要求在6cm以上）为出圃苗木的最低标准。其中，胸径每增加0.5cm，规格提高一个等级。

（2）有主干的果树、单干式的灌木和小型落叶乔木

枇杷、垂柳、榆叶梅、碧桃、紫叶李、海棠等树种，要求树冠丰满，枝条分布匀称，不能缺枝或偏冠。根颈直径在2.5cm以上为最低出圃规格。在此基础上，根颈直径每提高 0.5cm，规格提高一个等级。

（3）多干式、灌木

要求根颈分枝处有三个以上分布均匀的主枝。但由于灌木种类很多，树型差异较大，又可分为大型、中型和小型，各型规格要求如下：

① 大型灌木类。结香、大叶黄杨、海桐等树种，出圃高度要求在80cm以上。在此基础上，高度每增加10cm，即提高一个规格等级。

② 中型灌木类。木槿、紫薇、紫荆、棣棠等树种，出圃高度要求在50cm以上。在此基础上，苗木高度每提高10cm，即提高一个规格等级。

③ 小型灌木类。月季、南天竹、杜鹃、小檗等树种，出圃高度要求在25cm以上。在此基础上，苗木高度每提高10cm，即提高一个规格等级。

（4）绿篱（色块）苗木

要求苗木生长势旺盛，分枝多，全株成丛，基部枝叶丰满。冠丛直径大于20cm，苗木高度在20cm以上，为出圃最低标准。在此基础上，苗木高度每增加10cm，即提高一个规格等级。例如小叶黄杨、花叶女贞、杜鹃等。

（5）常绿乔木

要求苗木树型丰满，保持各树种特有的冠形，苗干下部树叶不出现脱落，主枝顶芽发达。苗木高度在2.5m以上，或胸径在4cm以上，为最低出圃规格。高度每提高0.5m，或冠幅每增加1m，即提高一个规格等级。例如香樟、桂花、红果冬青、深山含笑、广玉兰等。

（6）攀缘类苗木

要求生长旺盛，枝蔓发育充实，腋芽饱满，根系发达。此类苗木由于不易计算等级规格，故以苗龄确定出圃规格为宜。但苗木必须带2～3个主蔓。例如爬山虎、常春藤、紫藤等。

（7）人工造型苗木

黄杨、龙柏、海桐、小叶女贞等植物，出圃规格可按不同要求和目的而灵活掌握，但是造型必须较完整、丰满、不空缺和不秃裸。

（8）桩景

桩景的使用效果正日益被人们青睐，加之其经济效益可观，所以在苗圃中所占比例也日益增加，如银杏、榔榆、三角枫、柞木、对节白蜡等。桩景以自然资源作为培养材料，要求其根、茎等具有一定的艺术特色，其造型方法类似于盆景制作，出圃标准由造型效果与市场需求而定。

11.1.2　苗木出圃的调查

11.1.2.1　苗木调查的意义

苗木调查是指在苗圃地采用各种抽样方法，对苗木的数量和质量进行调查统计。通过苗

木调查，了解各类苗木的数量和质量，以便做出苗木的出圃计划和生产计划，并可通过调查，进一步掌握各种苗木的生长发育状况，科学地总结育苗经验，为今后的生产提供科学依据。

11.1.2.2 苗木调查的时间和方法

（1）调查时间

应在苗木停止生长后出圃前进行，落叶树种要在落叶前进行。因此，调查时间多在秋季苗木停止生长以后。

（2）调查方法

① 标准行法。在要调查的苗木生产区中，每隔一定的行数，选出一行作为标准行。把全部标准行选定后，再在标准行上选出一定长度、有代表性的地段，在选定的地段量出苗高、地际直径、根系长度和长大于5cm的一级侧根，调查其数量，并计算调查地段苗行的总长度和每米苗行上的平均苗木数，以此推算出每公顷的苗木数量和质量，进而推算出全生产区的苗本数量和质量。

② 标准地法。适用于苗床育苗、播种的小苗。在育苗地上均匀地每隔一段距离，选出有代表性的面积为 $0.25 \sim 1m^2$ 的小块标准地若干，在小块标准地上调查苗木的数量和质量（苗高、地际直径等），并计算出每平方米苗木的平均数量和质量指标，再推算出全生产区的苗木产量和质量。

选标准行和标准地，一定要从数量和质量上选有代表性的地段进行调查，否则调查结果不能代表全生产区的情况。要按树种、育苗方法、苗木的种类和苗龄等项分别进行调查和记载，分别计算，并将合格苗和等外苗分别统计，汇总后填入苗木调查统计表（表11-1）。

表11-1 苗木调查统计表

填表人＿＿＿＿＿＿＿＿＿＿＿　　　　　　　＿＿＿年＿＿月＿＿日

地区	类型	树种	苗龄	面积/hm²	质量				冠幅	一级高		二级高		等外苗	
					高度/cm	地径/cm	根系			数量/株	比例/%	数量/株	比例/%	数量/株	比例/%
							长度/cm	>5cm长一级侧根							

③ 计数统计法。对于针叶树大苗和珍贵树种的大苗，为了做到统计数字准确，也常进行逐株点数，并抽样量出苗高、地径、冠幅等，计算出平均值，以掌握苗木的数量和规格。小型苗圃为了精确了解情况，亦可采用点数的方法进行苗木调查。

④ 抽样法。为了保证苗木调查的精度和减少工作量，可采取抽样的方法。要求以90%的可靠性、90%的精度计算苗木产量；以90%的可靠性、95%的精度计算平均苗高和平均地径。这种调查方法工作量小，精度比较高。

11.1.3 苗龄的表示方法

苗龄就是苗木的年龄，是从播种、插条或埋条到出圃，苗木实际生长的年龄。

以经历1个年生长周期作为1个苗龄单位。苗龄用阿拉伯数字表示，第一个数字表示播种苗或营养繁殖苗在原地的年龄；第二个数字表示第一次移植后培育的年数；第三个数字表示第二次移植后培育的年数，数字间用短横线间隔，各数字之和表示苗木的年龄，称几年生。如：

　　1–0，表示一年生播种苗，未经移植。

　　2–0，表示二年生播种苗，未经移植。

　　2–2，表示4年生移植苗，移植1次，移植后继续培育2年。

　　2–2–2，表示6年生移植苗，移植2次，每次移植后各培育2年。

　　0.2–0.8，表示一年生移植苗，移植1次，2/10年生长周期移植后培育8/10年生长周期。

　　0.5–0，表示半年生播种苗，未经移植，完成1/2年生长周期的苗木。

　　1 $_{(2)}$，–0，表示1年干2年根未经移植的插条苗、插根苗或嫁接苗。

　　2 $_{(3)}$，–1，表示2年干3年根移植一次的插条苗、插根苗或嫁接苗。

　　右下角括号内的数字表示插条苗、插根苗或嫁接苗在原地根的年龄（母树的年龄）。

11.2　苗木起苗、分级与假植

11.2.1　苗木起苗

　　起苗也叫掘苗，起苗操作技术的好坏，对苗木质量影响很大，也影响到苗木的栽植成活率以及生产、经营效益。

11.2.1.1　起苗的季节

　　（1）秋季起苗

　　应在秋季苗木停止生长，叶片基本脱落，土壤封冻之前进行。此时根系仍在缓慢生长，起苗后及时栽植，有利于根系伤口愈合和劳力调配，也有利于苗圃地的冬耕和因苗木带土球使苗床出现大穴而必须回填土壤等圃地整地工作。秋季起苗适宜于大部分树种，尤其是春季开始生长较早的一些树种，如春梅、落叶松、水杉等。过于严寒的北方地区，也适宜在秋季起苗。

　　（2）春季起苗

　　一定要在春季树液开始流动前起苗。主要用于不宜冬季假植的常绿树或假植不便的大规格苗木，应随起苗随栽植。大部分苗木都可在春季起苗。

　　（3）雨季起苗

　　主要用于常绿树种，如侧柏等。雨季带土球起苗，随起随栽，效果好。

　　（4）冬季起苗

　　主要适用于南方。北方部分地区常进行冬季破冻土带冰坨起苗。

11.2.1.2　起苗方法

　　起苗方法参见5.1.4苗木移植操作流程。

11.2.2　苗木分级

　　苗木分级即按苗木质量标准把苗木分成不同等级。由于苗木等级反映苗木质量，为了提高苗木栽植的成活率，并使栽植后生长整齐一致，更好地满足设计和施工的要求，同时也为了便于苗木包装运输和出售标准的统一，苗木分级应根据苗木的级别规格进行。当苗木起出后，应立即在庇萌处进行分级，同时对过长或劈裂的苗根和过长的侧枝进行修剪。分级时，根据苗木的年龄、高度、粗度（根颈或胸径）、冠幅和主侧根的状况，将苗木分为合格苗、不合格苗和废苗3类。

合格苗是指可以用来绿化的苗木，具有良好的根系、优美的树形、一定的高度。合格苗根据其高度和粗度的差别，又可分为一级苗和亚级苗。

不合格苗是指需要继续在苗圃培育的苗木，其根系、树形不完整，苗高不符合要求，也可称小苗或弱苗。

废苗是指不能用于造林、绿化，也无培养前途的断顶针叶苗、病虫害苗和缺根、伤茎苗等。除有的可作营养繁殖的材料外，一般皆废弃不用。

出圃的苗木规格因树种、地区和用途不同而有差异，除一些特种整形的观赏苗木外，一般优良乔木苗的要求如下。

① 根系发达，主根不弯曲，侧根、须很多。

② 苗木粗壮、通直、圆满、均匀，并有一定高度，枝梢充分木质化、健壮。

③ 根颈较粗。

④ 没有病虫害和机械损伤。

⑤ 针叶树要有完整的顶芽，顶芽要健壮。

除上述要求外，不同种类的苗木还有不同规格的要求。如行道树特别要求分枝点有一定的高度；果苗则要求骨架牢固，主枝分枝角度大，接口愈合牢靠，品种优良正确等。

在苗木分级时应剔除不合格的苗木，这些苗木有的可以继续留在苗圃培养，质量太差者应加以淘汰。苗木的分级工作应在避风背阴处进行，并做到随起随分级随假植，以防风吹日晒或损伤根系。

11.2.3 苗木假植

苗木出圃后若不能及时栽植，需要进行假植，以防止根系干燥，保证苗木质量。假植是将苗木的根系用湿润的土壤进行暂时的埋植处理，目的防止根系失水，根据假植时间长短，可分为临时假植和越冬假植。在起苗后短时间内即将出圃的苗木栽植或栽植时当天栽不完的苗木要用湿润的土壤临时掩埋根系，称临时假植，因离栽植的时间较短，也叫短期假植。当年秋（冬）季起苗翌年栽植的苗木，或其他起苗与植树时间相距较长要通过假植越冬时，称为越冬假植或长期假植。

（1）苗木假植技术要点

① 选择地势高燥、排水良好、土壤疏松、避风、便于管理且不受影响的地段开假植沟。

② 沟的规格因苗木大小而异，一般深、宽各为35～45cm，迎风面的沟壁做45°的斜壁，顺此斜面将苗木成捆或单株排放，填土压实。

③ 土壤过干时，假植后适量灌水，但切忌过多，以免苗根腐烂。

④ 假植期间要经常检查，发现覆土下沉要及时培土。

⑤ 寒冷地区，可用稻草、秸秆等覆盖苗木地上部分。

（2）苗木假植注意事项

① 假植沟的位置。应选在背风处以防抽条；背阴处防止春季栽植前发芽，影响成活；选地势高、排水良好的地方以防冬季降水时沟内积水。

② 根系的覆土厚度。一般覆土厚度在20cm左右，太厚费工且容易受热，使根发霉腐烂；太薄则起不到保水、保温的作用。

③ 沟内的土壤湿度。以其最大持水量的60%为宜，即手握成团，松开即散。过干时可

适量浇水，但切忌过多，以防苗根腐烂。

④ 覆土中不能有夹杂物。覆盖根系的土壤中不能夹杂草、落叶等易发热的物质，以免根系受热发霉，影响苗木的生活力。

⑤ 边起苗边假植。减少根系在空气中的裸露时间，这样可以最大限度地保持根系中的水分，提高苗木栽植的成活率。

⑥ 苗木根系充分接触到土壤，不能架空。

⑦ 假植期间要定期检查，土壤要保持湿润。

11.3　苗木检疫与消毒

11.3.1　苗木检疫的意义

在苗木销售和交流过程中，病虫害也常常随苗木一同扩散和传播。因此，在苗木流通过程中，应对苗木进行检疫。运往外地的苗木，应按国家和地区的规定检疫重点的病虫害。如发现本地区和国家规定的检疫对象，应禁止出售和交流，不致使本地区的病虫害扩散到其他地区。

引进苗木的地区，还应将本地区或单位没有的严重病虫害列入检疫对象。引进的种苗有检疫证，证明确无危险性病虫害者，均应按种苗消毒方法消毒之后栽植。如发现有本地区或国家规定的检疫对象，应立即销毁，以免扩散引起后患。没有检疫证明的苗木，不能运输和邮寄。

11.3.2　苗木检疫的主要措施

与通常的植物检疫一样，苗木检疫不是一个单项的措施，而是一系列措施所构成的综合管理体系。这些管理措施有：划分疫区和保护区，建立无检疫对象的种苗繁育基地，产地检疫，调运检疫，邮寄物品检疫，从国外引进种苗等繁殖材料的审批和引进后的隔离试种检疫等。这些措施贯彻于苗木生产、流通和使用的全过程，它既包括对检疫病虫的管理，也包括对检疫病虫的载体及应检物品流通的管理，以及对与苗木检疫有关的人员的管理。从植物繁殖的任务来看，以上措施中与其直接相关的主要是产地检疫与调运检疫。

11.3.2.1　产地检疫

通常所说的产地检疫，是指植检人员对申请检疫的单位或个人的种子、苗木等繁殖材料，在原产地进行的检查、检验和除害处理以及根据检查和处理结果做出评审意见。其主要目的是，查清种苗产地检疫对象的种类、危害情况以及其发生、发展情况，并根据情况采取积极的除害处理，把检疫对象消灭在种苗生长期间或调运之前。经产地检疫确认没有检疫对象和应检病虫的种子、苗木或其他繁殖材料，发给产地检疫合格证，在调运时不再进行检疫，而凭产地检疫合格证直接换取植物检疫证书；不合格者，不发产地检疫合格证，不能作种用外调。

产地检疫的具体做法和要求是，种苗生产单位或个人事先应向所在地的植检机关申报并填写申请表，然后植检机关根据不同的植物种类、病虫对象等决定产地检疫的时间和次数。如果是要建立新的种苗基地，则在基地的地址选择、所用种子、苗木繁殖材料以及非繁殖材料（如土壤、防风林等）的选取和消毒处理等方面，都应按植检法规的规定和植检人员的指导进行。

植检人员在进行产地检疫时，先进行田间调查，必要时还要进行室内检验或鉴定。检验和检疫时要注意取样的代表性和要有足够的取样数量。对检出有检疫对象或应检病虫的，应就地处理；凡能通过消毒或灭虫处理达到除害目的的，进行消毒或灭虫处理，处理后复检合格的，可发给产地检疫合格证；对无法进行消毒、灭虫等除害处理，或处理后复检不合格的，不发给产地检疫合格证，不能外运。

苗木产地检疫，是防止有害生物随同苗木流通进行远距离传播的有效措施。我国已制定并颁布了种苗产地检疫规程，各地在进行苗木生产时，应该认真执行。

11.3.2.2 调运检疫

也叫为关卡检疫，是指对种苗等繁殖材料以及其他应检物品在调离原产地之前、调运途中以及到达新的种植地之后，根据国家和地方政府颁布的检疫法规，由植检人员对其进行的检疫检验和验后处理。

调运检疫与产地检疫的关系甚为密切，产地检疫能有效地为调运检疫减少疫情，调运检疫又促使一些生产者主动采取产地检疫。调运检疫一般按以下程序进行。

（1）准备工作

审查受理报检单，查询种苗情况和资料，分析疫情，明确检疫要求，准备检疫工具，确定检疫的时间、地点和方法。

（2）现场检疫

检查货单、货物是否相符，核对货物名称、数量和来源；对苗木、接穗、插条、花卉等繁殖材料，按总量的5%～10%抽取样品，对抽取的样品逐株进行检查。

（3）室内检疫

对代表样品和病、虫、杂草材料，按病原物和害虫的生物学特性、传播方式采取相应的检验检疫方法，进行检验和鉴定。

（4）评定与签证

现场检疫和室内检疫结束后，按照国家植物检疫法令、植检双边协定和对外贸易合同条款等规定，做出正确的检疫结论，并分别签发检疫放行单（或加盖放行章）、检疫处理通知单、检疫证书和检验证书等有关单证。

11.3.3 苗木的消毒

苗木挖起后，经选苗分级、检疫检验，除对有检疫对象和应检病虫的苗木，必须按国家植物检疫法令、植物检疫双边协定和贸易合同条款等规定，进行消毒、灭虫或销毁处理外，对其他苗木也应进行消毒灭虫处理。在生产上，常用的消毒措施有以下几种。

（1）热水处理

这种方法能够去除各种有害生物，包括线虫、病菌以及一些螨类和昆虫。进行热水处理时，所采用的温度与时间的组合必须既能杀死有害生物，又不能超出处理材料的耐受范围。当温度接近有害生物致死点与寄主受损开始点之间时，必须精确控制水温。在大部分情况下，还需留有使所有材料升至处理温度的时间，并确保每一植物材料内部达到所要求的温度。

（2）药剂浸渍或喷洒

常用的药剂可分为杀菌剂和杀虫剂。

杀菌剂是一类对真菌或细菌具有抑制或杀灭作用的有毒物质。常见的药剂有石灰硫黄合剂、波尔多液、升汞溶液、代森锌、甲基托布津、多菌灵等。例如，苗木或种子数量较少时，可用0.1%升汞溶液浸泡20min，水洗1～2次，或用硫酸铜：石灰：水=1：1：100的波尔多液浸渍10～20min，用清水冲洗根部。

杀虫剂的种类较多，包括无机杀虫剂如砷酸铅、硫黄制剂等，有机杀虫剂如除虫菊酯、石油乳剂、有机氯杀虫剂、有机磷杀虫剂等以及专门用来防治植食性螨类的杀螨剂。在使用时，根据除治对象分别进行选择。

（3）药剂熏蒸

药剂熏蒸是在密闭的条件下，利用熏蒸药剂汽化后的有毒气体杀灭种子、苗木等繁殖材料以及土壤、包装等非繁殖材料中的害虫的处理方法。由于施用费用较低，施药方法简便，而且能够彻底杀灭处于任何发育阶段的害虫，因此是当前苗木消毒最为常用的方法。

药剂熏蒸的方式有常压熏蒸和减压（真空）熏蒸。常压熏蒸适用于除治苗木表面害虫，减压熏蒸用于除治在植物内部取食的害虫，对某些娇嫩的植物材料不能采用减压熏蒸。

熏蒸剂的种类有很多，常用于苗木消毒的有溴甲烷（MB）和氢氰酸（HCN）。

药剂熏蒸是一项技术性很强的工作，使用的熏蒸剂对人体都有很强的毒性，工作人员必须认真遵守操作规程，要特别注意安全，以免中毒事件的发生。

11.4　苗木包装与运输

11.4.1　苗木包装

（1）苗木包装目的和材料

苗木长途运输或贮藏时，必须将苗根进行妥善保水处理，将苗木细致包装，并在运输过程中不断检查根系状况，其主要目的是尽量减少苗木失水，提高栽植成活率。苗木运输时间较长时，要进行细致的包装，一般用的包装材料有草包、蒲包、聚乙烯袋、涂沥青不透水的麻袋和纸袋、集运箱等。

（2）包装方法

包装可用包装机或手工包装。现代化苗圃多有一个温度低、相对湿度较高的苗木包装车间。在传送带上去除废苗，将合格苗按重量经验系数计数包装。包装前常用苗木蘸根剂、保水剂或泥浆处理根系。也可通过喷施蒸腾抑制剂处理苗木，减少水分丧失。对于大苗如落叶阔叶树种，大部分起裸根苗，包装时先将湿润物放在包装材料上，然后将苗木根对根放在上面，并在根间加些湿润物，如苔藓、湿稻草、湿麦秸等，或者将苗木的根部蘸满泥浆。这样放苗到适宜的重量，将苗木卷成捆，用绳子捆住。裸根小苗也用同样的办法即可。而针叶和大部分常绿阔叶树种因有大量枝叶，蒸腾量较大，而且起苗时损伤了较多的根系，起苗后和定植初期苗木容易失去体内的水分平衡，以致死亡。因此，这类树木的大苗起苗时要求带上土球，为了防止土球碎散，以减少根系水分损失，所以挖出土球后要立即用塑料膜、蒲包、草包和草绳等进行包装；对有特殊需要的珍贵树种有时用木箱包装，包装时要系固定的标签，注明树种、苗龄、苗木数量、等级、生产苗圃名称、包装日期等资料。

11.4.2　苗木运输

无论是长距离还是短距离运输，要经常检查包内的湿度和温度，以免湿度和温度不符合植物运输。如包内温度高，要将包打开，适当通风，并要换湿润物以免发热，若发现湿度不够，要适当加水。另外，运苗时应选用速度快的运输工具，以便缩短运输时间，有条件的还可用特制的冷藏车来运输。

如有大量苗木同时出圃，在装运之前应对苗木种类、数量和规格进行核对，并附上标签，注明树种、年龄、产地等。在苗木运输途中，须有专人押运，并带有当地检疫部门的检疫证明，城市交通情况复杂，而树苗往往超高、超长、超宽，应事先办好必要的手续；运输途中押运人员要和司机配合好，尽量保证行车平稳，减少剧烈震动。运苗提倡迅速及时，短途运苗不应停车休息，要一直运至施工现场。长途运苗应经常给树根部洒水，中途停车应停于有遮阴的场所，遇到刹车绳松散、苫布不严、树梢拖地等情况应及时停车处理。

（1）小苗的装运

小苗远距离运输应采取快速运输，运输前应在苗包上挂上标签，注明树种和数量。在运输期间，要勤检查包内的湿度和温度。如包内温度过高，要把包打开通风。如湿度不够，可适当喷水。苗木运到目的地后，要立即将苗包打开进行假植，过干时适当浇水再进行假植。火车运输要发快件，对方应及时到车站取苗假植。

（2）裸根大苗的装运

用人力或吊车装运苗木时，应轻抬轻放。先装大苗、重苗，大苗间隙填放小规格苗。苗木根部装在车厢前面，树干之间、树干与车厢接触处要垫放稻草、草包等软材料，以避免树皮磨损，树根与树身要覆盖，并适当喷水保湿，以保持根系湿润。为防止苗木滚动，装车后将树干捆牢。运到现场后要逐株抬下，不可推卸下车。

（3）带土球大苗的装运

运输带土球的大苗，其质量常达数吨，要用机械起吊和载重汽车运输。吊运前先撤去支撑，捆拢树冠。吊起的土球装车时，土球向前（车辆行驶方向），树冠向后码放，土球两旁垫木板或砖块，使土球稳定不滚动。树干与卡车接触部位用软材料垫起，防止擦伤树皮。树冠不能与地面接触，以免运输途中树冠受损伤。最后用绳索将树木与车身紧紧拴牢。运输时汽车要慢速行驶。树木运到目的地后，卸车时的拴绳方法与起吊时相同。按事先编好的位置将树木吊卸在预先挖好的栽植穴内。

树高2m以下的苗木，可以直立装车，2m高以上的树苗，则应斜放或完全放倒，土球朝前，树梢向后，并立支架将树冠支稳，以免行车时树冠晃摇，造成散坨。土球规格较大，直径超过60cm的苗木只能码1层；小土球则可码放2～3层，土球之间要码紧，还须用木块、砖头支垫，以防止土球晃动。土球上不准站人或压放重物，以防压伤土球。

━━━━━━━ **复习思考题** ━━━━━━━

1.苗木出圃的质量要求有哪些？

2.什么是苗龄？苗龄怎么表示？请举例说明。

3.苗木分级时，可将苗木分为哪几类？请具体说明。

4.简述苗木假植的含义及其技术要点。

5.苗木常用的消毒措施有哪些？

6.苗木运输过程中，各类苗木的装运有哪些具体要求？

参考文献

[1] 魏岩等.园林苗木生产与经营［M］.北京：科学出版社，2012.

[2] 吕玉奎等.200种常用园林苗木丰产栽培技术［M］.北京：化学工业出版社，2013.

[3] 陈志远，陈红林，周必成.常用绿化树种苗木繁育技术［M］.北京：金盾出版社，2010.

[4] 张力飞，王国东，梁春莉.图说北方果树苗木繁育［M］.北京：金盾出版社，2013.

[5] 潘介春.南方果树苗木繁育技术［M］.北京：化学工业出版社，2013.

[6] 陈加红，沈晓霞.常见园林苗木培育实用手册［M］.杭州：浙江科学技术出版社，2010.

[7] 沈海龙.苗木培育学［M］.北京：中国林业出版社，2009.

[8] 张耀芳，乔丽婷.北方果树苗木生产技术［M］.北京：化学工业出版社，2012.

[9] 韩玉林.现代园林苗圃生产与管理研究［M］.北京：中国农业出版社，2008.

[10] 鞠志新.园林苗圃［M］.北京：化学工业出版社，2009.